高等院校艺术学门类『十三五』系列教材

园林景观施工图设计

YUANLIN JINGGUAN SHIGONGTU SHEJI

主　编　张辛阳　陈　丽
副主编　谢玉洁　周　勃　谈　洁　张伟宁　杜　伟
参　编（按姓氏笔画排序）
王　俊　叶　坤　肖慧玲　汪　晖　陈雪娟
饶　倩　韩路亚　蔡晓缘

華中科技大學出版社
http://www.hustp.com
中国·武汉

图书在版编目(CIP)数据

园林景观施工图设计/张辛阳,陈丽主编. —武汉:华中科技大学出版社,2020.1(2023.7 重印)

ISBN 978-7-5680-3261-2

Ⅰ. ①园… Ⅱ. ①张… ②陈… Ⅲ. ①园林设计-景观设计 Ⅳ. ①TU986.2

中国版本图书馆 CIP 数据核字(2020)第 017940 号

园林景观施工图设计 张辛阳 陈 丽 主编

Yuanlin Jingguan Shigongtu Sheji

策划编辑:袁 冲

责任编辑:段亚萍

封面设计:孢 子

责任监印:朱 玢

出版发行:华中科技大学出版社(中国·武汉) 电话:(027)81321913

武汉市东湖新技术开发区华工科技园 邮编:430223

录 排:华中科技大学惠友文印中心

印 刷:武汉科源印刷设计有限公司

开 本:880 mm×1230 mm 1/16

印 张:14

字 数:464 千字

版 次:2023 年 7 月第 1 版第 4 次印刷

定 价:39.00 元

本书若有印装质量问题,请向出版社营销中心调换

全国免费服务热线:400-6679-118 竭诚为您服务

前言
Preface

园林景观施工图设计是对方案设计、初步设计的细化、优化和深化，是基于我国现行规范标准之上，对园林景观设计进行二次设计和再加工，必须要求准确严谨、清晰明了，达到工程施工的深度。因此，园林景观施工图在准确性、具体性和可操作性上均具有非常严格的要求，是使景观设计方案最终落地、实施成形的重要设计文件，也是项目工程造价、施工组织设计、竣工验收等方面的重要依据。

本书着重阐述了园林景观施工图设计的内容与方法，从国家和行业的相关规范出发，根据住房和城乡建设部颁布实施的《市政公用工程设计文件编制深度规定(2013 年版)》，结合大量工程实际案例，理论结合实际地介绍了园林景观施工图设计的表达方法与内容深度，同时列出了我国现行园林景观相关规范标准要点，力求使读者通过本书的学习，对园林景观施工图设计的表达建立一个比较系统的理论构架，掌握园林景观施工图设计的基本表达方法。

本书共分为 8 章，第 1 章园林景观工程设计文件编制深度，介绍园林景观工程设计不同阶段的文件内容，使读者可以更清楚地理解施工图设计阶段和其他景观设计阶段的不同。第 2 章园林景观施工图设计和制图规范，列出我国现行园林景观常用规范标准的强制性条款和制图表达规范，强调施工图设计是建立在规范标准之上的。第 3 章施工图文本设计，介绍施工图图纸目录和施工图设计总说明的设计方法、内容和实例。第 4 章总图部分施工图设计，为园林景观施工图设计园建专业的平面图表达部分，包括景观总平面图、分区索引平面图、分区平面图、详图索引平面图、放线定位平面图、竖向布置图、铺装材料平面图、设施布置平面图的设计方法、内容和实例。第 5 章详图部分施工图设计，结合实例介绍了园林景观设计详图的特点、分类及设计要求，包括景观平台、园路、景墙、栏杆、挡墙、种植池、坐凳、水体、亭廊等。第 6 章植物种植施工图设计，介绍了常见工程苗木、种植设计说明、种植平面图、种植规格表和种植大样图，均列举实例展示。第 7 章给排水施工图设计，包括给排水设计说明、给水和排水平面图、给排水安装大样图、检查井表和材料表等内容，并补充介绍了常见的管材和管径，为园林景观专业的读者补充给排水的专业知识。第 8 章电气施工图设计，包括电气设计说明、电气系统图、照明平面布置图、背景音乐平面布置图和电气施工安装详图，并且增加了照明设计原则和步骤、灯具的选用、光源的选择等电气知识，帮助园林景观专业的读者更好地理解和掌握。

本书为校企合作的产物，由武汉设计工程学院、保利(武汉)房地产开发有限公司、中冶南方都市环保工程技术股份有限公司、湖北省城建设计院股份有限公司等相关兄弟院校和公司的高级工程师、工程师、副教授、讲师联合编写，感谢他们为本书提供了丰富的理论知识、实践经验和大量的工程实例图纸，使本书可以从施工图真实案例出发，深入浅出，理论结合实际。同时，本书还是教学研究的产物，感谢湖北省高等学校省级教学研究项目“立体化教学模式在园林专业应用型课程中的改革研究”(2017505)、武汉设计工程学院校级优质课程建设项目“风景园林工程”(201510)和“景观施工工艺与材料”(201511)的支撑。本书编写过程中，参考引用了大量书籍文献资料，恕未在书中一一标注，统列于书后参考文献中，以对原作者表示尊重和感谢！

鉴于编者水平有限，书中难免存在不足和错误之处，恳请广大读者和同仁提出宝贵意见和建议，以便今后改正和完善。

编　者

2019 年 8 月

目录
Contents

第 1 章
园林景观工程设计文件编制深度

园林景观工程设计一般分为三个阶段:方案设计阶段、初步设计阶段和施工图设计阶段。比较复杂或者技术要求比较高的工程,还可在初步设计阶段和施工图设计阶段之间,增加扩大初步设计阶段或施工图方案设计阶段。

为了更好地理解园林景观工程各个阶段设计任务的要点,根据住房和城乡建设部《市政公用工程设计文件编制深度规定(2013年版)》,园林景观工程设计文件编制深度要求分述如下。

1.1 方案设计文件

1.1.1 一般规定

①方案设计时应对工程的自然现状和社会条件进行分析,确定工程的性质、功能、容量、内容、风格和特色等。

②方案应满足编制初步设计文件的需要、应满足项目审批的需要、应满足编制工程估算的需要。

③设计文件的编排顺序一般为:封面、设计资质、扉页、设计文件目录、设计说明、设计图纸和投资估算。设计资质、扉页可合并。

④各专业、专项总平面图上应标注图纸比例、指北针或风玫瑰图、坐标网、图例及注释等,其要求应符合《总图制图标准》(GB/T 50103—2010)的规定。

⑤园林建筑的方案设计文件应按《建筑工程设计文件编制深度规定》的要求编制。

1.1.2 设计说明

设计说明一般涉及以下内容,并可根据具体工程要求确定说明部分的内容。

1. 工程概述

简述工程范围和工程规模、功能、内容、要求等。

2. 设计依据

①列出设计所采用的主要法规和技术标准。

②列出与工程设计有关的依据性文件的名称和文号。

3. 现状概述及分析

①概述区域环境和设计场地的自然条件、交通条件以及市政公用设施等工程条件。

②简述场地地形地貌、水体、道路、现状建(构)筑物和植被的分布状况等。

③对项目的区位条件、自然环境条件、历史文化条件、交通条件和游人量进行分析。

4. 设计指导思想和设计原则

概述设计指导思想和设计遵循的各项原则。

5. 总体构思和布局

①说明设计理念、设计构思、功能分区和景观分区。
②概述空间组织和园林景观特色。

6. 专项设计说明

①竖向设计。
②园路设计与交通分析。
③防灾避难和无障碍设计。
④种植设计。
⑤园林建筑与小品设计。
⑥结构设计。
⑦给水排水设计。
⑧电气设计。

7. 用地平衡表

计算各类用地的面积,并按表 1-1 列出。

表 1-1 用地平衡表

序 号	名 称		面积/m^2	百分比/(%)		备 注
				占基地总面积	占陆地总面积	
1	基地总面积			100	—	
2	水体面积				—	
3	陆地面积				100	
3-1	陆地面积	园路及场地面积				
3-2		建筑占地面积				
3-3		植物种植面积				
3-4		其他用地面积				

1.1.3 设计图纸

1. 区位图

标明用地在城市中的位置以及与周边地区的关系,图纸比例不限。

2. 用地现状图

标明用地边界、周边道路、现状地形等高线、道路、有保留价值的植物、建筑物和构筑物、水体边缘线等。

3. 总平面图

①标明用地边界、周边道路、出入口位置、设计地形等高线与水体等深线、植物、园路与场地、园林建筑、构筑物、园林小品、停车场位置与范围等。

②标明保留的原有园路、植物和各类水体的岸线、各类建筑物和构筑物等。
③标明基地红线、蓝线、绿线、黄线、用地范围线的位置和用地平衡表。

4. 功能分区图或景观分区图

标明用地功能或景区的划分及名称(图纸比例不限)。

5. 竖向设计图

①标明设计地形等高线与原地形等高线或标高。
②标明主要控制点高程,包括出入口、铺装场地、主要园林建筑等的控制高程。
③标明水体的常水位、最高水位、最低水位和水底标高。
④必要时绘制地形剖面图,图中应有现状地形剖面、设计地形剖面及标高。
⑤图纸比例一般与总平面图一致。

6. 园路设计与交通分析图

①标明各级园路、园桥、人流集散广场和停车场、出入口及外部的相关道路等。
②分析园路功能与交通组织。
③内外交通分析图可与园路设计图分别绘制,图纸比例一般与总平面图一致。

7. 种植设计图

①标明植物分区和各区的主要或特色植物及意向图片。
②标明保留或利用的现状植物。
③标明乔木和主要灌木的平面布局关系。

8. 主要景点设计图

对主要部分或重点区域作局部景点设计。

9. 园林建筑

园林建筑的位置、功能、形式、控制尺度和示意效果等。

10. 给水排水、电气设计图

根据工程要求,设计并布置给水排水、电气等相关工程主管线。

1.2 初步设计文件

1.2.1 一般规定

①初步设计阶段主要确定平面,园路场地铺装形式、材质,竖向、地形、水系及土石方量;明确植物品种规格及数量;确定园林建筑内部功能、位置、体量、形式、结构类型;确定园林小品形式、体量、材料、色彩等。

②设计文件的编排顺序一般为：封面、扉页、设计文件目录、设计说明、设计图纸、概算。封面上应写明项目名称、编制单位、编制年月。扉页上应写明编制单位法定代表人、技术总负责人、项目总负责人的姓名，并经上述人员签署或授权盖章。设计图纸按设计专业汇编，可单独成册。对于规模较大、设计文件较多的项目，设计说明书和设计图纸可按专业成册，单独成册的设计图纸应有图纸封面和图纸目录。

③各专业、专项总平面图上应标注图纸比例、指北针或风玫瑰图、坐标网、图例及注释，要求应符合《总图制图标准》(GB/T 50103—2010)的规定。

④园林建筑的初步设计文件应按《建筑工程设计文件编制深度规定》的要求编制。

1.2.2 设计总说明

1. 设计依据

①政府主管部门批准文件和技术要求。

②建设单位设计任务书、技术资料和其他相关资料。

③应遵循的现行国家法规和技术标准。

2. 设计内容

①简述工程规模和设计范围。

②阐述工程概况和工程特征。

③阐述设计指导思想、设计原则和设计构思或特点。

④各专业设计说明，可单列专业篇。

⑤根据各地政府主管部门要求，设计说明可增加消防、环保、卫生、节能、安全防护和无障碍设计等技术专业篇。

⑥列出在初步设计文件审批时各专业和专项设计中需解决和确定的问题，也可列入各专业设计说明中。

⑦明确需进行专项研究的内容。

3. 用地平衡表

计算各类用地的面积，表格同方案设计文件中表 1-1。

1.2.3 总平面设计

1. 设计说明

(1)设计依据。

(2)场地概述。

描述基地环境、基地地形的基本状况；描述场地内原有建筑物、构筑物以及植物、文物保留的情况。

(3)设计原则。

总平面布置的功能分区原则，近、远期结合示意图，交通组织、植物配置、园林建筑及小品的布置原则。

(4)其他。

设计说明可纳入设计总说明，或单列专业技术篇。

2. 总平面图

①基地周边现状、工程坐标网、用地边界和主要的园路交叉点、场地、园林建筑的定位坐标。
②基地红线、蓝线、绿线、黄线和用地范围线的位置。
③竖向地形设计必要的等高线(等深线)和控制高程。
④保留的建筑、地物(包括地下建筑、构筑物)和植物的名称以及新建园林建筑和小品的位置和名称。
⑤坡道、挡墙、台阶、围墙、排水沟、护坡等的位置。
⑥绿化种植的区域。

1.2.4　竖向设计

1. 设计说明

①说明竖向设计的依据、设计意图、土石方平衡情况。
②设计说明可纳入设计总说明,或单列专业技术篇。

2. 设计图纸

(1)平面图。
①应以总平面图为依据绘制竖向平面图,比例一般同总平面图。
②标明用地四周的道路、水体的主要现状标高。
③标明设计园路和场地的控制标高。
④标明地形设计标高,一般以等高线表示。
⑤标明基地内设计水系、水景的最高水位、常水位、最低水位(枯水位)、池底及驳岸的标高。
⑥标明园林建筑、构筑物、园林小品室内外地面控制点标高。
(2)土石方量计算表。
列出基地内土石方量的计算表,表中应标明挖方量、填方量、需外运或进土石量。
(3)剖面图。
关键点的地形剖面,应包括现状地形剖面及设计地形剖面。
(4)其他。
简单工程的竖向平面图可与总平面图合并绘制。

1.2.5　种植设计

1. 设计说明

①概述设计任务书、批准文件和其他设计依据中与种植有关的内容。
②概要说明种植设计的设计原则。
③种植设计的分区、分类及景观和生态要求。
④对栽植土壤的规定。
⑤主要乔木、灌木、藤本植物、竹类、水生植物、地被植物、草坪配置的要求。

2. 设计图纸

(1)平面图。

①应以总平面图和竖向平面图为依据绘制种植设计平面图。

②标出应保留的植物。

③应分别表示不同植物如乔木、灌木、藤本植物、竹类、水生植物、地被植物、草坪、花境、绿篱、花坛等的位置和范围。

④标出主要植物的名称和数量。

(2)植物材料表。

列出主要植物的规格、数量。

(3)其他图纸。

①根据设计需要可绘制整体或局部立面图、剖面图和效果图。

②屋顶绿化设计应增加基本构造剖面图,标明种植土的厚度及标高,并标明滤水层、排水层、防水层的材料等。

1.2.6　园路、场地和园林小品设计

1. 设计说明

①应以园路、场地和园林小品的各种不同类型逐项分列说明。

②分项概述其设计依据、主要特点和基本参数。

③涉及市政、交通、水利等内容的设计应由具备资质的专业单位进行。

2. 设计图纸

(1)比例。

设计图纸比例应按单项要求。

(2)平面图。

园路、场地应以总平面图和竖向平面图为依据绘制平面图。

①图中应标注园路等级、排水坡度、主要铺面材料及形式等要求。

②应绘制园路、场地的断面图、构造图,必要时,增加放大平、剖面和详图。

(3)其他。

应绘制园林小品、水体及假山叠石的平面、立面、剖面图,并标明尺寸、材料、颜色。

1.2.7　结构设计

1. 设计说明

(1)工程概况。

工程地点、工程分区、主要功能。

(2)设计依据。

①设计使用年限。

②本工程结构设计所采用的主要法规、标准。
③相应的工程地质资料和自然条件。
④设计的特殊要求。
(3)设计内容。
①主要荷载(作用)取值。
②工程地质资料的描述及基础选型说明。
③主体结构选型及结构布置说明。
④景观水池、驳岸、挡土墙、园桥、涵洞等特殊结构形式说明。
⑤山体的堆筑要求和人工河岸的稳定措施。
⑥为满足特殊使用要求所做的结构处理和关键技术问题的解决方法。
⑦主要结构构件材料的选用。
⑧施工特殊要求及其他需要说明的内容。
(4)其他。
采用的结构分析程序名称、版本、编写单位;对主要控制性计算结果进行必要的分析和说明。

2. 设计图纸(简单的小型工程除外)

①基础平面图及主要基础构件的截面尺寸。
②结构平面布置图,注明主要构件尺寸。
③复杂的建(构)筑物应做结构计算,计算书经校审后存档。

1.2.8 给水排水设计

1. 设计说明

(1)设计依据。
①摘录批准文件和依据性资料中与本专业设计有关的内容。
②采用的主要技术法规和标准。
③建设单位提供的工程可利用的市政条件等。
④其他专业提供的与本专业设计有关的设计资料。
(2)工程概况。
简单描述本工程的位置、规模、主要功能和工程分区等。
(3)设计范围。
工程范围内本专业的设计内容及与协作单位的分工情况。
(4)给水设计。
①水源:说明各给水系统的水源条件。
②用水量:列出各类用水标准和用水量、不可预计水量、总用水量(最高日用水量、最大时用水量)。
③给水系统:说明各类用水系统的划分及组合情况、分质分压供水的情况。
④说明浇灌系统的浇灌方式和控制方式。
(5)排水设计。
①说明设计采用的排水方式和排水出路。
②列出各排水系统的排水量。
③说明雨水排水采用的暴雨强度公式、重现期等。

④如有雨水利用系统，简要说明雨水用途、处理工艺，水质要求等。

(6)其他。

说明各种管材的选择及敷设方式。简述节能、节水和减排措施。

2. 设计图纸

(1)给水排水总平面图。

①应以总平面图、竖向平面图和种植平面图为依据绘制给水排水总平面图。

②在总平面图上，绘出给水排水管道平面位置、主要给水排水构筑物、主要用水点。

③标出给水排水管道与市政管道系统连接点的控制标高和位置。

(2)主要设备表。

按子项分别列出主要设备的名称、型号、规格(参数)、数量。

(3)计算书(供内部使用及存档)。

各系统用水量计算、大型构筑物尺寸计算、设备选型计算等。

1.2.9 电气设计

1. 设计说明

(1)设计依据。

应包括有关文件、其他专业提供的资料、建设单位的要求、供电的资料、采用的有关设计规范和标准等。

(2)设计范围。

本专业的设计内容及与协作单位的分工情况。

(3)供配电系统。

包括负荷计算、负荷等级、供电电源及电压等级、电能计量方式、功率因数补偿方式、配电系统接线形式、主要设备选型及安装方式、配电线路的选型及敷设方式等。

(4)照明系统。

照明种类、光源及灯具的选择、照明灯具的安装及控制方式、照明线路的选择及敷设方式等。

(5)防雷及接地保护。

防雷类别及防雷措施、接地的种类及接地电阻的要求、总等电位及局部等电位的设置要求、接地装置要求等。

(6)弱电系统。

系统的种类及系统组成、线路选择与敷设方式。

2. 设计图纸

(1)电气总平面图。

①应以总平面图、竖向平面图和种植平面图为依据绘制电气总平面图。

②变配电所、配电箱位置、编号，高低压干线走向。

③路灯、庭院灯、草坪灯、投光灯及其他灯具的位置。

(2)配电系统图(仅大型园林景观工程应绘制干线系统图)。

(3)弱电管线总平面图。

①应以总平面图、竖向平面图为依据绘制弱电管线总平面图。

②标出各类弱电系统线管走向及线管规格。

3. 主要设备材料表

表中应标明主要设备的名称、规格、数量等。

4. 计算书(供内部使用及存档)

负荷计算(见表 1-2),供电电源为高压的配电系统短路电流计算。

表 1-2　负荷计算表

用电设备组名称	设备容量/kW		需要系数 K_x	功率因数 $\cos\varphi$	计算负荷			备注
	总容量	使用容量			有功功率 P_{30} /kW	无功功率 Q_{30} /kVar	视在功率 S_{30} /kVA	

1.3 施工图设计文件

1.3.1　一般规定

1. 设计文件内容

(1)目录。

按设计专业分别编制。

(2)设计说明。

按设计专业分别编写施工图说明,设计说明的内容以设计依据、工程概况及设计条件、工程技术措施为主。

(3)设计图纸。

按设计专业分别汇编。

(4)套用图纸和通用图。

按设计专业汇编,也可并入设计图纸。

(5)合同要求的工程预算书。

2. 设计文件要求

①各专业、专项总平面图上应标注图纸比例、指北针或风玫瑰图、坐标网、图例及注释,要求应符合《总图制图标准》(GB/T 50103－2010)的规定。

②经设计单位审核和加盖出图章的设计文件才能作为正式设计文件交付使用。

③园林建筑的施工图设计文件应按《建筑工程设计文件编制深度规定》的要求编制。

1.3.2 总图设计

1. 总平面图

①设计坐标网及其与城市坐标网的换算关系。
②用地红线、道路红线;建筑退缩线、用地四邻原有及规划道路的位置。
③设计园林建筑、构筑物、园林小品名称或编号、设计标高。
④设计广场、停车场、园路、排水沟、挡土墙、护坡、水体、园桥等的名称或编号、设计标高。
⑤标明保留的建筑、地物(包括地下建筑、构筑物)、植被的名称或编号、标高。
⑥采用等高线和标高表示设计地形。
⑦标明植物种植的设计区域。
⑧必要的设计说明。

2. 索引图

①图中所有要表达的子项、水体、园林建筑、构筑物、园林小品等的索引。
②若工程内容简单可与总平面图合并。
③若工程项目较大较复杂还应绘出分幅线进行分幅索引,也可分项目索引。
④必要的设计说明。

3. 放线图

①关键点和线的坐标。
②标明园路的等级、中心线交点、转折点、控制点的定位坐标,园路宽度,园路交汇处转弯半径。
③标明场地定位坐标及尺寸线;不同形式的铺装应绘出分界线。
④标明园林建筑、构筑物、园林小品、假山叠石、水体、驳岸、坡道、园桥、围墙等的定位坐标,标注总尺寸;详细尺寸见详图。
⑤标明保留的建筑、地物(包括地下建筑、构筑物)的定位坐标,标注总尺寸。
⑥对于复杂工程,可分专业、项目(园路、绿化、水体、地形等)绘制放线图。
⑦必要的设计说明。

1.3.3 竖向设计

1. 设计说明

①竖向设计的依据、原则。
②基地地形特点及土石方平衡。
③施工应注意的问题。
④竖向设计说明可注于图上,或纳入设计总说明。

2. 设计图纸

(1)平面图。
①应以总平面图为依据绘制竖向总平面图,对于复杂工程,可分项目(地形、园路、广场、水体)绘制竖向

平面图。

②标明用地四周和范围内的现状及高程。

③标注规划道路、水体、地面的关键性标高点、等高线。

④标明设计地形的等高线，水体驳岸标高、等深线、常水位、高水位、低（枯）水位及水底标高，设计等高线高差为 0.20～1.00 m。

⑤标明设计园林建筑室内外地面设计标高、构筑物控制点标高。

⑥标明园路、排水沟的起点、变坡点、转折点和终点的设计标高、纵向坡度和排水方向。

⑦标明入口、广场、停车场的控制点设计标高、坡度和排水方向。

⑧标明花池、挡墙、假山、护坡的顶部和底部关键点的设计标高。

⑨细部竖向应单独绘制。

(2)土石方工程。

①土石方工程图：应标明土石方工程施工地段内的原标高，计算出挖方和填方的土石方工程量，并将工程量标注在相应的地块内。

②土石方工程统计：根据设计计算土石方平衡量，包括开挖平衡土石方量、外运土石方量或运入填土石方量等，也可按需要分区统计。

(3)剖面（断面）图。

①地形复杂的工程应绘制地形竖向剖面（断面）图。

②竖向剖面图应绘出场地内地形变化最大部位处的剖面，并标明建筑、山体、水体等的标高，还应标明设计地形与原有地形的高差关系，并在平面图上标明相应的剖切线位置。

(4)其他。

简单工程的竖向平面图可与总平面图合并绘制。

1.3.4 种植设计

1. 设计说明

①种植设计的原则、景观和生态要求。

②对栽植土壤的规定和建议。

③树木与建筑物、构筑物、管线之间的距离要求。

④对树穴、介质土、树木支撑等做必要的规定。

⑤对植物材料提出设计要求。

2. 设计图纸

(1)平面图。

①应以总平面图和竖向平面图为依据绘制种植设计平面图。

②标出设计范围内拟保留的植物，如属古树名木应单独标出。

③分别标出不同植物类别、位置、范围。

④标出图中每种植物的名称和数量，一般乔木用株数表示，灌木、竹类、地被植物用株/m^2 表示，草坪用 m^2 表示。

⑤种植设计图，可根据设计需要分别绘制上木图和下木图。

⑥重点景区宜另出设计详图。

(2)植物材料表。

①植物材料表可与种植平面图合一，也可单列。
②标出乔木的名称、规格、数量，数量宜采用株数表示。
③标出灌木、竹类、地被植物、草坪等的名称、规格、数量。
④标出种植容器的规格尺寸。
⑤对有特殊要求的植物应在备注栏中加以说明。
⑥必要时，应标注植物拉丁文学名。
(3)屋顶绿化。
屋顶绿化设计应配合工程条件增加构造剖面图，标明种植土的厚度及标高，滤水层、排水层、防水层的材料及树木固定装置。

1.3.5 园路、场地和园林小品设计

1. 设计说明

设计说明的内容包括设计依据、设计标准、设计要求、引用通用图集及对施工的要求。

2. 设计文件

①园路、场地和园林小品设计应逐项分列，宜以单项为单位，分别组成设计文件。
②单项施工图纸的比例要求不限，以表达清晰为主。
③单项施工图设计应包括平、立、剖面图，单项施工图详图设计应有放大平面、剖面图和节点大样图等，标注尺寸和材料应满足施工选材和施工工艺要求。
④通用图应诠释应用范围并加以索引标注。

3. 技术控制要求

①场地、平台设计应有场地排水、伸缩缝等节点的技术设计措施；
②园路设计应有纵坡、横坡的坡度要求及排水方向，排水措施应表达清晰，路面标高应满足连贯性的施工要求。

4. 假山叠石造型图

假山叠石设计应有平面、立面(或展开立面)及剖面图，标明主要控制尺寸和控制标高，并应说明材料、形式和艺术要求。

1.3.6 结构设计

1. 计算书(内部存档文件)

①采用计算机程序计算时，应在计算书中注明所采用的有效计算程序名称、代号、版本及编制单位，电算结果应经分析认可。
②采用手算的结构计算书，应绘出结构平面布置和计算简图，构件代号、尺寸、配筋与相应的图纸一致。

2. 图纸目录

应按图纸序号排列。

3. 设计说明

①工程概况:工程地点、工程分区、主要功能。

②主体结构设计使用年限。

③本工程结构设计所采用的主要法规和标准。

④工程地质详细勘察报告。

⑤自然条件:基本风压、基本雪压、抗震设防烈度等。

⑥采用的荷载(作用)取值、建筑结构安全等级、地基基础设计等级、建筑抗震设防类别、钢筋混凝土结构抗震等级。

⑦结构计算所采用的程序名称、版本号、编制单位。

⑧图纸中标高、尺寸单位,设计±0.000标高所对应的绝对标高值。

⑨注明基础形式和基础持力层,不良地基的处理措施及技术要求。

⑩说明所选用结构用材的品种、规格、型号、强度等级,钢材牌号和质量等级,钢筋种类与类别,钢筋保护层厚度,焊条规格型号等。

⑪有抗渗要求的建、构筑物的混凝土应说明抗渗等级,在施工期间存有上浮可能时,应提出抗浮措施。

⑫地形的堆筑要求和沉降观测要求,人工河岸的稳定措施。

⑬采用的标准构件图集,如特殊构件需做结构性能检验,应说明检验的方法与要求。

⑭施工中应遵循的施工规范和注意事项。

4. 设计图纸

(1)基础平面图。

绘出定位轴线,标注基础构件的位置、尺寸、标高、构件编号;基础设计说明中应包括基础持力层及基础进入持力层深度、基础承载力特征值及对施工的有关要求等;需进行沉降观测时注明观测点位置;桩基需标注试桩定位位置。

(2)结构平面图。

绘出定位轴线,标明所有结构构件的定位尺寸、构件编号、楼、屋面板标高,并在结构平面图上注明详图索引号;现浇板应注明板厚、配筋,钢结构应注明构件的截面形式和尺寸;板上有预埋件、预留洞或其他设施时应绘出其位置、尺寸及详图。

(3)构件详图。

①扩展基础应绘出剖面及配筋,并标注尺寸、标高、基础垫层等;桩基应绘出桩详图、承台详图及桩与承台连接构造详图;筏板和箱基可参照现浇楼面梁、板详图的方法表示;基础梁可参照现浇楼面梁详图的方法表示。

②钢筋混凝土构件:梁、板、柱等详图应绘出定位尺寸、标高、配筋情况以及断面尺寸;预埋件应绘出平面、侧面,注明尺寸、钢材和锚筋的规格、型号和焊接要求;对构件受力有影响的预留洞应注明其位置、尺寸、标高、周边配筋。

③景观构筑物详图:如水池、挡土墙等应绘出平面图、剖面图和配筋,并注明定位关系、尺寸和标高等。

④钢、木结构节点大样、连接方法、防锈、防腐、焊接要求和构件锚固。

1.3.7 给水排水设计

1. 设计说明

①设计依据简述。

②工程概况:简单描述本工程的位置、规模、主要功能和工程分区等。
③设计范围:工程范围内本专业的设计内容及与协作单位的分工情况。
④标高、尺寸的单位和对初步设计中某些具体内容的修改、补充情况和遗留问题的解决情况。
⑤给水排水系统概况,主要的技术指标。
⑥各种管材的选择及其敷设方式。
⑦凡不能用图示表达的施工要求均应以设计说明表述。
⑧有特殊需要说明的可分别列在相关图纸上。

2. 设计图纸

(1)给水排水总平面图。

①应以总平面图、竖向平面图和种植平面图为依据绘制给水排水总平面图;

②全部给水管网及附件、配件的位置、型号和详图索引号、水源接入点,并注明管径、埋置深度和敷设方法;

③全部排水管网及构筑物的位置、型号及详图索引号,并标注检查井编号、水流坡向、井距、管径、坡度、管内底标高等,标注排水系统与市政管网的接口位置、标高、管径、水流坡向等;

④对较复杂工程,应将给水、排水总平面图分列,简单工程可以绘在一张图上。

(2)设备间平面图、剖面图或系统图。

设备间包括水景泵房、灌溉泵房(井)、绿化用水水质处理设备间,水池景观水循环过滤泵房,雨水收集利用设施等。

(3)水池配管及详图。

水景喷泉配管平面及剖面图,各管段管径;泵坑位置、尺寸,设备位置。水池的补水、溢水、泄水管道标高、位置。

(4)其他。

凡由供应商提供的设备如水景、水处理设备等应由供应商提供设备施工安装图,并由设计单位加以确认。

3. 主要设备表

主要设备表应分别列出主要设备的名称、型号、规格(参数)、数量、材质等。

4. 计算书(供内部使用及存档)

各系统用水量计算、管道水力计算、构筑物尺寸计算、设备选型计算等。

1.3.8 电气设计

1. 设计说明

①设计依据。
②各系统的施工要求和注意事项(包括布线和设备安装等)。
③设备订货要求。
④本工程选用的标准图图集编号。

2. 设计图纸

(1)电气干线总平面图(仅大型工程出此图)。

①变配电所、配电箱位置、编号，高低压干线走向，标出回路编号；
②说明电源电压、进线方向、线路结构和敷设方式。
(2)电气照明总平面图。
①照明配电箱及路灯、庭院灯、草坪灯、投光灯及其他灯具的位置；
②说明路灯、庭院灯、草坪灯及其他灯的控制方式及地点。
(3)配电系统图(用单线图绘制)。
①标出电源进线总设备容量、计算电流，配电箱编号、型号及容量；
②注明开关、熔断器、导线型号规格、保护管径和敷设方法；
③标明各回路用电设备名称、设备容量和相序。
(4)弱电总平面图(仅大型园林工程出此图)。
①应以总平面图、竖向平面图为依据绘制弱电管线总平面图；
②背景音箱、监控摄像机及其他弱电设备的位置；
③标出各类弱电系统线管走向及线管规格。

3. 主要设备材料表

应包括高低压开关柜、配电箱、电缆及桥架、灯具、插座、开关等，应标明型号、规格、数量，简单的材料如导线、保护管等可不列。

4. 计算书(供内部使用及存档)

负荷计算(同初步设计文件表 1-2)，供电电源为高压的配电系统短路电流计算。

第 2 章

园林景观施工图设计和制图规范

2.1 设计规范

根据园林景观施工图设计相关的国家标准和行业标准，列出园林景观施工图设计中常用的必须严格执行的强制性条文，如表 2-1 至表 2-6 所示。

表 2-1 《城市绿地设计规范(2016 年版)》GB 50420—2007 强制性条文

条文编号	条文内容	条文类别
3.0.8	城市绿地范围内的古树名木必须原地保留	基本规定
3.0.10	城市开放绿地的出入口、主要道路、主要建筑等应进行无障碍设计，并与城市道路无障碍设施连接	
3.0.11	地震烈度 6 度以上(含 6 度)的地区，城市开放绿地必须结合绿地布局设置专用防灾、救灾设施和避难场地	
3.0.12	城市绿地中涉及游人安全处必须设置相应警示标识。城市绿地中的大型湿塘、雨水湿地等设施必须设置警示标识和预警系统，保证暴雨期间人员的安全	
4.0.5	在改造地形填挖土方时，应避让基地内的古树名木，并留足保护范围(树冠投影外 3～8 m)，应有良好的排水条件，且不得随意更改树木根茎处的地形标高	竖向设计
4.0.6	绿地内山坡、谷地等地形必须保持稳定。当土坡超过土壤自然安息角呈不稳定时，必须采用挡土墙、护坡等技术措施，防止水土流失或滑坡	
4.0.7	土山堆置高度应与堆置范围相适应，并应做承载力计算，防止土山位移、滑坡或大幅度沉降而破坏周边环境	
4.0.11	城市开放绿地内，水体岸边 2 m 范围内的水深不得大于 0.7 m；当达不到此要求时，必须设置安全防护设施	
4.0.12	未经处理或处理未达标的生活污水和生产废水不得排入绿地水体。在污染区及其邻近地区不得设置水体	
5.0.12	儿童游乐区严禁配置有毒、有刺等易对儿童造成伤害的植物	种植设计
6.2.4	不设护栏的桥梁、亲水平台等临水岸边，必须设置宽 2.00 m 以上的水下安全区，其水深不得超过 0.70 m。汀步两侧水深不得超过 0.50 m	桥梁
6.2.5	通游船的桥梁，其桥底与常水位之间的净空高度不应小于 1.50 m	
7.1.2	动物笼舍、温室等特种园林建筑设计，必须满足动物和植物的生态习性要求，同时还应满足游人观赏视觉和人身安全要求，并满足管理人员人身安全及操作方便的要求	园林建筑
7.5.3	景观水体必须采用过滤、循环、净化、充氧等技术措施，保持水质洁净。与游人接触的喷泉不得使用再生水	水景
7.6.2	人工堆叠假山应以安全为前提进行总体造型和结构设计，造型应完整美观、结构应牢固耐久	堆山、置石
7.10.1	城市绿地内儿童游戏及成人健身设备及场地，必须符合安全、卫生的要求，并应避免干扰周边环境	游戏及健身设施
8.1.3	绿地内生活给水系统不得与其他给水系统连接。确需连接时，应有生活给水系统防回流污染的措施	给水
8.3.5	安装在水池内、旱喷泉内的水下灯具必须采用防触电等级为Ⅲ类、防护等级为 IPX8 的加压水密型灯具，电压不得超过 12 V。旱喷泉内禁止直接使用电压超过 12 V 的潜水泵	电气

表 2-2 《城市居住区规划设计标准》GB 50180—2018 强制性条文

条文编号	条文内容	条文类别
3.0.2	居住区应选择在安全、适宜居住的地段进行建设，并应符合下列规定： 1. 不得在有滑坡、泥石流、山洪等自然灾害威胁的地段进行建设； 2. 与危险化学品及易燃易爆品等危险源的距离，必须满足有关安全规定； 3. 存在噪声污染、光污染的地段，应采取相应的降低噪声和光污染的防护措施； 4. 土壤存在污染的地段，必须采取有效措施进行无害化处理，并应达到居住用地土壤环境质量的要求	基本规定
4.0.2	居住街坊用地与建筑控制指标应符合表 4.0.2(略)的规定	用地与建筑
4.0.3	当住宅建筑采用低层或多层高密度布局形式时，居住街坊用地与建筑控制指标应符合表 4.0.3(略)的规定	
4.0.4	新建各级生活圈居住区应配套规划建设公共绿地，并应集中设置具有一定规模，且能开展休闲、体育活动的居住区公园；公共绿地控制指标应符合表 4.0.4(略)的规定	
4.0.7	居住街坊内集中绿地的规划建设，应符合下列规定： 1. 新区建设不应低于 0.50 m^2/人，旧区改建不应低于 0.35 m^2/人； 2. 宽度不应小于 8 m； 3. 在标准的建筑日照阴影线范围之外的绿地面积不应少于 1/3，其中应设置老年人、儿童活动场地	
4.0.9	住宅建筑的间距应符合表 4.0.9(略)的规定；对特定情况，还应符合下列规定： 1. 老年人居住建筑日照标准不应低于冬至日日照时数 2 h； 2. 在原设计建筑外增加任何设施不应使相邻住宅原有日照标准降低，既有住宅建筑进行无障碍改造加装电梯除外； 3. 旧区改建项目内新建住宅建筑日照标准不应低于大寒日日照时数 1 h	

表 2-3 《公园设计规范》GB 51192—2016 强制性条文

条文编号	条文内容	条文类别
4.1.3	公园用地不应存在污染隐患。在可能存在污染的基址上建设公园时，应根据环境影响评估结果，采取安全、适宜的消除污染技术措施	现状处理
4.1.7	公园内古树名木严禁砍伐或移植，并应采取保护措施	
5.1.3	公园地形应按照自然安息角设计坡度，当超过土壤的自然安息角时，应采取护坡、固土或防冲刷的措施	高程和坡度设计
5.2.4	地形填充土不应含有对环境、人和动植物安全有害的污染物或放射性物质	土方工程
5.3.3	非淤泥底人工水体的岸高及近岸水深应符合下列规定： 1. 无防护设施的人工驳岸，近岸 2.0 m 范围内的常水位水深不得大于 0.7 m； 2. 无防护设施的园桥、汀步及临水平台附近 2.0 m 范围以内的常水位水深不得大于 0.5 m； 3. 无防护设施的驳岸顶与常水位的垂直距离不得大于 0.5 m	水体外缘
9.1.4	在灌溉用水的管线及设施上，应设置防止误饮、误接的明显标志	给水

表 2-4 《城乡建设用地竖向规划规范》CJJ 83—2016 强制性条文

条文编号	条文内容	条文类别
3.0.7	同一城市的用地竖向规划应采用统一的坐标和高程系统	基本规定
4.0.7	高度大于 2 m 的挡土墙和护坡，其上缘与建筑物的水平净距不应小于 3 m，下缘与建筑物的水平净距不应小于 2 m；高度大于 3 m 的挡土墙与建筑物的水平净距还应满足日照标准要求	竖向与用地布局及建筑布置
7.0.5	城乡防灾设施、基础设施、重要公共设施等用地竖向规划应符合设防标准，并应满足紧急救灾的要求	竖向与防灾
7.0.6	重大危险源、次生灾害高危险区及其影响范围的竖向规划应满足灾害蔓延的防护要求	

表 2-5 《种植屋面工程技术规程》JGJ 155—2013 强制性条文

条文编号	条文内容	条文类别
3.2.3	种植屋面工程结构设计时应计算种植荷载。既有建筑屋面改造为种植屋面前，应对原结构进行鉴定	基本规定
5.1.7	种植屋面防水层应满足一级防水等级设防要求，且必须至少设置一道具有耐根穿刺性能的防水材料	种植屋面工程设计

表 2-6 《园林绿化工程施工及验收规范》CJJ 82—2012 强制性条文

条文编号	条文内容	条文类别
4.1.2	栽植基础严禁使用含有害成分的土壤，除有设施空间绿化等特殊隔离地带，绿化栽植土壤有效土层下不得有不透水层	栽植基础
4.3.2	严禁使用带有严重病虫害的植物材料，非检疫对象的病虫害危害程度或危害痕迹不得超过树体的 5%～10%。自外省市及国外引进的植物材料应有植物检疫证	植物材料
4.4.3	运输吊装苗木的机具和车辆的工作吨位，必须满足苗木吊装、运输的需要，并应制订相应的安全操作措施	苗木运输和假植
4.10.2	水湿生植物栽植地的土壤质量不良时，应更换合格的栽植土，使用的栽植土和肥料不得污染水源	水湿生植物栽植
4.10.5	水湿生植物的病虫害防治应采用生物和物理防治方法，严禁药物污染水源	
4.12.3	设施顶面绿化栽植基层（盘）应有良好的防水排灌系统，防水层不得渗漏	设施空间绿化
4.15.3	园林植物病虫害防治，应采用生物防治方法和生物农药及高效低毒农药，严禁使用剧毒农药	施工期的植物养护
5.2.4	假山叠石的基础工程及主体构造应符合设计和安全规定，假山结构和主峰稳定性应符合抗风、抗震强度要求	假山、叠石、置石工程

2.2 制图规范

根据《总图制图标准》(GB/T 50103—2010)和《房屋建筑制图统一标准》(GB/T 50001—2017),列出园林景观施工图设计时应符合的制图规范如下。

2.2.1 图纸幅面

图纸幅面指的是图纸宽度与长度组成的图面。图纸幅面及图框尺寸应符合表 2-7 的规定,表中 b 为幅面短边尺寸,l 为幅面长边尺寸,c 为图框线与幅面线间宽度,a 为图框线与装订边间宽度。

表 2-7 幅面及图框尺寸

单位:mm

幅面代号	A0	A1	A2	A3	A4
$b\times l$	841×1189	594×841	420×594	297×420	210×297
c	10			5	
a	25				

图纸的短边尺寸不应加长,A0～A3 幅面长边尺寸可加长,但应符合表 2-8 的规定。有特殊需要的图纸,可采用 $b\times l$ 为 841 mm×891 mm 与 1189 mm×1261 mm 的幅面。

表 2-8 图纸长边加长尺寸

单位:mm

幅面代号	长边尺寸	长边加长后的尺寸
A0	1189	1486(A0+1/4l)、1783(A0+1/2l)、2080(A0+3/4l)、2378(A0+l)
A1	841	1051(A1+1/4l)、1261(A1+1/2l)、1471(A1+3/4l)、1682(A1+l)、1892(A1+5/4l)、2102(A1+3/2l)
A2	594	743(A2+1/4l)、891(A2+1/2l)、1041(A2+3/4l)、1189(A2+l)、1338(A2+5/4l)、1486(A2+3/2l)、1635(A2+7/4l)、1783(A2+2l)、1932(A2+9/4l)、2080(A2+5/2l)
A3	420	630(A3+1/2l)、841(A3+l)、1051(A3+3/2l)、1261(A3+2l)、1471(A3+5/2l)、1682(A3+3l)、1892(A3+7/2l)

图纸以短边作为垂直边应为横式,以短边作为水平边应为立式。A0～A3 图纸宜横式使用;必要时,也可立式使用。一个工程设计中,每个专业所使用的图纸,不宜多于两种幅面,不含目录及表格所采用的 A4 幅面。

2.2.2 图线

图线的基本线宽 b,宜按照图纸比例及图纸性质从 1.4 mm、1.0 mm、0.7 mm、0.5 mm 线宽系列中选取。每个图样,应根据复杂程度与比例大小,先选定基本线宽 b,再选用表 2-9 中相应的线宽组。同一张图纸内,相同比例的各图样应选用相同的线宽组。

表 2-9　线宽组　　单位:mm

线宽比	线宽组			
b	1.4	1.0	0.7	0.5
$0.7b$	1.0	0.7	0.5	0.35
$0.5b$	0.7	0.5	0.35	0.25
$0.25b$	0.35	0.25	0.18	0.13

总图制图应根据图纸功能,选用表 2-10 规定的线型,根据各类图纸所表示的不同重点确定使用不同粗细线型。

表 2-10　图线

名称		线型	线宽	用途
实线	粗		b	1. 新建建筑物±0.00 高度可见轮廓线; 2. 新建铁路、管线
	中		$0.7b$ $0.5b$	1. 新建构筑物、道路、桥涵、边坡、围墙、运输设施的可见轮廓线; 2. 原有标准轨距铁路
	细		$0.25b$	1. 新建建筑物±0.00 高度以上的可见建筑物、构筑物轮廓线; 2. 原有建筑物、构筑物、原有窄轨、铁路、道路、桥涵、围墙的可见轮廓线; 3. 新建人行道、排水沟、坐标线、尺寸线、等高线
虚线	粗		b	新建建筑物、构筑物地下轮廓线
	中		$0.5b$	计划预留扩建的建筑物、构筑物、铁路、道路、运输设施、管线、建筑红线及预留用地各线
	细		$0.25b$	原有建筑物、构筑物、管线的地下轮廓线
单点长画线	粗		b	露天矿开采界线
	中		$0.5b$	土方填挖区的零点线
	细		$0.25b$	分水线、中心线、对称线、定位轴线
双点长画线			b	用地红线
			$0.7b$	地下开采区塌落界线
			$0.5b$	建筑红线
折断线			$0.5b$	断线
不规则曲线			$0.5b$	新建人工水体轮廓线

2.2.3　比例

图样的比例,应为图形与实物相对应的线性尺寸之比,总图制图采用的比例宜符合表 2-11 的规定。一般情况下,一个图样应选用一种比例;根据专业制图需要,同一图样可选用两种比例;特殊情况下也可自选比例,这时除应注出绘图比例外,还应在适当位置绘制出相应的比例尺。

表 2-11 比例

图　名	比　例
现状图	1：500、1：1000、1：2000
地理交通位置图	1：25 000～1：200 000
总体规划、总体布置、区域位置图	1：2000、1：5000、1：10 000、1：25 000、1：50 000
总平面图、竖向布置图、管线综合图、土方图、铁路、道路平面图	1：300、1：500、1：1000、1：2000
场地园林景观总平面图、场地园林景观竖向布置图、种植总平面图	1：300、1：500、1：1000
铁路、道路纵断面图	垂直：1：100、1：200、1：500 水平：1：1000、1：2000、1：5000
铁路、道路横断面图	1：20、1：50、1：100、1：200
场地断面图	1：100、1：200、1：500、1：1000
详图	1：1、1：2、1：5、1：10、1：20、1：50、1：100、1：200

2.2.4 索引符号

图样中的某一局部或构件，如需另见详图，应以索引符号索引(见图 2-1(a))。索引符号应由直径为 8～10 mm 的圆和水平直径组成，圆及水平直径线宽宜为 0.25b。索引符号编号应符合下列规定：

①当索引出的详图与被索引的详图同在一张图纸内，应在索引符号的上半圆中用阿拉伯数字注明该详图的编号，并在下半圆中间画一段水平细实线(见图 2-1(b))。

②当索引出的详图与被索引的详图不在同一张图纸中，应在索引符号的上半圆中用阿拉伯数字注明该详图的编号，在索引符号的下半圆用阿拉伯数字注明该详图所在图纸的编号(见图 2-1(c))。数字较多时，可加文字标注。

③当索引出的详图采用标准图时，应在索引符号水平直径的延长线上加注该标准图集的编号(见图 2-1(d))。需要标注比例时，应在文字的索引符号右侧或延长线下方，与符号下对齐。

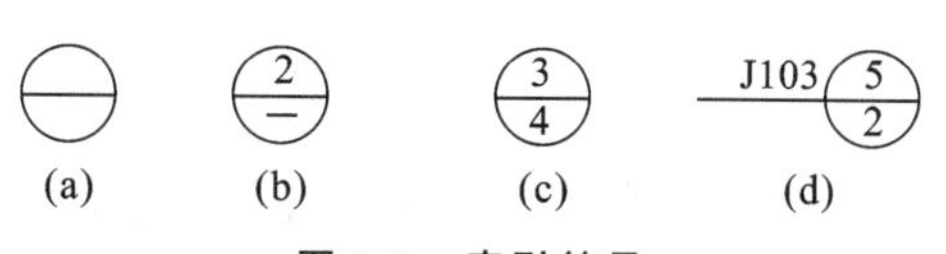

图 2-1 索引符号

2.2.5 引出线

①引出线线宽应为 0.25b，宜采用水平方向的直线，或与水平方向成 30°、45°、60°、90°的直线，并经上述角度再折成水平线。文字说明宜注写在水平线的上方(见图 2-2(a))，也可注写在水平线的端部(见图 2-2(b))。索引详图的引出线，应与水平直径线相连接(见图 2-2(c))。

②同时引出的几个相同部分的引出线，宜互相平行(见图 2-3(a))，也可画成集中于一点的放射线(见图 2-3(b))。

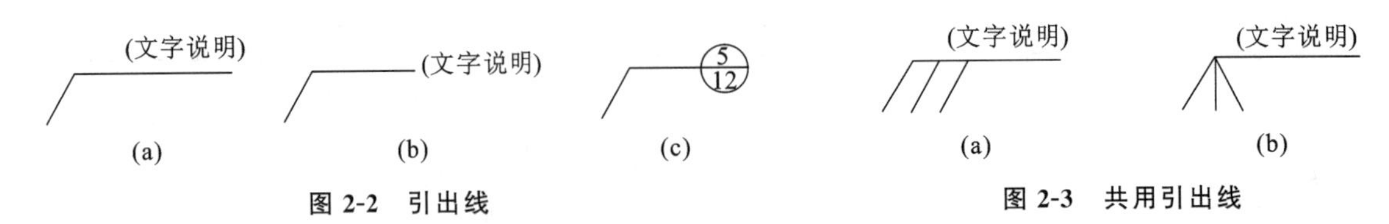

图 2-2 引出线　　图 2-3 共用引出线

③多层构造或多层管道共用引出线，应通过被引出的各层，并用圆点示意对应各层次。文字说明宜注写在水平线的上方，或注写在水平线的端部，说明的顺序应由上至下，并应与被说明的层次对应一致；如层次为横向排序，则由上至下的说明顺序应与由左至右的层次对应一致(见图 2-4)。

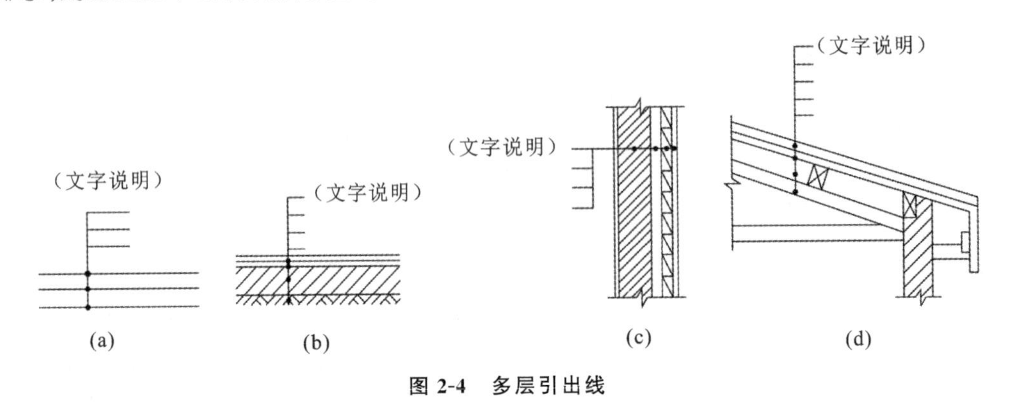

图 2-4 多层引出线

2.2.6 标高标注

1. 一般规定

①建筑物应以接近地面处的±0.00 标高的平面作为总平面。字符平行于建筑长边书写。

②总图中标注的标高应为绝对标高，当标注相对标高，则应注明相对标高与绝对标高的换算关系。

2. 标注要求

建筑物、构筑物、铁路、道路、水池等应按下列规定标注有关部位的标高：

①建筑物标注室内±0.00 处的绝对标高，在一栋建筑物内宜标注一个±0.00 标高，当有不同地坪标高以相对±0.00 的数值标注；

②建筑物室外散水，标注建筑物四周转角或两对角的散水坡脚处标高；

③构筑物标注其有代表性的标高，并用文字注明标高所指的位置；

④铁路标注轨顶标高；

⑤道路标注路面中心线交点及变坡点标高；

⑥挡土墙标注墙顶和墙趾标高，路堤、边坡标注坡顶和坡脚标高，排水沟标注沟顶和沟底标高；

⑦场地平整标注其控制位置标高，铺砌场地标注其铺砌面标高。

3. 标高符号

①标高符号应以等腰直角三角形表示，并应按图 2-5(a)所示形式用细实线绘制，如标注位置不够，也可按图 2-5(b)所示形式绘制。标高符号的具体画法可按图 2-5(c)和图 2-5(d)所示。图中：l——取适当长度注写标高数字；h——根据需要取适当高度。

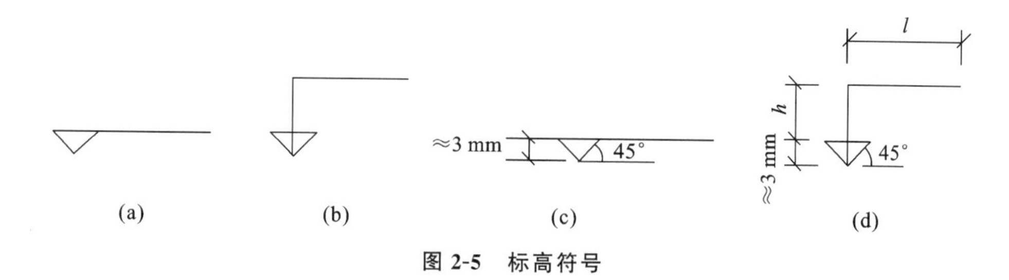

图 2-5 标高符号

②总平面图室外地坪标高符号宜用涂黑的三角形表示，具体画法可按图 2-6 所示。

③标高符号的尖端应指至被注高度的位置。尖端宜向下，也可向上。标高数字应注写在标高符号的上侧或下侧(见图 2-7)。

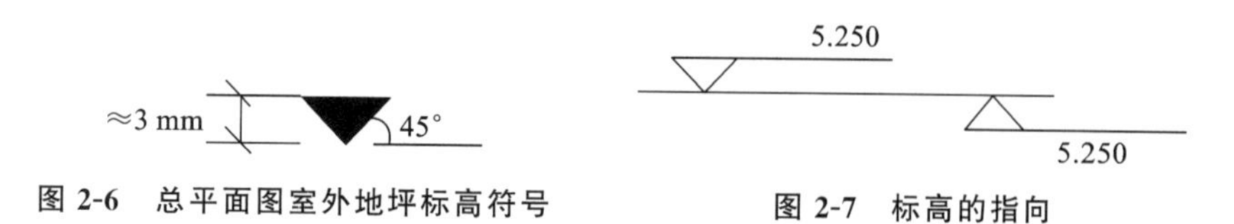

图 2-6 总平面图室外地坪标高符号　　图 2-7 标高的指向

④标高数字应以米为单位，注写到小数点以后第三位。在总平面图中，可注写到小数点以后第二位。

⑤零点标高应注写成±0.000，正数标高不注“+”，负数标高应注“－”，例如 3.000、－0.600。

⑥在图样的同一位置需表示几个不同标高时，标高数字可按图 2-8 的形式注写。

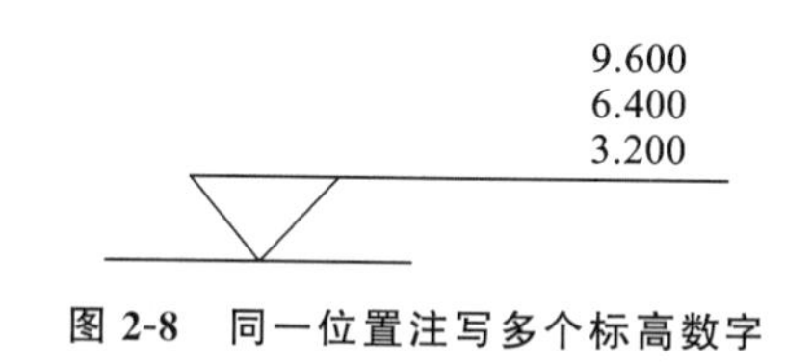

图 2-8 同一位置注写多个标高数字

2.2.7 坐标标注

1. 一般规定

①总图应按上北下南方向绘制。根据场地形状或布局，可向左或右偏转，但不宜超过 45°。总图中应绘制指北针或风玫瑰图。

②坐标网格应以细实线表示。测量坐标网应画成交叉十字线，坐标代号宜用“X、Y”表示；建筑坐标网应画成网格通线，自设坐标代号宜用“A、B”表示。坐标值为负数时，应注“－”号，为正数时，“＋”号可以省略。

③总平面图上有测量和建筑两种坐标系统时，应在附注中注明两种坐标系统的换算公式。

2. 标注要求

①表示建筑物、构筑物位置的坐标应根据设计不同阶段要求标注，当建筑物、构筑物与坐标轴线平行时，可注其对角坐标；与坐标轴线成角度或建筑平面复杂时，宜标注三个以上坐标，坐标宜标注在图纸上。根据工程具体情况，建筑物、构筑物也可用相对尺寸定位。

②在一张图上，主要建筑物、构筑物用坐标定位时，根据工程具体情况也可用相对尺寸定位。

③建筑物、构筑物、铁路、道路、管线等应标注下列部位的坐标或定位尺寸：

a. 建筑物、构筑物的外墙轴线交点，圆形建筑物、构筑物的中心；

b. 皮带走廊的中线或其交点；

c. 铁路道岔的理论中心，铁路、道路的中线或转折点；

d. 管线(包括管沟、管架或管桥)的中线交叉点和转折点；

e. 挡土墙起始点、转折点，墙顶外侧边缘(结构面)。

2.2.8 尺寸标注

图样上的尺寸，应包括尺寸界线、尺寸线、尺寸起止符号和尺寸数字(见图 2-9)。

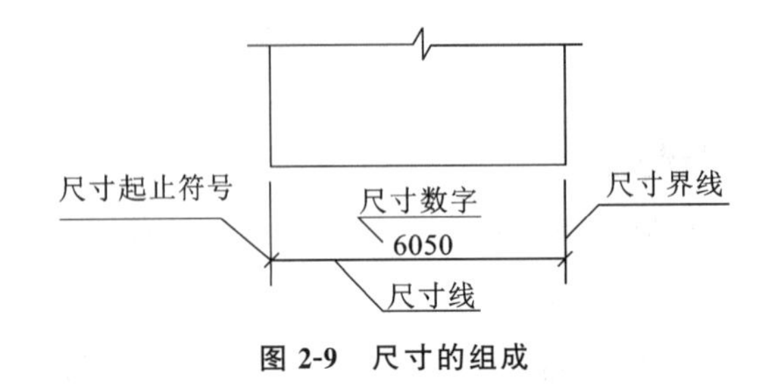

图 2-9　尺寸的组成

1. 尺寸界线

应用细实线绘制，应与被注长度垂直，其一端应离开图样轮廓线不小于 2 mm，另一端宜超出尺寸线 2～3 mm。图样轮廓线可用作尺寸界线。

2. 尺寸线

应用细实线绘制，应与被注长度平行，两端宜以尺寸界线为边界，也可超出尺寸界线 2～3 mm。图样本身的任何图线均不得用作尺寸线。

3. 尺寸起止符号

用中粗斜短线绘制，其倾斜方向应与尺寸界线成顺时针 45°角，长度宜为 2～3 mm。半径、直径、角度与弧长的尺寸起止符号，宜用箭头表示，箭头宽度不宜小于 1 mm。

4. 尺寸数字

应依据其方向注写在靠近尺寸线的上方中部。如没有足够的注写位置，最外边的尺寸数字可注写在尺寸界线的外侧，中间相邻的尺寸数字可上下错开注写，可用引出线表示标注尺寸的位置(见图 2-10)。

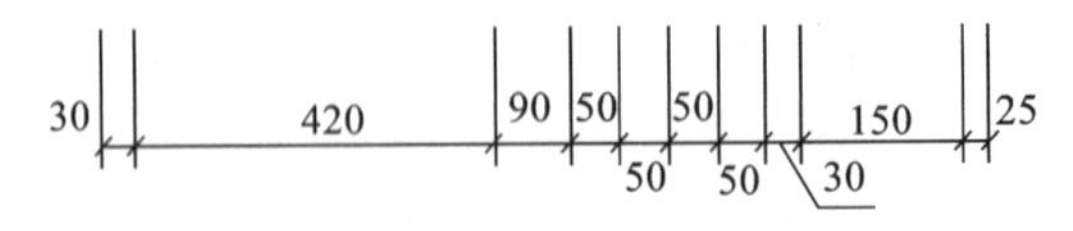

图 2-10　尺寸数字的注写位置

第 3 章

施工图文本设计

3.1 施工图图纸目录

图纸目录是为了说明该工程由哪些专业图纸组成，是表示施工图集中包含的图纸名称、图纸数量等信息的表格，其目的在于方便图纸的归档、查阅及修改，是施工图纸的明细和索引。图纸目录应分专业编写，园林、结构、给排水、电气等专业应分别编制自己的图纸目录，但若结构、给排水、电气等专业图纸量太少，也可以与园林专业图纸并列一个图纸目录，成为一套图纸。

3.1.1 图纸目录设计要点

①图纸目录应排列在一套施工图纸的最前面，且不编入图纸的序号中，通常以列表的形式表达。图纸目录图幅的大小一般为 A4 图幅，根据实际情况也可用 A3 或其他图幅。

②图纸目录的格式可按各设计单位的格式编制，一般图纸目录由序号、图号、图纸名称、图幅、备注等内容组成，有的还有修改版本号和出图日期统计等。

③序号应从“1”开始编号，直到全套施工图纸的最后一张，不得空缺和重复，从最后一个序号数可知全套图纸的总张数。

④一套完整的施工图图纸除了在绘图上表达详尽以外，整齐有序的目录图号汇编也起了很关键的作用。不同的设计单位对图号的设计不同，一般图号由图纸专业缩写编号＋本专业图纸编号组成，如果项目包含分区设计，则在图号中会加入分区编号。如：图 3-1 中图号“LP-A-01”中，“LP”表示的是园建专业中景观设计总图(landscape population)的英文缩写，“A”表示项目的 A 区，“01”表示景观设计总图 A 区中的第一张施工图。

常用的专业编号如下：

YS——园施(园建设计图)、JS——结施(结构设计图)、LS——绿施(植物种植设计图/软景设计图)、SS——水施(给排水设计图)、DS——电施(电气设计图)、BZ——标准设计图、SM——设计说明。

也有设计单位将园建设计图细分为总图设计和详图设计，分别进行编号：

LP——园建总图(landscape population)、LD——园建详图(landscape detailed)。

⑤图纸名称命名时，尽量用方案设计时取的名称，一方面与方案设计有连续性，另一方面有助于设计师在施工图设计时考虑对方案设计的忠实性，且命名不要抽象，要尽量具体。如果项目进行了分区，那么命名时需冠以所属区域，如：A 区景墙详图、B 区水景详图等。全套施工图纸中不允许有同名图纸出现，如果项目中有相同景观元素出现，则可根据其材料、特征或功能对其进行命名，如：A 区圆形花池、A 区方形花池等。

⑥图纸修改可以以版本号区分，每次修改必须在修改处作出标记，并注明版本号。施工图第一次出图版本号为 0，第二次修改图版本号为 1，第三次修改图版本号为 2，依此类推。

⑦图纸目录中的图号、图纸名称应该与其对应施工图纸中的图号、图纸名称相一致，以免混乱，影响识图。

3.1.2 图纸目录实例

实例展示武汉某小区三期景观工程的图纸目录，详见图 3-1～图 3-3。

工程名称: 武汉某小区三期景观工程

DRAWING SCHEDULE 图纸目录

NO. 序号	DRAWING NO. 图号	DESCRIPTION 图纸名称	SHEET SIZE 图幅	INTERNAL DRAWING DATE 内部绘图日期	REMARKS 备注pp
		基本资料			
1	SM-01	设计说明01	A2	2015.08.07	
2	SM-02	设计说明02	A2	2015.08.07	
		标准做法			
3	BZ-01	标准做法一	A2	2015.08.07	
4	BZ-02	标准做法二	A2+1/4	2015.08.07	
5	BZ-03	标准做法三	A2	2015.08.07	
6	BZ-04	标准做法四	A2	2015.08.07	
		景观设计总图			
7	LP-01	三期景观总平面图	A0+1/8	2015.08.07	
8	LP-02	三期小品布置总平面图	A0+1/8	2015.08.07	
9	LP-03	三期分区索引总平面图	A2	2015.08.07	
10	LP-A-01	A区索引总平面图	A1+1/4	2015.08.07	
11	LP-A-02	A区竖向总平面图	A1+1/4	2015.08.07	
12	LP-A-03	A区尺寸定位总平面图	A1+1/4	2015.08.07	
13	LP-A-04	A区坐标及网格定位总平面图	A1+1/4	2015.08.07	
14	LP-A-05	A区物料总平面图	A1+1/4	2015.08.07	
15	LP-A-06	A区车库顶板种植土堆坡泡沫塑料填充范围	A1+1/4	2015.08.07	
16	LP-B-01	B区索引总平面图	A1	2015.08.07	
17	LP-B-02	B区竖向总平面图	A1	2015.08.07	
18	LP-B-03	B区尺寸定位总平面图	A1	2015.08.07	
19	LP-B-04	B区坐标及网格定位总平面图	A1	2015.08.07	
20	LP-B-05	B区物料总平面图	A1	2015.08.07	
21	LP-B-06	B区车库顶板种植土堆坡泡沫塑料填充范围	A1	2015.08.07	
22	LP-C-01	C区索引总平面图	A1+1/4	2015.08.07	
23	LP-C-02	C区竖向总平面图	A1+1/4	2015.08.07	
24	LP-C-03	C区尺寸定位总平面图	A1+1/4	2015.08.07	
25	LP-C-04	C区坐标及网格定位总平面图	A1+1/4	2015.08.07	
26	LP-C-05	C区物料总平面图	A1+1/4	2015.08.07	
27	LP-C-06	C区车库顶板种植土堆坡泡沫塑料填充范围	A1+1/4	2015.08.07	
		景观设计详图			
28	LD-1.01	车行入口尺寸定位及竖向平面图	A2+1/4	2015.08.07	
29	LD-1.02	车行入口铺装及索引平面图	A2+1/4	2015.08.07	
30	LD-1.03	车行入口立面图	A2	2015.08.07	
31	LD-1.04	管理门房构造说明	A2	2015.08.07	
32	LD-1.05	管理门房平面图	A2	2015.08.07	
33	LD-1.06	管理门房立面图	A2	2015.08.07	
34	LD-1.07	管理门房剖面图	A2	2015.08.07	
35	LD-1.08	管理门房大样图	A2	2015.08.07	
36	LD-1.09	管理门房门窗表	A2	2015.08.07	
37	LD-1.10	管理门房室外空调机罩详图	A2	2015.08.07	
38	LD-1.11	管理门房结构图一	A2	2015.08.07	
39	LD-1.12	管理门房结构图二	A2	2015.08.07	
40	LD-1.13	雨棚平、立面图	A2	2015.08.07	
41	LD-1.14	雨棚剖面图	A2	2015.08.07	
42	LD-1.15	雨棚结构图	A2	2015.08.07	
43	LD-2.01	组团门房设计说明	A2	2015.08.07	

图 3-1 图纸目录一

工程名称：武汉某小区三期景观工程

DRAWING SCHEDULE 图纸目录

NO. 序号	DRAWING NO. 图号	DESCRIPTION 图纸名称	SHEET SIZE 图幅	INTERNAL DRAWING DATE 内部绘图日期	REMARKS 备注pp
		景观设计详图			
44	LD-2.02	G10与G11组团门房平、立面图	A2	2015.08.07	
45	LD-2.03	G10与G11组团门房剖面图	A2	2015.08.07	
46	LD-2.04	G10与G11组团门房大样图	A2	2015.08.07	
47	LD-2.05	G10与G11组团门房结构图	A2	2015.08.07	
48	LD-3.01	Y18南节点尺寸平面图	A2	2015.08.07	
49	LD-3.02	Y18南节点铺装竖向平面图	A2	2015.08.07	
50	LD-3.03	Y27南节点尺寸平面图	A2	2015.08.07	
51	LD-3.04	Y27南节点铺装竖向平面图	A2	2015.08.07	
52	LD-3.05	G11南节点尺寸定位及竖向平面图	A2	2015.08.07	
53	LD-3.06	G11南节点铺装平面图	A2	2015.08.07	
54	LD-4.01	廊架平、立面图一	A2	2015.08.07	
55	LD-4.02	廊架平、立面图二	A2	2015.08.07	
56	LD-4.03	廊架剖面图	A2+1/4	2015.08.07	
57	LD-4.04	廊架结构详图一	A2	2015.08.07	
58	LD-4.05	廊架结构详图二	A2	2015.08.07	
59	LD-4.06	廊架坐凳详图	A2+1/4	2015.08.07	
60	LD-4.07	矮墙详图	A2	2015.08.07	
61	LD-5.01	篮球场尺寸平面图	A2	2015.08.07	
62	LD-5.02	篮球场铺装索引平面图	A2	2015.08.07	
63	LD-5.03	篮球场详图	A2	2015.08.07	
64	LD-6.01	坡道尺寸竖向平面图	A2	2015.08.07	
65	LD-6.02	坡道铺装索引平面图	A2	2015.08.07	
66	LD-6.03	坡道立面图	A2	2015.08.07	
67	LD-6.04	坡道剖面图	A2+1/4	2015.08.07	
68	LD-6.05	坡道详图	A2	2015.08.07	
69	LD-6.06	坡道底层砚石详图	A2	2015.08.07	
70	LD-6.07	坡道结构详图一	A2	2015.08.07	
71	LD-6.08	坡道结构详图二	A2	2015.08.07	
72	LD-6.09	坡道结构详图三	A2	2015.08.07	
73	LD-7.01	入户一尺寸竖向平面图	A2	2015.08.07	
74	LD-7.02	入户一铺装索引平面图	A2	2015.08.07	
75	LD-7.03	入户二平面图	A2+1/4	2015.08.07	
76	LD-7.04	入户三平面图	A2	2015.08.07	
77	LD-7.05	G10 架空层及入户口尺寸竖向平面图	A2+1/3	2015.08.07	
78	LD-7.06	G10 架空层及入户口物料平面图	A2+1/3	2015.08.07	
79	LD-7.07	G11 架空层及入户口尺寸竖向平面图	A2+1/3	2015.08.07	
80	LD-7.08	G11 架空层及入户口物料平面图	A2+1/3	2015.08.07	
81	LD-7.09	G12入户口平面及架空层台阶剖面图	A2	2015.08.07	
82	LD-7.10	架空层栏杆做法详图	A2	2015.08.07	
83	LD-8.01	残坡平面图	A2	2015.08.07	
84	LD-8.02	残坡详图	A2	2015.08.07	
85	LD-9.01	花园栏杆及挡墙做法详图	A2	2015.08.07	
86	LD-9.02	花园挡墙结构详图	A2	2015.08.07	

图 3-2 图纸目录二

工程名称: 武汉某小区三期景观工程

DRAWING SCHEDULE 图纸目录

NO. 序号	DRAWING NO. 图号	DESCRIPTION 图纸名称	SHEET SIZE 图幅	INTERNAL DRAWING DATE 内部绘图日期	REMARKS 备注pp
		景观设计详图			
87	LD-10.01	消防、人行入口平立面图	A2	2015.08.07	
88	LD-10.02	消防门及小区外围铁艺围墙标准段立面图	A2	2015.08.07	
89	LD-10.03	组团铁艺围墙标准段及人行门立面图	A2	2015.08.07	
90	LD-10.04	围墙剖面图	A2	2015.08.07	
91	LD-10.05	挡土墙剖面图	A2	2015.08.07	
92	LD-10.06	挡土墙结构图	A2	2015.08.07	
		给排水设计图			
93	SS-01	给排水设计说明	A2	2015.08.07	
94	SS-02	给水管线平面布置图	A0+1/8	2015.08.07	
95	SS-03	排水管线平面布置图	A0+1/8	2015.08.07	
96	SS-04	给排水安装大样图	A2	2015.08.07	
97	SS-05	景观水表井详图	A2	2015.08.07	
98	SS-06	快速取水阀安装详图	A2	2015.08.07	
		电气设计图			
99	DS-01	电气施工设计说明及主要材料表	A2	2015.08.07	
100	DS-02	主要灯具安装示意图	A2	2015.08.07	
101	DS-03	0.7 mX0.7 m拉线手井及盖板结构图	A2	2015.08.07	
102	DS-04	照明配电箱AL3系统图	A2	2015.08.07	
103	DS-05	照明配电箱AL4系统图	A2	2015.08.07	
104	DS-06	配电箱AL3~AL4 定时控制原理图	A2	2015.08.07	
105	DS-07	三期电气平面布置图	A0+1/8	2015.08.07	
106	DS-08	三期背景音乐平面布置图	A0+1/8	2015.08.07	
107	DS-09	门房电气平面图	A2	2015.08.07	
		软景设计图			
108	LS-01	植物种植设计说明一	A2	2015.08.07	
109	LS-02	植物种植设计说明二	A2	2015.08.07	
110	LS-03	植物种植总平面图	A1	2015.08.07	
111	LS-04	A区上层乔木种植平面图	A1+1/2	2015.08.07	
112	LS-05	A区中层灌木及小乔木种植平面图	A1+1/2	2015.08.07	
113	LS-06	A区下层地被种植平面图	A1+1/2	2015.08.07	
114	LS-07	B区上层乔木种植平面图	A1+1/4	2015.08.07	
115	LS-08	B区中层灌木及小乔木种植平面图	A1+1/4	2015.08.07	
116	LS-09	B区下层地被种植平面图	A1+1/4	2015.08.07	
117	LS-10	C区上层乔木种植平面图	A1+1/2	2015.08.07	
118	LS-11	C区中层灌木及小乔木种植平面图	A1+1/2	2015.08.07	
119	LS-12	C区下层地被种植平面图	A1+1/2	2015.08.07	
120	LS-13	植物种植规格表	A2	2015.08.07	
121	LS-14	苗木种植大样	A2	2015.08.07	

图 3-3 图纸目录三

3.2 施工图设计总说明

设计总说明是对本设计项目的概况和设计师意图进行叙述，对施工图中无法表达清楚的内容用文字加以详细说明，它是施工图设计的纲要，不仅对设计本身起着指导和控制的作用，更为施工、监理、建设单位了解设计意图提供了重要依据。

3.2.1 设计总说明内容

①工程概况：工程名称、建设地点、建设单位、建设规模(园林用地面积)；工程性质是建筑场地还是公园绿地，如果是住宅或商业绿地，园林是否建在地下车库上；是否人车分流等。

②设计依据：依据性文件名称；本专业设计所依据的主要法规和主要标准；经批准的可行性研究报告；经相关政府部门批准的方案设计、初步设计审批文件等；甲方相关的会议纪要；甲方提供的有关地形图及气象、地理和工程地质资料等。设计依据也是设计师维护自身权益的依据。

③设计深度：国家相关的施工图深度文件；甲乙双方的设计合同文件深度要求；设计方内部对施工图深度要求文件等。

④设计范围：甲乙双方合同约定的基础范围内的室外园林景观设计。

⑤主要指标数据：包括总用地面积、建筑面积、园林用地面积、硬地面积、绿地面积、水面面积、停车场面积、道路面积、绿化率等指标、总概算等。

⑥技术措施要求：对施工图中坐标系统、高程系统、尺寸单位的选择；绝对标高、相对标高释义；对通用的铺装留缝、预埋孔洞尺寸的要求；通用施工工序的描述，如所有地面工程、墙体工程及综合工程中的驳岸与景石的布景工程，应在主体工程、地下管线工程完工后，方可进行施工；总图、详图之间如果出现细小偏差的解决办法；通用施工安装技术措施的注意事项等。

⑦材料说明：有共同性的，如混凝土、砌体材料、金属材料标号、型号；木材防腐、油漆；石材等材料要求，可统一说明或在施工图纸上标注。

⑧竖向设计：场地标高参照总平面图和竖向设计平面图；对施工图上未标明的排水坡向和坡度进行统一说明；室外排水管道埋深标高要结合给排水施工图等。

⑨特殊做法：对通用技术措施以外的园林工程，详细说明其特殊施工要求，以更加明确地表达设计师意图，如特殊的铺装饰面铺贴工程、水池工程、木质平台制作工艺、防水工程等。

⑩安全措施：对路面防滑处理、水池深度设置、岸边及高处的护栏设置等一系列安全措施的说明。

⑪其他说明：该工程其他个性化的要求和说明等；规范性参考文献；相关专业沟通等常规事项。

3.2.2 设计总说明范文

以下列出施工图设计总说明的范文，包含但不限于以下范文内容。

(1)工程概况。

①工程名称：武汉某小区景观工程。

②建设单位：武汉某置业有限公司。

③工程性质：居住区园林景观。

④建设地点：武汉。

⑤用地面积:57 685 m^2。

(2)设计依据。

①现行国家及地方颁布的有关工程建设的各类规范、规定与标准。

《城市居住区规划设计标准》GB 50180—2018;

《公园设计规范》GB 51192—2016;

《城市绿地设计规范(2016 年版)》GB 50420—2007;

《城乡建设用地竖向规划规范》CJJ 83—2016;

《园林绿化工程施工及验收规范》CJJ 82—2012;

《城市道路工程设计规范(2016 年版)》CJJ37—2012;

《城市道路交通组织设计规范》GB/T36670—2018;

《无障碍设计规范》GB 50763—2012;

《工程结构可靠性设计统一标准》GB 50153—2008;

《建筑结构可靠性设计统一标准》GB 50068—2018;

《城市道路路基设计规范》CJJ 194—2013;

《建筑结构荷载规范》GB 50009—2012;

《建筑地基基础设计规范》GB 50007—2011;

《钢结构设计标准》GB 50017—2017;

《木结构设计标准》GB 50005—2017;

《砌体结构设计规范》GB 50003—2011;

……

②甲方提供的规划总平面图及相关建筑资料。

③甲方提供的基地现场相关现状基础资料。

④甲方对乙方的设计委托书。

⑤甲方认可的方案设计及初步设计文件(其中包括甲方反馈信息、方案设计与扩大初步设计评审会意见)。

(3)设计深度。

①住房和城乡建设部《市政公用工程设计文件编制深度规定(2013 年版)》中园林和景观施工图设计深度的相关要求。

②本设计单位根据甲乙双方合同确定的设计深度。

(4)设计范围。

甲乙双方合同约定的基础范围内的室外园林景观设计。

(5)技术说明及要求。

①本工程设计除注明外,总平面图与分区平面图设计标高采用绝对标高,坐标体系采用何种坐标体系,均与业主所提供的数据相一致。景观工程设计绝对标高为参照建筑提供的设计标高。

②园建单体及立面、剖面设计中采用相对标高;其±0.000 对应的绝对标高详见各图中的附注。

③除注明外,本工程设计中所指距地高度均指距离完成面高度。

④本工程设计中除标高、网格、坐标以米(m)为单位外,其余尺寸均以毫米(mm)为单位。

⑤所有地面工程 、墙体工程及综合工程中的驳岸与景石的布景工程,应在主体工程、地下管线工程完工后,方可进行施工。

⑥所有水池工程施工时必须配合专业水景公司的图纸预留孔洞,预埋套管。

⑦特殊工艺如雕塑、喷泉、钢结构等,其详细施丅图与施丅安装应由专业队伍负责,但需同时向设计单位提供相关的施工图纸,并由专业队伍派人员赴现场施工或配合土建施工。

⑧各种施工安装必须严格遵守国家有关部门颁布的标准及各项施工验收规范的规定,并与结构、水电、

绿化等专业施工图纸密切地配合。

⑨设计选用新型材料产品时，其产品的质量和性能必须经过检测符合国家相关标准，提供质量合格证书，并由生产厂家负责指导施工，以保证施工质量。

(6)安全措施。

工程所有的设计均需满足国家及地方现行工程建设规范。

另：硬地人工水体的近岸(如：水池)如未设栏杆，近 2 m 范围内水深不大于 0.7 m；园桥、汀步附近 2 m 范围内水深不大于 0.7 m。图上凡未表示的，施工时必须以砂石填高至本规定范围为止。

(7)做法要求。

除图纸中另有要求或另有工程做法的详细说明外，均按此工程做法的要求施工。如图纸与现场有任何偏差，施工方应及时通知景观设计师，改变前需得到业主和景观设计师的批准确认。

①地面工程。

a. 本工程所有景观道路与铺地的铺装样式及材料详图参阅图纸，按设计要求铺贴。

b. 铺装面材的标注除了特殊注明外均含灰缝；石材铺装留缝除了参阅相关详图外，其余未标明者均留缝不大于 2 mm。饰面所用砂岩，在施工前需 6 面喷石材保护剂。

c. 景观道路交叉口与铺地若出现两种不同的饰面材料，应注意衔接点的放线，尽量少四向交叉；面层铺装以主路(面)优先，次路(面)服从为主，并注意标高和坡向，防止积水。

d. 景观道路应尽量是自然排水，坡地为防止水土流失，可置景石挡土，蹬道必要时采用明沟排水。

e. 景观道路与铺地的构造应为面层薄，结合层要丰，垫层要强，土层要稳定，若土层软弱，应进行补强处理，应尽量利用原有的地势地形，路面要平整、抗滑。

f. 景观中的路缘石、边沟、坡道，据不同的景观需要采用不同材质和尺寸；坡道一般采用与路面相同的面材，若是无障碍坡道，则按无障碍设计要求进行设计。

g. 所有景观道路与铺地的管线检查井，应采用与之面材相同的井盖。

h. 凡是用混凝土或钢筋混凝土地骨的铺装地面均须留变形缝，变形缝间距为混凝土地骨小于等于 12 m，钢筋混凝土地骨小于等于 24 m，变形缝一定要与铺装面材缝对齐，地骨变形缝宽度小于等于 20 mm。

②道路、台阶、坡道。

a. 室外坡道其坡高与坡长之比不宜大于 1∶10，无障碍坡道设计参见《无障碍设计规范》GB 50763—2012。

b. 路面横坡：人行道为 2%～3%，混凝土车行道为 1%～1.5%，沥青面层为 1.5%～2%。

c. 混凝土路面纵、横向缩缝间距 5～6 m，伸缝间距一般为 20～30 m，缝宽 20 mm，沥青灌缝。

d. 路面宽度、坡度及道牙、排水口等均见单项工程设计处理。

e. 台阶或坡道下回填土须分层夯实。

f. 台阶或坡道平台与外墙面之间须设变形缝，缝宽 30 mm。灌建筑嵌缝油膏，深 50 mm。

g. 室外人行道无障碍缘石坡道做法，正面坡的缘石外露高度不大于 20 mm，坡度不得大于 1∶12，宽度不得小于 1.2 m；侧面坡的坡度不得大于 1∶12；全宽式缘石坡道的坡度不得大于 1∶20。

③场地标高。

a. 施工方应对整个设计范围内实施的地形、场地、路面及排水的最终效果负责。施工前应粗略核实相应的场地标高，并将有疑问及相关矛盾之处提醒设计师注意，以便在施工前解决此类问题。

b. 对于车行道路面标高、剖面图、区域排水系统、路面排水系统、道牙顶端标高等，请参照建筑师的图纸。施工前，应对照建筑师的图纸核实所有平面图中注明的竖向信息资料。

c. 路面排水系统、区域排水系统、植物排水系统、植物疏水系统及穿孔排水管线都应与雨水排水系统相连，参照建筑师或技术工程师的图纸。

d. 表 3-1 所示坡比标准适用于所有场地情况，如有差异，请在竖向施工前通知设计师。

表 3-1 场地坡比标准

场地	最小	最大
广场及庭院	0.3%	3%
人行道	1%	4.9%
斜坡	5%	8.33%(需设扶手)
地面种植	2%	2∶1
台阶、坡道及休息平台	0.5%	0.5%

e. 所有地面排水应从构筑物基座或建筑外平面向外排。

f. 施工方应与业主协调室内外出入口处的室内外高差。

④墙体工程。

a. 围墙、挡墙等砖砌体的下部，距室外地坪 60 mm 处设防潮层一道，其做法为抹 20 厚 1∶2.5 水泥砂浆，内掺 5%防水剂。

b. 围墙长度超过 50 m 时，以 50 m 为准在砖垛部位设置伸缩缝；遇复杂地形时应设变形缝。

c. 为了美观，同时也为了围墙安全及防止围墙顶部开裂，应在围墙的墙头设压顶，压顶材料可为砖、混凝土、石材、木材等，厚度按设计；侧边临空时在砌块孔洞中插入 Φ12 钢筋及灌满 C15 混凝土；压顶厚度均包括在总高度内。

d. 清水砖墙外露部分均以 1∶2.5 水泥砂浆勾缝。

e. 大门门轴一般设于门柱内缘，若将门轴设于柱中须在工程设计中注明，以便准确预埋铁件；门柱为砖砌体时应先将预埋铁件埋入 C20 混凝土预制块(规格由工程设计定)中，再砌入砖砌体内以使之牢固。

⑤防水、排水工程。

a. 本工程地面、景观所涉及水景、沟渠均采用涂抹水泥基渗透结晶型防水涂层的方式进行防水；生态水池采用 GCL 膨润土防水毯防水。排水明(暗)沟采用内防水层方式(内掺 5%防水剂的水泥砂浆)；若是贴饰面则按一道水泥砂浆、一道 1∶2 防水砂浆处理后再贴饰面材。大样详图中除了特别注明外而未有注明者则应按上述做法施工。

b. 结构层为钢筋混凝土的较大面积水池和溪流应设变形缝，缝距 30 m，变形缝应从池底延伸至池沿整体断开，在变形缝处做出相应的防水处理，以确保不漏水。

c. 在所有景观路面连接处及管道穿过处应做止水环(带)。

d. 砖砌排水沟采用 MU10 非黏土砖、M5 水泥砂浆砌筑。

e. 排水沟如遇回填土，沟底 C15 混凝土垫层下应加铺 50～70 粒径卵石(或碎石)一层夯入土中。

f. 排水沟纵向坡度为 0.5%。

g. 排水沟与勒脚交接处设变形缝，缝宽 30，灌建筑嵌缝油膏，深 50 mm。

h. 每 30～40 m 设变形缝，缝宽 30，灌建筑嵌缝油膏。

⑥防护处理。

a. 室外各构件的油漆做法，除了图纸中另有注明者外，一般按地上建筑做法说明处理。

b. 金属构件：铁刷除锈，磨去毛刺，湿布擦净，涂防锈漆两道、调和漆两道或银粉漆两道，颜色另定。

c. 木材：所有木料均采用经 ACQ 处理的防腐木或满浸防腐油，用作面层的木材均做一底三度耐火清漆。

d. 台阶踏步、拱形桥面与一些特殊铺装地面均要考虑防滑措施。

e. 设计有活动平台、水池等的场所，若超过国家标准规定允许的范围，应做出相应的安全防护措施。

⑦其他部分。

a. 凡树木种植在硬质铺装上的，其下应设树穴，并注意排水事项，具体详见构造大样详图。

b. 设计水池的进水口、溢水口、排水坑及泵坑应设置在池内较隐蔽的地方，要考虑其与电源、水源、场地排水位置的关系。

c. 除图纸中注明者外，所有大样做法均参阅通用做法标准图施工。

d. 给水：采用现在实用的快速取水器，由人工浇灌。

e. 排水：采用排水暗沟结合地漏(局部)的排水方式。本工程设计中排水地漏、吐水管和集水坑处为最低点，按 1%找坡。

f. 照明：除特殊灯具外，所有园林和道路照明灯具做法均按园建设计图及国家有关规范实施。

(8)材料要求。

①结构材料。

a. 混凝土材料：除图纸中注明者外，本工程的混凝土强度等级应采用 C20，垫层(在钢筋结构下)为 C15；钢筋混凝土若用在景观道路与铺地上，预制的为 C20，现浇的为 C25；若用在构筑物、园建小品及水池等上，预制的为 C15，现浇的为 C20～25。钢筋采用 HPB235，应符合国家标准有关规定。

b. 砌体材料：除图纸中注明者外，本工程所用的砌体均为大于等于 MU7.5 非黏土砖、M5 砌筑砂浆；如果墙体厚度为 1/4 标准砖，则采用 1∶2.5 水泥砂浆砌筑；用于基础及承重砌块不得使用轻集料混凝土砌块。石料不应采用风化石。

c. 金属件材料：除图纸中注明者外，本工程所用的圆钢、方钢、钢管、型钢、钢板等均采用 Q235-AF 钢；不锈钢材应符合国家标准中的有关规定；焊接及焊接材料也应符合国标中的有关技术规定，焊缝应满焊并保持焊缝均匀，无裂缝、过烧、松动现象，外露处应挫平、磨光；焊条用 E43 系列，焊缝高度 6 mm，钢与不锈钢之间的焊接采用不锈钢焊条；各金属构件表面应光滑平直、无毛刺，无烧焦、起泡、针孔等缺陷。零部件安装后应配合牢固，不应有松动、歪斜、扭曲、变形等缺陷。

d. 其他结构材料：应符合国家标准中的有关规定。

②装饰材料。

a. 除图纸中注明者外，本工程所有的人造饰面材料(如瓷片、花砖、水泥砖、砌块砖、烧结砖、植草格、玻璃马赛克及合成材料等)应先提供样品，由业主和设计单位认可后再正式购买。

b. 除图纸中注明者外，本工程所有的自然饰面材料(如花岗岩、砂岩、页岩、青石板、雨花石、蘑菇石及卵石等)应先提供样品，由业主和设计单位认可后再正式购买。

c. 铺装面材选择符合产品标准要求的材料，应避免使用大面积釉面和磨光面的面材，且注意面材的宽度与道路广场的模数关系。

d. 石材加工要求平、直、通，棱角无损而完整，光面达到设计效果的标准要求。

e. 景观石材的选用在石种、块面、色泽上应符合设计要求；装运应轻装、轻吊、轻卸，以免造成不必要的损伤。

f. 本工程所用木材必须干燥并经防腐处理，其外饰材料质地及颜色在图中未注明者由设计人员定。

g. 除图纸中注明者外，本工程所用抹灰砂浆均为 1∶2.5 水泥砂浆，所用水泥标号不低于 425 号水泥。

h. 本说明未注明的材料，要求由业主会同设计及施工单位另行商量决定。

(9)施工说明。

①定位与竖向调整。

a. 施工放线时应根据总放线控制点，定出各区(段)放线控制点及轴线方向，然后进行个体定位。

b. 每一区段放线控制点的定位及控制尺寸的确定，必须有业主和设计代表的参加和确认。

c. 定位放线应该以设计图纸为依据，若遇到位置与标高不符时，应征得设计单位的认可。

②结构基础施工。

a. 所有景观涉及的基础(基层)必须落在老土或经可靠压密的填土上，重要建筑物的基础必须由业主及设计单位验槽合格后才能进一步施工。

b. 本设计图纸中所谓的“素土夯实”，如果是老土地基用蛙式打夯机或压路机碾压两遍，如果是填土则须分层压实，压实系数大于 0.93。

c. 基础埋深及垫层做法均由设计人员根据工程所在地区情况而定，具体可参阅大样详图。

d. 景观道路与铺地若采用不配筋混凝土基层，应做切割假缝，缝宽为 6～10 mm，用沥青麻丝灌缝，间距不大于 12 m；若图纸中注明设有伸缩缝则按图施工，否则应按上述做法施工。

e. 本工程中所有与水接触的构造均以不低于二级防水等级的要求采取防水措施；混凝土池壁应采用防水混凝土，其他要求均符合国家标准规范。

f. 汀步基础可结合池底做法设预埋件与汀步进行连接，或采取独立、带形、杆形基础，要求稳定、牢靠。

g. 山石基础表面应低于近旁土面或路面 10 cm 以上。

③装饰施工。

a. 特定规格的人造材料（如广场花砖、瓷砖等）施工时，其边缘接口处要尽量凑整，特别在台阶宽度、挡墙与花池壁顶面等部位；如果难以凑整，则应调整装饰砂浆厚度。

b. 石材（如花岗岩、大理石等）的面层装饰，若图纸中未规定单块材料的规格尺寸，应和设计单位联系，确定材料尺寸及铺装样式后再施工。

c. 不规则的石材铺面做法，一般均留缝（缝宽均为 10～15 mm），并勾凹平缝，石材周边须用机器切割和粗打磨，且注意不留通缝。

d. 至于砾石铺面的做法，需要强调的是，让水泥砂浆结合凝固剂到一定的程度（24 小时后），用刷子将表面刷光，再用水冲刷，直至砾石均匀露明，而水泥砂浆不外露。

e. 墙体饰面的做法，均应按图纸中的要求进行，同时应注意建筑专业图纸中的有关要求，对外露明部分精细施工。

④施工展开。

a. 主要干道的人行道面标高及外缘路牙线是极其重要的控制点，应根据图纸中给定的道路中线以此为参照，保证两侧路牙在同一条直线上，同时也保证段与段之间的人行道面在同一顺坡内；至于该控制点标高及路牙线外缘，须由业主或设计代表确定后方能按此施工。

b. 景观道路与铺地所设的标高，除了有特别注明外，一般以利于排水为目的在施工时自行放坡。

c. 土方工程必须达到永久性土方工程的施工要求，要有足够的稳定性和密度，工程质量和艺术造型都符合设计要求，在施工中要遵守有关的各项技术要求。

d. 土建地基开挖时，应采取有效措施确保地下管线（特别是电缆、排水暗沟和通信设施等）不受损坏。

e. 土建施工时必须和给排水、电气等工种相互配合进行。

f. 所有种植的大乔木的下方均应确保没有地下电缆及暗沟通过，否则树木种植的位置将相应做出调整。

（10）其他说明。

凡与国家规范及法律相冲突之处，均以国家规范及法律规定的相关条款为准。

3.2.3　设计总说明实例

实例展示武汉某小区三期景观工程的设计总说明，详见图 3-4 和图 3-5。

设计总说明

一、工程名称：　武汉某小区三期景观工程

建设单位：　武汉某置业有限公司

建设地点：　武汉

二、设计依据

2.1　国家和武汉市颁发的有关工程建设的各类规范、规定与标准,包括：

<<城市居住区规划设计标准>>

<<园林绿化工程施工及验收规范>>

<<水泥混凝土路面施工及验收规范>>

<<城市道路工程设计规范(2016 年版)>>

<<建筑结构荷载规范>>

<<混凝土结构设计规范>>

<<钢结构设计标准>>

<<砌体结构设计规范>>

<<木结构设计标准>>

2.2　甲方与乙方签订的本工程设计合同第　WHZCHY2013-11　号。

2.3　甲方审定并认可的设计方案文件。

2.4　甲方提供的设计要点、总图及建筑设计院提供的总平面图、地下建筑施工图、竖向设计、室外管线综合图及建筑单体施工图。

三、设计深度

本图按照<<建筑工程设计文件编制深度规定>>中景观施工图设计深度的要求，以及本设计单位内部技术管理条例有关设计深度要求。

四、主要技术经济指标

用地平衡表

用地分类		用地面积(平方米)	占园林景观设计用地比例(%)
设计用地面积		57685	
建筑占地面积		10651	
沥青道路面积		6029	
景观设计用地面积	总面积	42077	
	1. 种植总面积	25689	61%
	2. 铺装总面积	15316	36%
	3. 架空层面积	1072	3%

五、场地概述

5.1　本项目用地总面积 57685 平方米，该项目位于武汉市。

5.2　本项目建筑特征：项目包括展示区景观设计。风格为北美风情西海岸。

六、景观设计风格：现代理想居住空间的北美风情西海岸

七、技术措施

7.1　本工程设计标高采用黄海高程绝对标高，园建单体及立面、剖面设计采用相对标高值±0.00,其相对的绝对标高值，详见各图中附注。

7.2　本设计图纸中尺寸均以毫米（mm）为单位，标高以米（m）为单位。

7.3　本设计图中如无特殊指明，所示标高均为完成面标高，凡所指距地高度均指完成面高度。

7.4　本工程设计中，总平面图、分区平面图中定位、竖向与详图有细小出入时以详图为准。

7.5　除地面铺装石材留缝参照相关详图外，其余所有石材贴面墙、踏步等未注明处留缝均<5mm，但是缝宽要求统一。

7.6　凡本设计通用的涉及景观造型、色彩、质感、大小、尺寸、性能、安全等方面的材料，除按本设计图纸要求外，均须经本设计

图 3-4　设计总说明一

单位认可或审核后方可采用、施工、安装各类设备，尤其是在本设计完成前尚未确定供货厂家与施工单位并提供有关部门设备技术施工图纸，应在本工程土建施工之前确定并提供或者跟上土建施工进度提供有关部门设备的技术施工图，经本设计单位审核后，厂家或安装单位派专人赴现场配合土建施工。

7.7 泳池及所有水池施工时必须配合专业水景公司的图纸预留孔洞、预埋套管。

施工安装必须严格遵守国家有关部门颁布的标准及各项施工验收规范的规定，并与结构、水、电、绿化配置等专业施工图纸密切配合。

八、竖向设计

8.1 施工方应对整个设计范围内实施的地形、场地、路面及排水的最终效果负责。施工方应于施工前对照相关专业施工图纸，粗略核实相应的场地标高，并将有疑问及与施工现场相矛盾之处提请设计师注意，以便在施工前解决此类问题。

8.2 对于车行道路面标高、道路断面设计、室外管线综合系统等均应参照建施总平面图的设计，施工方应于施工前对照建施总平面图核实本工程竖向设计平面图中注明的竖向设计信息。

8.3 路面排水、场地排水、种植区排水、穿孔排水管线等的布置与设计均应与室外雨水系统相连接，并应与建施总图密切配合使用。

8.4 位于地下车库顶板的屋顶花园室外场地排水，如无特殊设计，应最终由顶板预留的排水口（详见建施）排走，并汇入小区室外雨水系统。

8.5 本工程设计中如无特殊标明，竖向设计坡度均按下列坡度设计实施：

（1）广场及庭院：如无特殊指明，坡向排水方向，坡度0.5%。

（2）道路横坡：如无特殊指明，坡向路沿，坡度1.5%。

（3）台阶及坡道的休息平台：如无特殊指明，坡向排水方向，坡度1.0%。

（4）种植区：如无特殊指明，坡向排水方向，坡度2.0%。

（5）排水明沟：如无特殊指明，坡向集水口，坡度1.0%。

（6）泳池：如无特殊指明，坡向集水口，坡度1.0%。

8.6 室外地面排水采取地面雨水口与埋地打孔PVC排水管相结合的方式；打孔PVC排水管的埋深应遵照水道专业工程师的意见。

8.7 除注明外施工前施工方应与业主协调建筑出入口处的室内外高差关系，并知会设计师以便协调室外场地竖向关系。

九、特殊做法

(一)铺装及饰面铺贴工程技术要求

9.1.1 面层石材均须经过六面防护处理，采用油性防护，需工厂内防护加工，现场切割，现场刷防护剂。

基层做法:潮湿路段以及其他过分潮湿的路段不宜直接铺筑灰土基层。应在其下设置隔水垫层，防止水分侵入土基层。

9.1.2 无地下室屋顶范围可采用机械夯实，车库屋顶范围宜采用人工夯实。

车行道铺装基础:素土夯实，密实度应大于93%。人行道铺装基础: 素土夯实，密实度应大于93%。

9.1.3 设计用松散材料碾压基层：

车行道铺装基础: 200厚碎石粉垫层（6%水泥）。人行道铺装基础:100厚碎石粉垫层(6%水泥)。

9.1.4 为承受较大负荷用刚性的混凝土做基层，应设变形缝:纵横双方向缝距不大于12m，缝宽20mm，内填沥青砂或经沥青处理的松木条。混凝土垫层应设伸缩缝，位置应标在相关图纸中，其位置应严格按图纸施工不可任意改动，以免造成面层石块裂缝影响美观。

车行道铺装基础: 150厚C25混凝土。人行道铺装基础: 100厚C20砼。

9.1.5 铺装面层如用石材，如果要求铺密缝时，每块石材间冬季施工时留2毫米缝，夏季施工时留1毫米缝，花岗岩石材六面须涂刷“石材处理剂”一道，以防“泛浆”，污染墙面或地面。

铺装应做到块材对缝整齐、线形挺拔，水洗石、卵石等饰面材料应做到密实、平整、清洁，表面水泥砂浆应及时清洁，无施工污染。地面不规则石材铺装，除特殊标注外，缝宽均为10~15mm，并勾凹平缝，不规则石材周边须用手工切割并使边缘自然。

特殊部位石材留缝应参照相关详图。

9.1.6 砖及混凝土砌体施工：

除特别注明外，砖砌体用MU10砖、M7.5水泥砂浆，不得使用普通实心黏土砖。可选用混凝土砌块，各类烧结空心、实心砌块，各类蒸压空心、实心砌块，用于基础及承重的砌体不得使用轻质混凝土砌块，替代黏土实心砖的承重砌块宜选用烧结空心砌块。

9.1.7 所有临街铺装构造均按车行道标准处理，所用面材厚度均需承载小型汽车荷载。

续图 3-4

(二)水池铺装

9.2.1 水池铺装为防止白华(泛碱)的形成,可采取以下施工方法:

a.石材在施工以前,都应采用优质养护剂进行六面防护处理;

b.水池石材铺地用AB胶黏结或用云石胶粘贴;

c.尽量采用低碱水泥进行施工;

d.尽量减少水泥中水分的含量,建议在水泥中加入减水剂以达到减水的目的;

e.建议在水泥中加入防水添加剂,以达到水泥防水的目的;

f.石材安装完成后,应尽快用填缝剂将所有缝隙密封;

g.做好墙体的防水工作。

9.2.2 除注明外，泳池铺装石材外露侧面均需磨光，非拼接阳角处均需倒角R=3mm。

(三)木质平台、花架制作工艺

9.3.1 所有木构件均应采用直纹一级木料（建议采用山樟木）,经过防腐处理后方可使用，其含水率不大于18%。

(1)防腐处理方法一：木料采用强化防腐油涂刷2-3次，强化防腐油配合比为97%混合防腐油、3%氯酚（用于地面以下）。

(2)防腐处理方法二：采用E-51双酚A环氧树脂刷2次（用于地面以上）。

(3)防腐处理方法三：用木材专用防腐料浸泡，并脱水处理。

9.3.2 用于室外装修的木材,因要遭受温度、湿度等非常严峻的环境条件影响,不得采用容易开裂、反翘、弯曲的材料。

9.3.3 从保证保护环境和方便养护出发,应尽量选择耐久性强，且符合国家相应规范的木材。

9.3.4 为防止地面铺成后木板膨胀问题,板间留缝设定为5mm。

9.3.5 地板的基础底层应做一定坡度,地面基础底层坡度为5‰，面积较大或坡度要求较小时，基层需设置排水孔。

9.3.6 地板和龙骨间的固定配件都应使用具有耐腐蚀性的螺钉,其长度应为地板厚度的2.5倍,而且固定龙骨需要耐腐蚀的L形金属配件、基础螺栓、螺母。

9.3.7 由于所选用的是天然木材,木材上会有节疤、裂纹等,为有效保护和利用资源,保持生态平衡,应巧妙地将这些木材用于较为隐蔽的部位。

9.3.8 为保证木材表面美观(如防褪色、防污染、减少开裂等),安装完毕后均应按照有关国家规范涂抹防水剂、保护剂。应每年涂刷一次着色剂。

9.3.9 木作油漆工艺：除注明外，均喷清油两遍，第一遍采用生油(未炼制、未加催干剂的干性油)，待油已完全渗入木材而尚未完全固化前,喷第二遍清油，待其干燥后，用砂纸顺木纹方向磨除表面漆膜即可。(注：所用油料需经脱色处理，颜色为淡色透明。)

(四)防水工程

9.4.1 本工程景观所涉及水景均采用涂抹聚氨酯防水材料两道的方式进行防水；若是贴饰面则按一道水泥砂浆、一道1:2防水砂浆处理后再贴饰面材；水池均采用S6抗渗混凝土。大样详图中除了特别注明外而未有注明者则应按上述做法施工。

9.4.2 排水明(暗)沟采用内防水层方式(内掺5%防水剂的水泥砂浆)。

9.4.3 结构层为钢筋混凝土的较大面积水池和溪流应设变形缝，缝距30m，变形缝应从池底延伸至池沿整体断开，在变形缝处作出相应的防水处理，以确保不漏水。

9.4.4 景观设计中含有泳池部分的，泳池内所有突出部分在阳角处除已标明角度的均应倒成R=25mm的圆角。

9.4.5 凡用砖砌体砌筑的地面构筑物,墙体应设防潮层。

a. 防潮层做法:20厚1:2.5水泥砂浆内掺水泥重量5%的防水剂,或者5厚聚合物水泥砂浆。

b. 墙身防潮层设置位置:水平方向设于地面下 0.05m处,垂直方向为有高差土层或土层一侧的墙面。

9.4.6 防水材料必须经国家省、部委有关机构认证,应有明确标志、说明书、合格证,经检测机构复检合格后方可使用,质检部门才可验收。严禁在工程中使用不合格材料,多种不同类型的防水材料在配合使用时应注意相容性,不得相互腐蚀、相互破坏, 起不良物理作用和化学作用。

9.4.7 地下室顶板,建筑屋面等已做防水层的顶板上严禁再打膨胀螺栓,防止破坏防水层。

9.4.8 自然水系柔性防水做法详见单项工程。

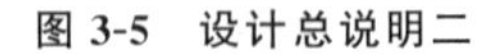
图 3-5 设计总说明二

9.4.9 景观建筑屋面防水做法详98JZ001屋面做法:

上人有保温屋面做法详77页屋4做法。

上人无保温屋面做法详85页屋19做法。

不上人有保温屋面做法详82页屋14做法。

不上人无保温屋面做法详85页屋20做法。

（五）钢构件油漆

9.5.1 材料选择：所有钢构件均应采用符合国家相关规范的钢材。

9.5.2 除锈处理：所有钢构件在做油漆前需做除锈处理，然后焊接、打磨、批灰，如有必要，还可进行其他特殊处理。

9.5.3 除注明外，钢构件油漆可由甲方根据需要采用以下两种方式中的一种:

a．底漆红丹2遍+酚醛调和漆(竣工两年后需定期检查补漆)

b．氟碳配套底漆+氟碳配套面漆(竣工五年后需定期检查补漆)

十、安全措施

10.1 防滑:凡是光滑的地面材料坡度必须小于0.5%。

10.2 护栏的安装必须结实、牢固,竖向力和顶部能承受大于1.0kN/m的侧向推力。

10.3 水景(如:水池、湖边、溪流等)如未设置栏杆,水岸附近2m范围内水深不得大于0.7m,园桥及汀步附近2m范围内水深不大于0.5m,图上未标注的，施工时必须以砂石填高至 此规定值为止，且岸边必须标注警示标语。

10.4 如遇图纸未说明处或与当地传统或条件不适应时，可因地制宜采用合适的形式与做法，但须符合国家有关的规范和标准。

十一、其他

1. 植物设计说明：详见植物设计部分。
2. 给排水设计说明：详见给排水设计部分。
3. 电气设计说明：详见电气设计部分。
4. 结构设计说明：详见结构设计部分。

十二、特殊说明

凡与国家规范及法律相冲突之处，均以国家规范及法律规定的相关条款为准。

续图 3-5

第 4 章

总图部分施工图设计

总图部分施工图设计是表达新建园林景观的位置、平面形状、名称、标高以及周围环境的基本情况的水平投影图，总图设计是园林景观施工图重要的组成部分，主要表达定性、定位等宏观设计方面的问题，它是反映园林工程总体设计意图的主要图纸，也是绘制其他专业图纸和详图部分施工图的重要依据。

园林景观专业的总图涵盖的设计内容较多、平面尺度大，在一张图上难以表达全面和清晰，因此在实践中往往将总平面图的内容拆分为索引总平面图、放线定位总平面图、竖向设计总平面图、铺装设计总平面图、公共设施布置总平面图等"单项"总平面图。根据设计内容的繁简和图纸表达的需要，有时单项总平面图会增减。

景观总图部分施工图设计主要包含景观总平面图、分区平面图、索引平面图、放线定位平面图、竖向布置图、铺装材料平面图及小品布置平面图。

4.1 设计准备工作

总图部分施工图涵盖的图纸内容广，涉及的专业多，在设计前需要做好准备工作，为后续施工图设计打好基础。

(1)技术业务准备。

对工程项目的内容、设计原则、原始资料等进行详细了解。全面掌握具体条件、建设要求以及工作重点等，为下一阶段开展工作做好充分准备。

①了解上阶段设计(初步设计)的内容，如总平面布置、竖向布置、铺装设计等。

②深入了解上阶段设计成果的相关审批意见。

③检查原始资料，并对现场进行调查研究，如对地形、地质、气象、水文等自然条件资料进行全面系统的研究。

④搜集与该工程类似的设计图纸、有关的复用图纸和标准图纸(即通用设计图纸)。

⑤专题研究上阶段设计中遗留下的问题、设计审批中指出的问题，以及可能产生的新问题，并为此搜集有关资料。

⑥查阅并学习有关规范、规定、设计制图标准及有关的参考资料等。

⑦准备制图工具和工具书。

(2)制订工作计划。

①确定图纸产品的内容、计划图纸张数及工作量。

②根据工程项目总的计划，制订各张图纸的设计进度(包括给有关专业提供的资料图)，校审、成品加工等需要的时间。

(3)统一原则和标准。

由于总图设计中涉及很多不同的专业，如园林景观专业、建筑专业、结构专业、给排水专业、电气专业等，为了避免参加的设计人员较多时，做法不统一，互相矛盾，需要在设计前进行该工程有关原则和标准的统一。

4.2 景观总平面图

景观总平面图主要表达新建景观设施的位置、名称与已有环境的整体情况，以准确表达设计的意图。由于景观设计内容繁杂，难以在一张总平面图中将所有新建景观设施一一定位，故常会增设多张子项或分区、分幅的放线定位图及详图，在景观总平面图中可不再一一标注定位。

景观总平面图的绘制根据工程需要，常用比例 1∶300～1∶1000，图纸上应包括以下内容：

①以粗点画线标注出设计场地范围红线，细点画线标注出建筑红线，与场地设计相关的周围道路红线等也一并标注。

②场地中建筑物的编号，建筑物、构筑物、出入口、围墙的位置；建筑物及构筑物在景观总平面图中采用轮廓线表示。场地内地下建筑物位置、轮廓以粗虚线表示。

③场地内需保护的文物、古树名木名称、保护级别、保护范围。

④停车场的车位位置，绿化、小品、道路及广场的位置示意。场地内机动车道路系统，及对外车行、人行出入口位置。当有地下车库时，地下车库位置应用中粗虚线表示。小品中的花架及亭廊应采用顶平面图在总平面图中示意。

⑤绿地、水体、广场、小品、构筑物等均需在总平面图中标注名称。绿地和水体可以用不同的填充图样或图例表示，如：PA 表示绿地，WA 表示水体等。广场、活动场地的铺装在总平面图中可不表示，或只需表示外轮廓范围，详细的铺装纹样在铺装材料平面图中表示。

⑥地形等高线的位置需在总平面图中示意，详细的标高在竖向布置图中表示。

⑦相关图例、图纸说明、指北针或风玫瑰图、绘图比例等。景观总平面图常见图例可参考《风景园林制图标准》CJJ/T 67—2015 和《总图制图标准》GB/T 50103—2010。

实例展示武汉某小区景观工程景观总平面图，详见图 4-1。

4.3 分区平面图及分区索引平面图

由于景观总平面图需要表达的内容、细节很多，一般设计比例小于 1∶500 时，标注会显得混乱。为了清楚地表达设计内容，总平面图的比例一般控制在 1∶300 以上。如果总平面图图纸图幅选用 A0 时还达不到，则需要分区表达，即将景观总平面图划分为若干分区平面图（见图 4-2），如 A 区、B 区、C 区、D 区平面图，或者其他命名方式如Ⅰ区、Ⅱ区、Ⅲ区平面图等，分区平面图中的内容与景观总平面图内容一致。

对于需要划分分区平面图的项目，还需在景观总平面图的基础上，绘制对应的分区索引平面图（见图 4-3），图中应明确表示出分区范围线，不同分区采用不同图例区分。标明分区区号，并且分区索引平面图中的分区区号，要与分区平面图的分区区号保持一致。分区应明确，不宜重叠，不应有缺漏，尽量保证节点在分区内的完整性，一般按平面的相对独立或功能的相对完整等原则来划分区域。

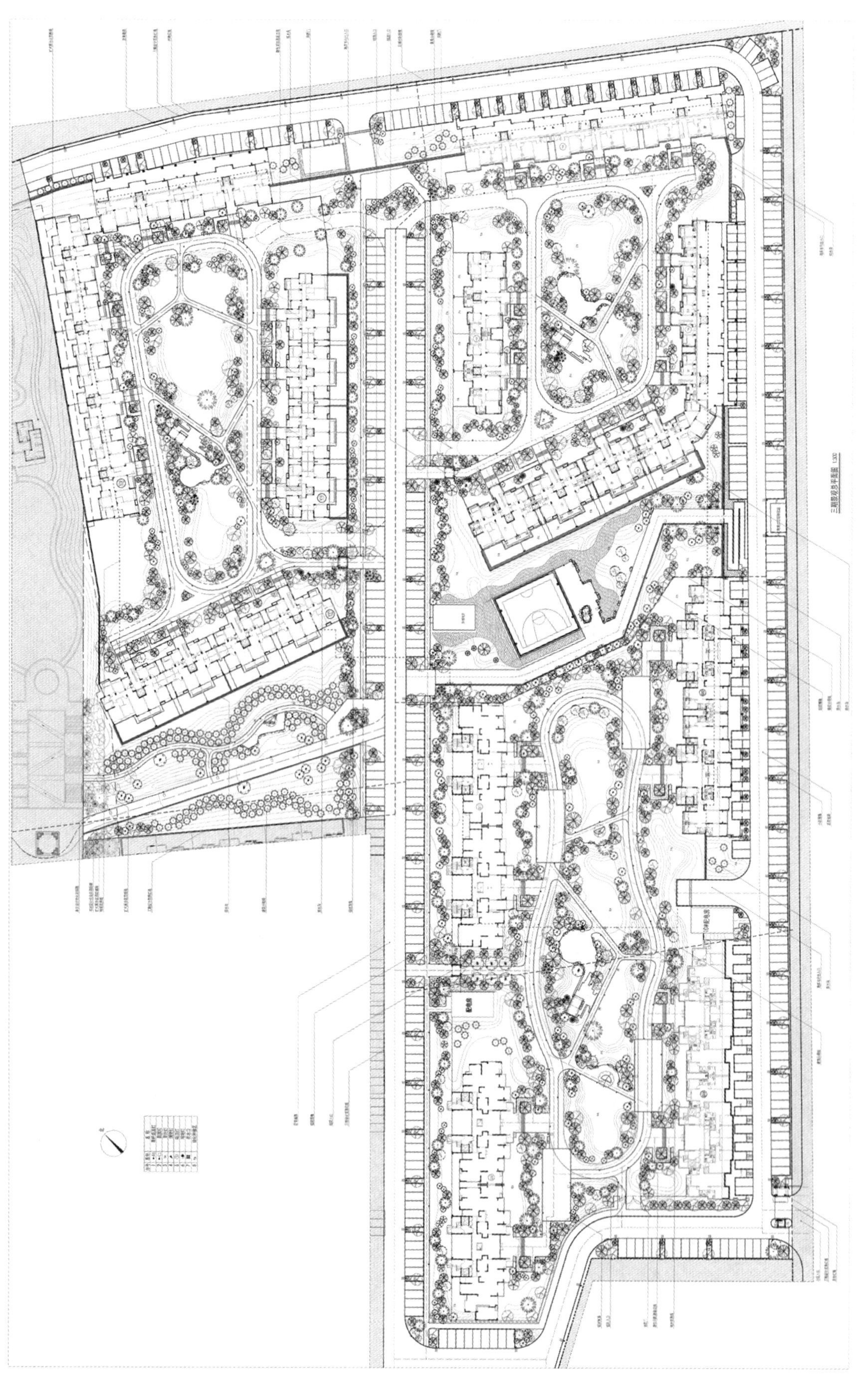

图4-1 景观总平面图

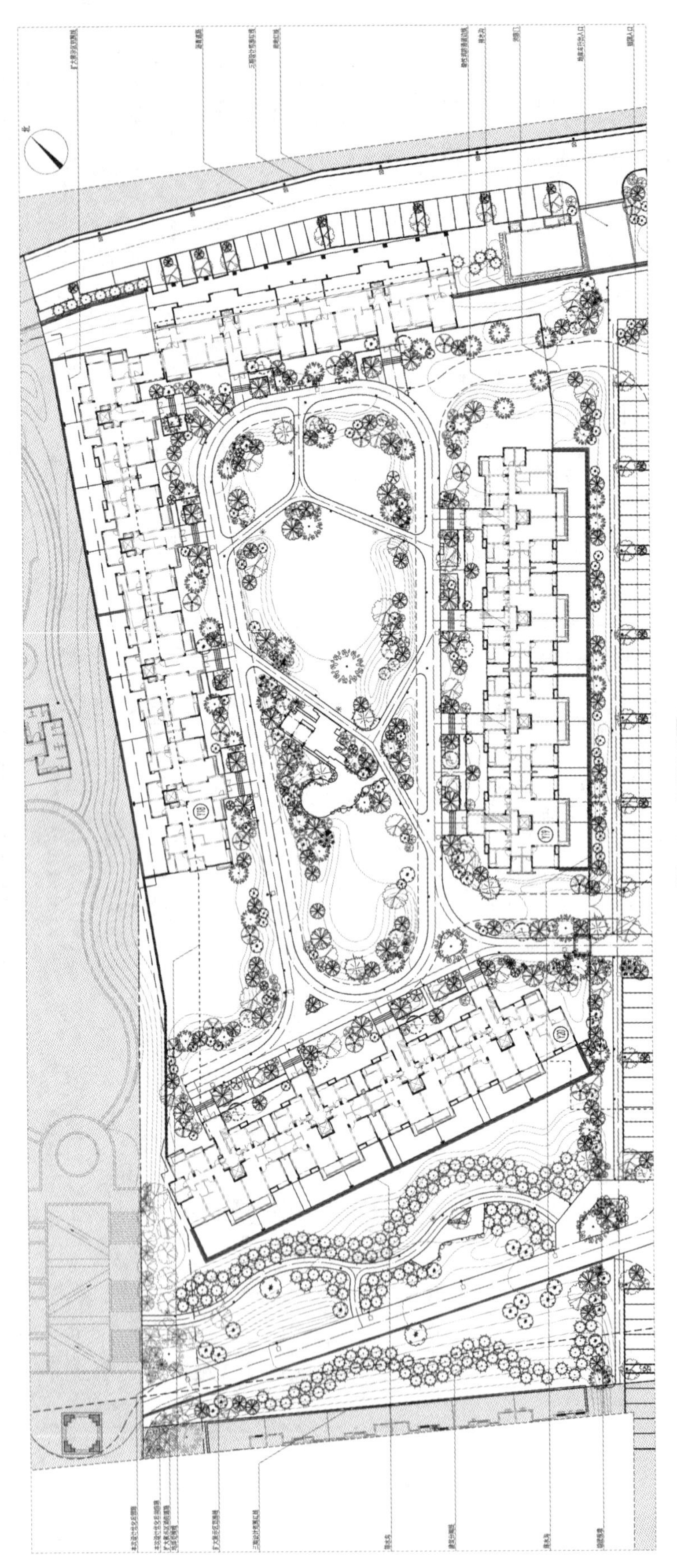

图4-2 A区平面图

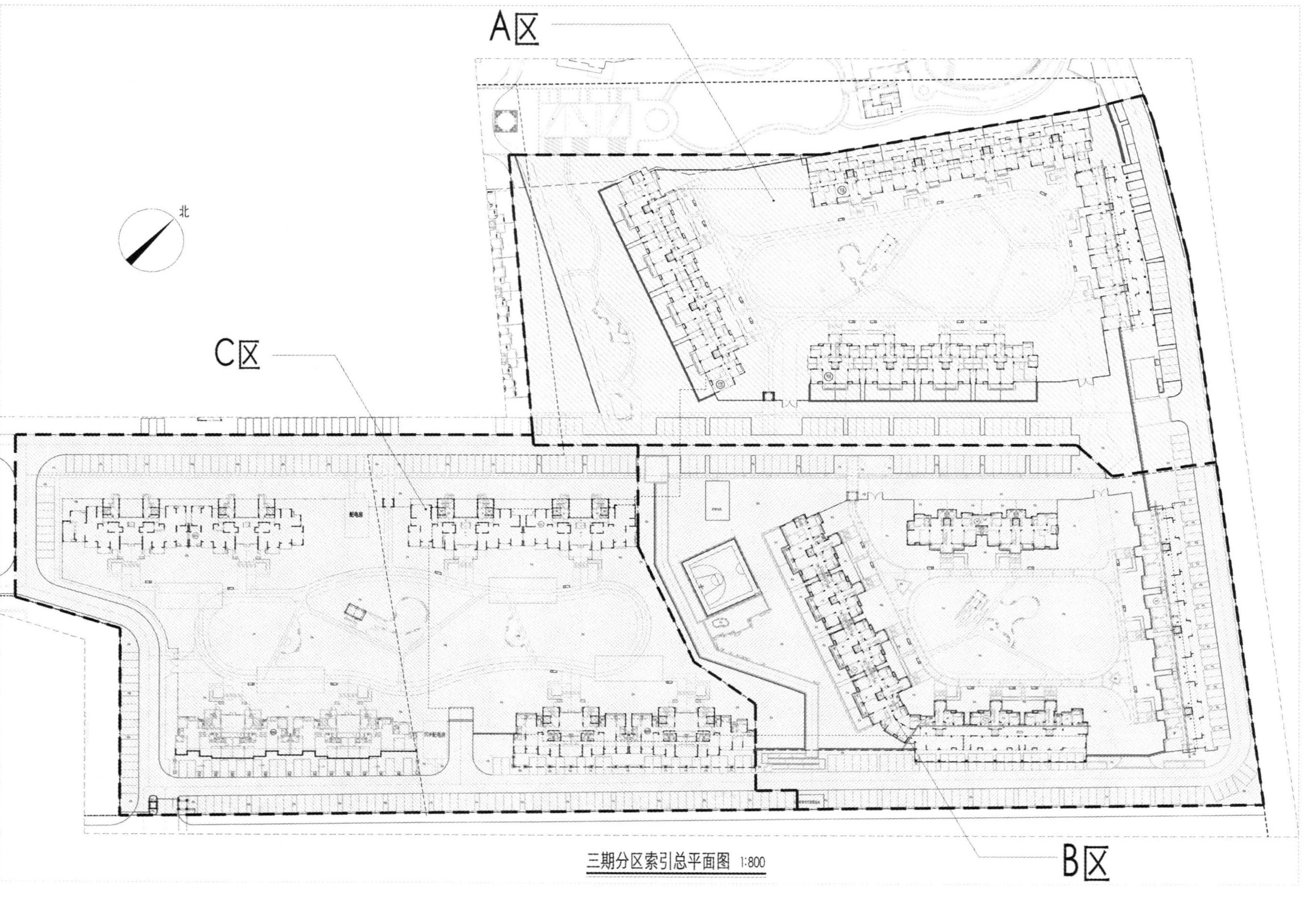

图4-3 分区索引平面图

4.4 详图索引平面图

详图索引平面图与分区索引平面图的目的相同，都是标示总平面图中各设计单元、设计元素的设计详图在本套施工图文本中所在的位置。详图索引平面图的对象是在总平面图或分区平面图中，一些重要区域或节点，如特色广场、景观平台、旱溪、停车位等；以及一些景观小品和构筑物，如花园栏杆、排水沟、铁艺围栏、廊架等。索引时，应在引出线上注明名称，如挡土墙详图，并绘制索引符号（详见章节 2.2.4），详见图 4-4 和图 4-5。

4.5 放线定位平面图

放线定位平面图主要表达新建部分景观在场地中的位置和尺寸，如对项目中的道路、水体、景观小品等主要控制点的角度、尺寸及方位的定位，用以项目施工时的放线和打桩等用途。放线定位平面图常用比例 1∶300～1∶500。

一般有三种定位方式：尺寸定位、坐标定位、网格（放线）定位。对于比较简单的景观总平面图，可以将两种或者三种定位方式放在一张图纸中表示；对于特别复杂的景观总平面图，为了表达清楚景观元素位置，方便施工，可以分别绘制尺寸定位平面图、网格定位平面图和坐标定位平面图；对于较复杂的景观总平面图，一般情况下，绘制两张放线定位平面图，分别为尺寸定位平面图（见图 4-6、图 4-7）和坐标网格定位平面图（见图 4-8、图 4-9）。

4.5.1 尺寸定位

尺寸定位主要是标注景观中重要控制点、景观元素与已建建筑物的关系。一般来说，建筑物的施工都是在景观施工之前，所以在绘制景观尺寸定位图时，可利用已建建筑的定位和坐标点来绘制。和建筑施工图标注一样，景观尺寸定位图有三道尺寸，第一道是构筑物自身的尺寸，第二道是构筑物之间相互关系的尺寸，第三道是总的轮廓尺寸。但我们主张总图的尺寸定位以能够清楚表达大的空间关系为主要目的。能够在分图里详细标注的尽量不需要在总图表示，这样也是为了图面的整洁与布图的条理。尺寸定位图一般包括指北针、绘图比例、文字说明、建筑或构筑物的名称、道路名称。

尺寸标注分为定位标注、定形标注和总体标注。定位标注明确了设计对象在建设用地范围内的施工位置；定形标注规定了设计对象的尺寸大小；总体尺寸让人对设计对象的尺度一目了然。有时候 3 个尺寸是统一的，一个尺寸既是定位尺寸，又是定形和总体尺寸。

设计单元或独立的设计元素均应该标注定位尺寸。一般一个设计单元的角点、圆心、中心线等可作为其定位基准点标注。如广场角点距某建筑（必须是在园林施工前已建成）外墙线的水平垂直距离等都能定位其在场地中的位置。

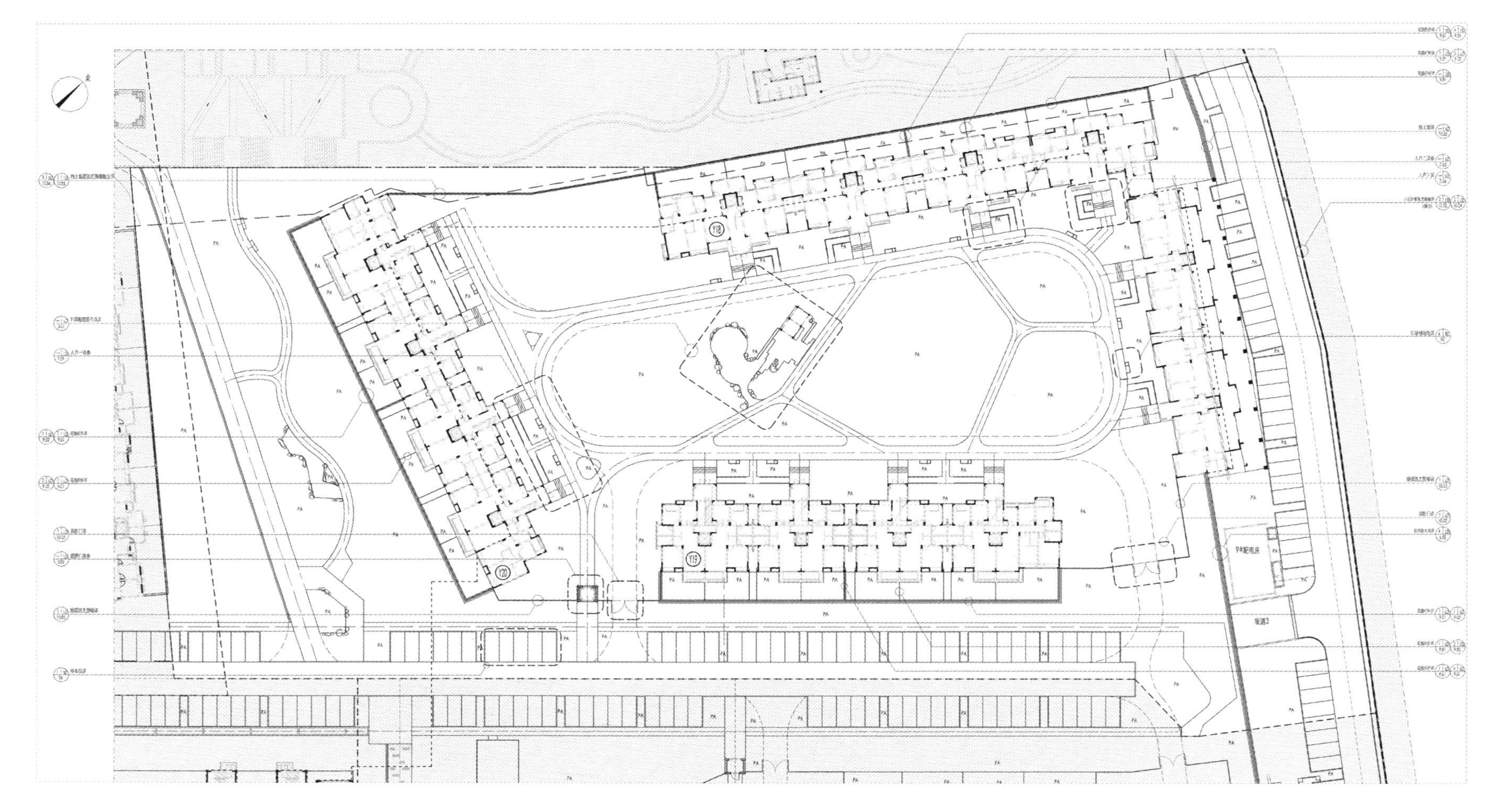

图4-4 详图索引平面图

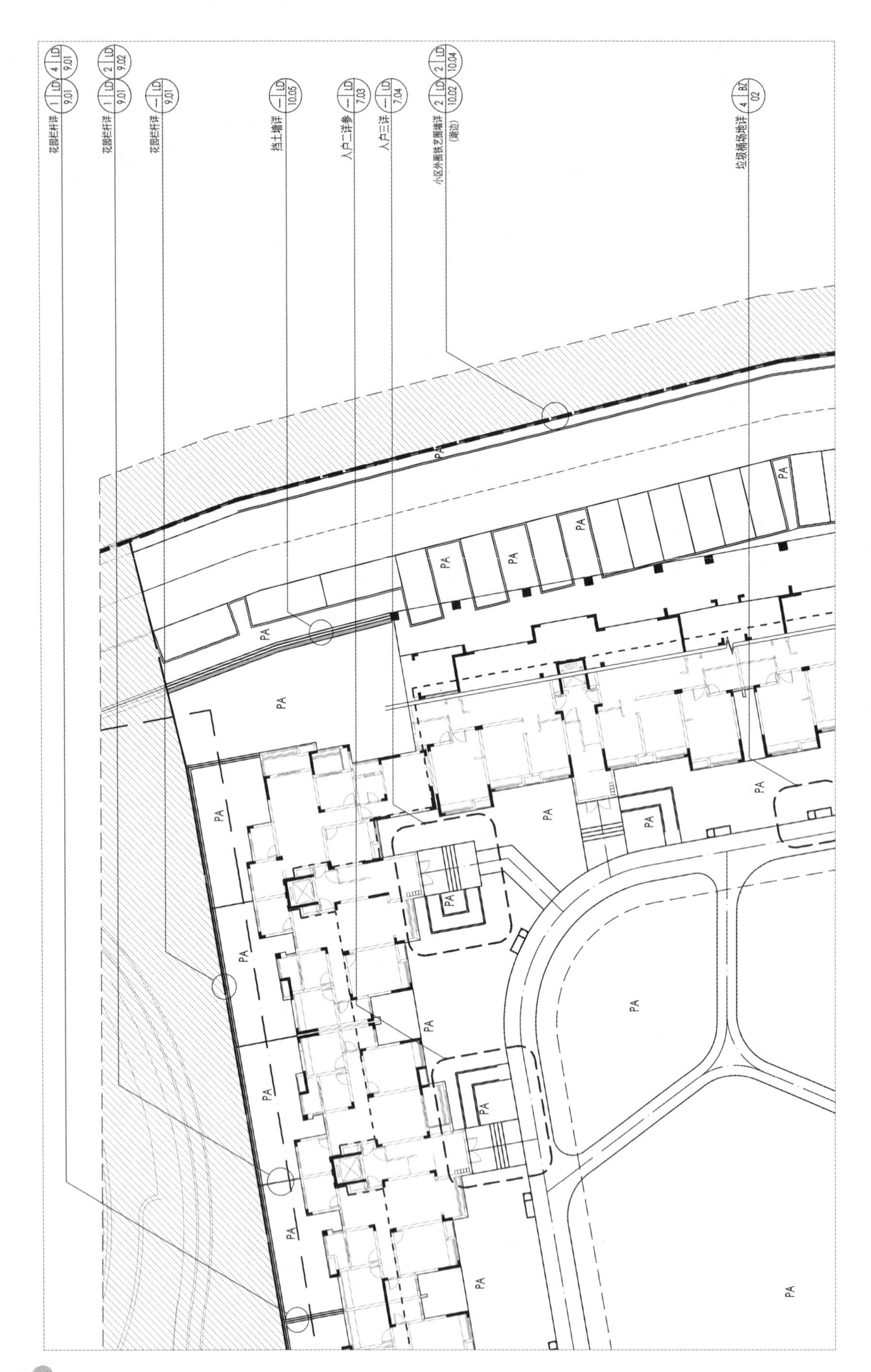

图4-5 详图索引平面图（局部）

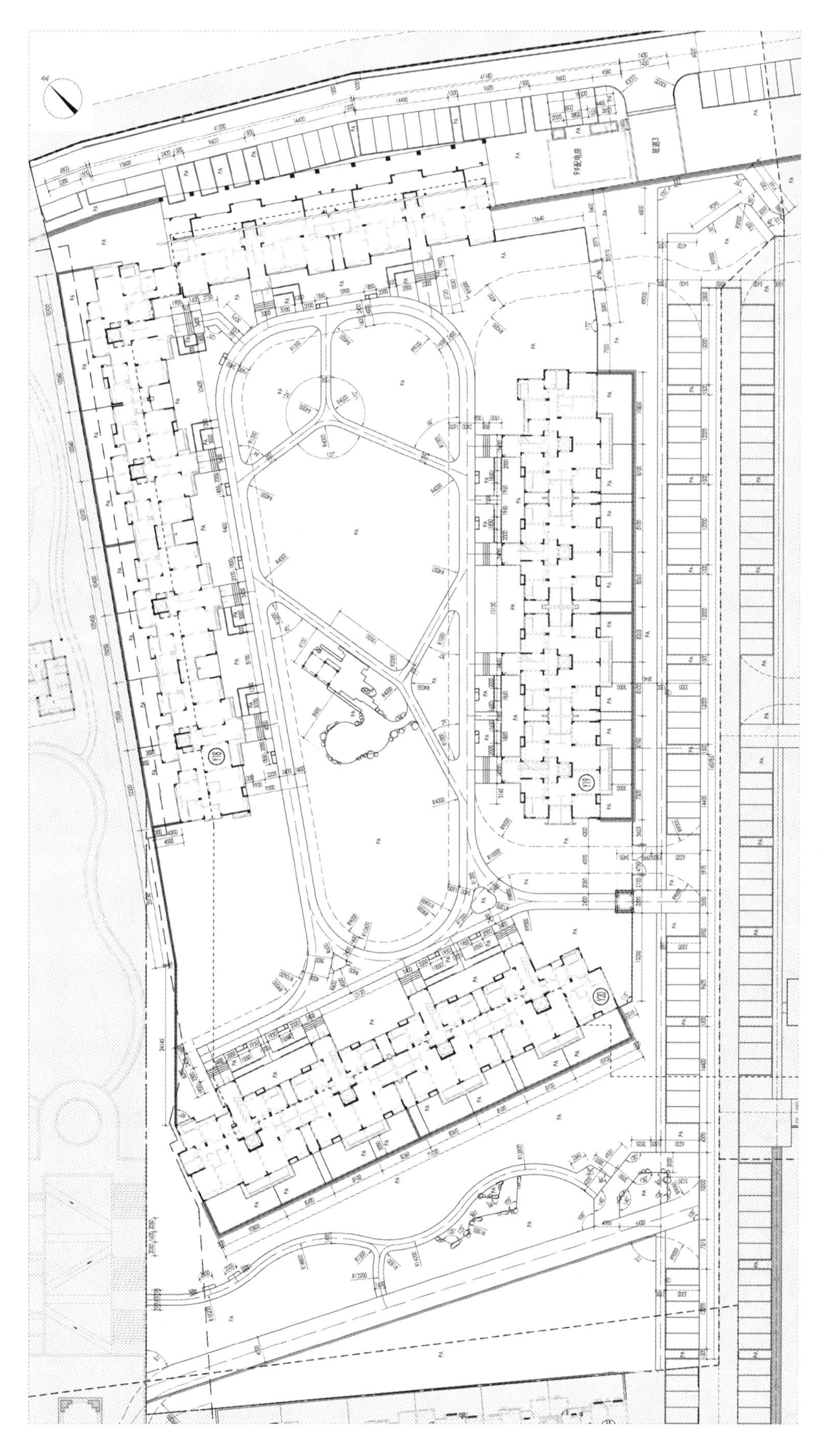

图4-6 尺寸定位平面图

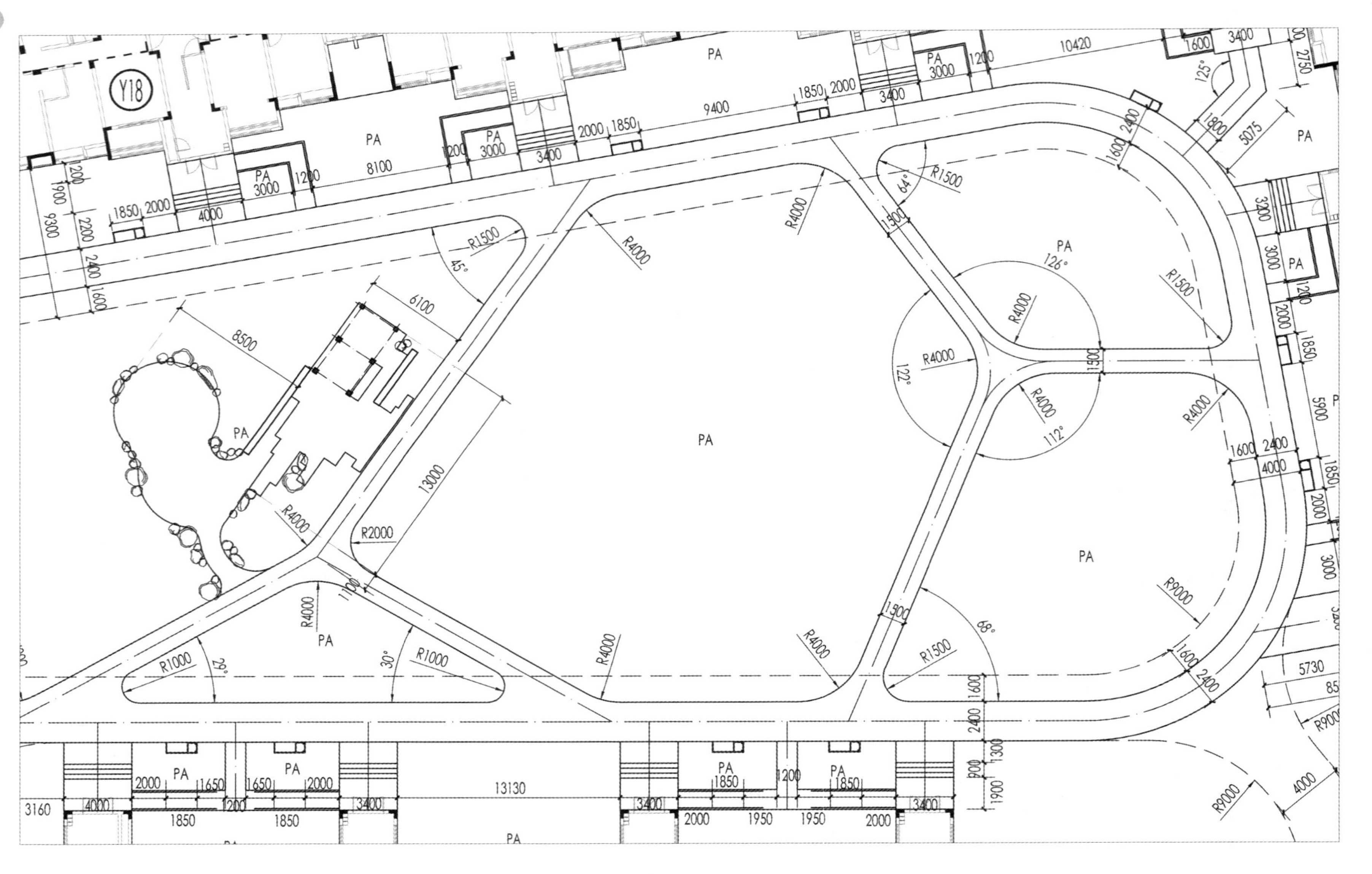

图4-7　尺寸定位平面图（局部）

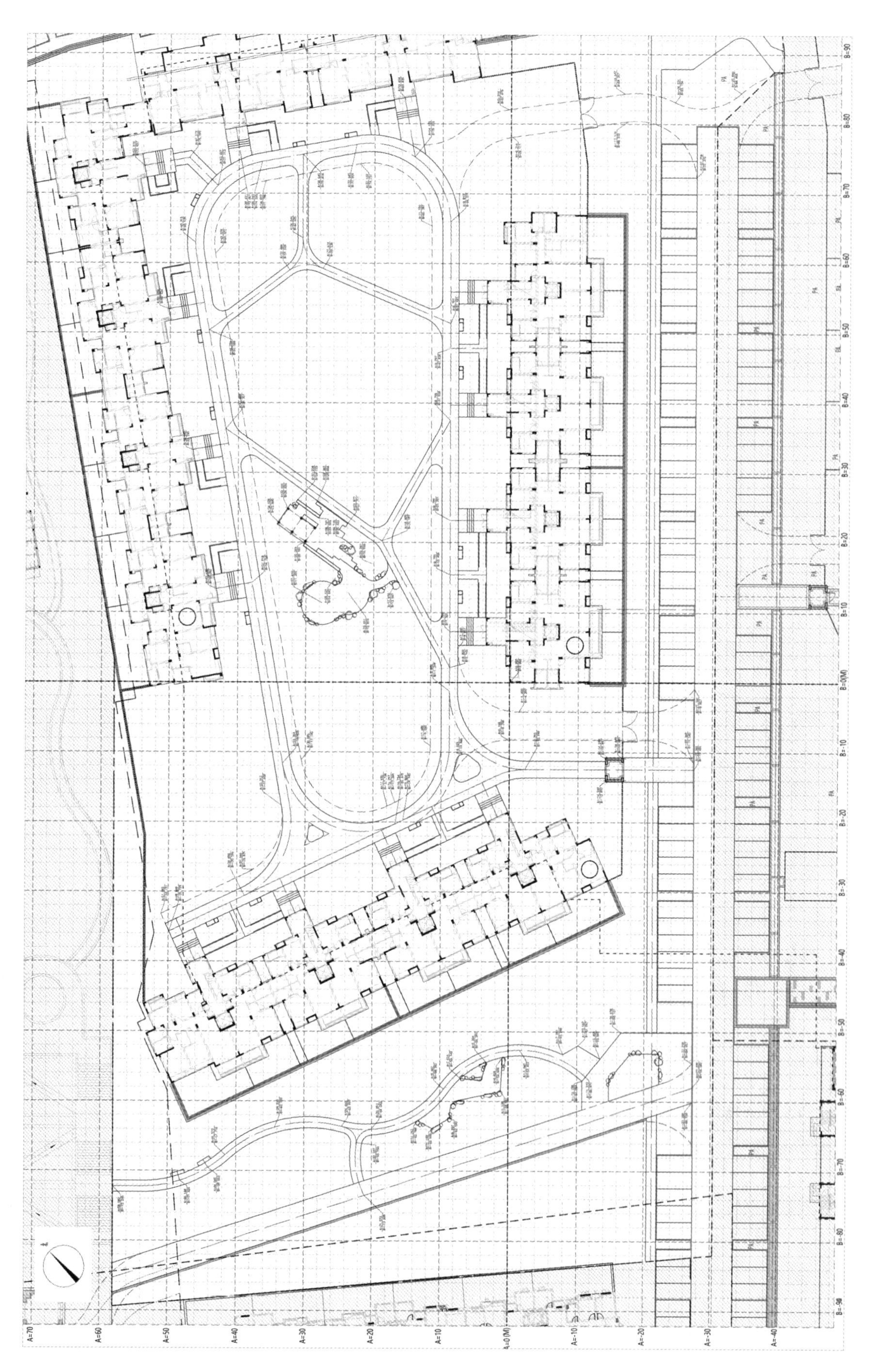

图4-8 坐标网格定位平面图

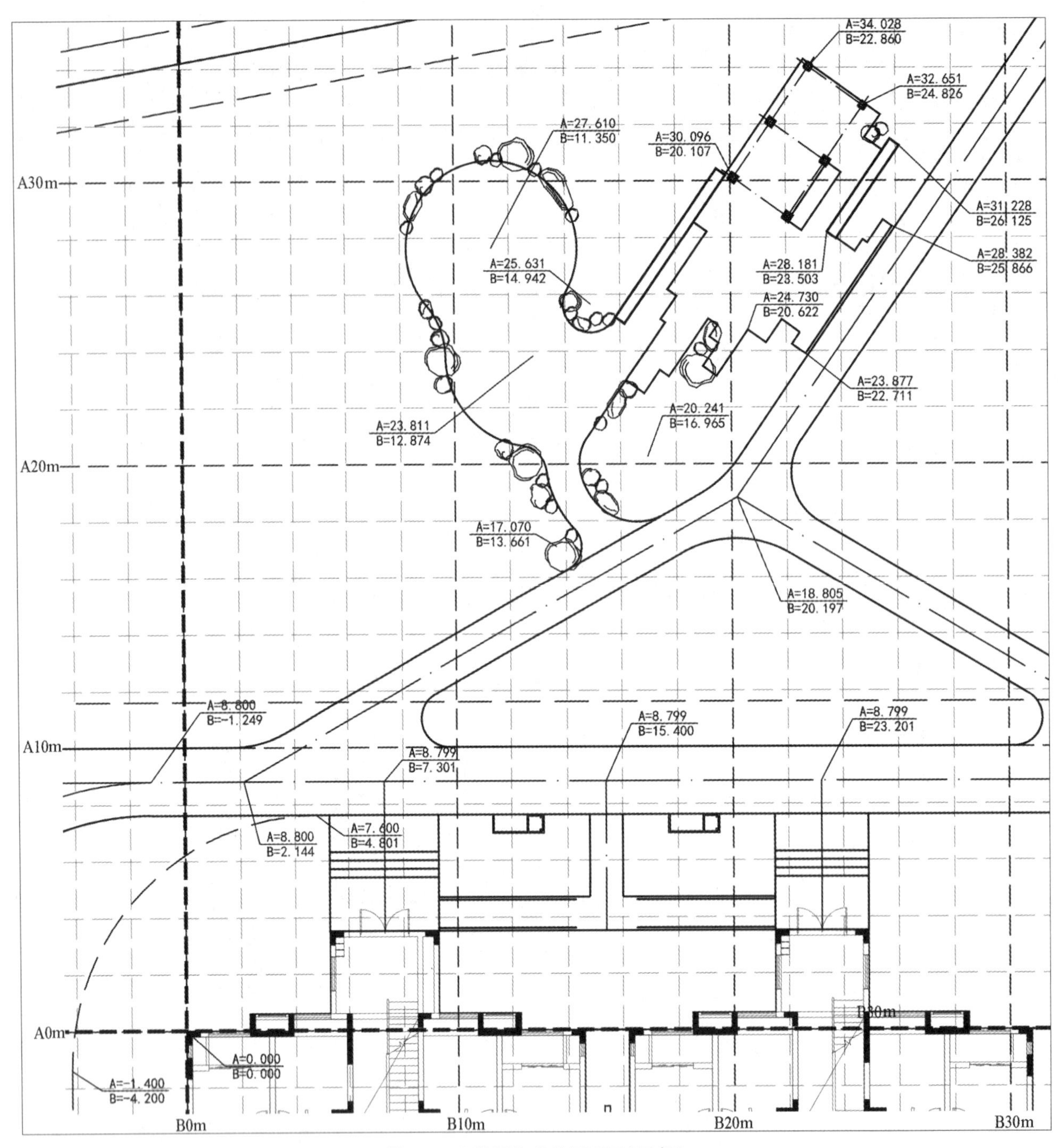

图 4-9　坐标网格定位平面图(局部)

设计对象定位后才存在定形的问题，总图中需要定位、定形标注的内容有：

①国家规范有规定要求的内容，应标示出尺寸距离，如停车场距建筑物的距离，规范要求不小于 6 m，应在图中明确标出。

②定位平面图主要标注各设计单元、设计元素的定位尺寸和外轮廓总体尺寸，定形尺寸和细部尺寸在其放大平面图或详图中表达。

③没有分区只有定位总平面图时，或者有分区定位平面图但容易因为分区割裂贯穿全园的道路、溪流、围墙等线型元素，则尽量在定位总平面图中进行定位标注和定形标注。

④可以作为定位标注的参照点有园路的中心线和起终点、园林建筑和小品的对称中心、场地的角点和

边线等。

⑤对自然式或曲线式设计，可标注其城市坐标值并结合施工坐标网定位和定形。

⑥一般园林景观工程标注尺寸单位为毫米。

4.5.2 坐标定位

对于无法用相对尺寸定位的景观元素，可以通过标注坐标进行定位。坐标分为测量坐标和施工坐标。测量坐标为绝对坐标，测量坐标网应画成交叉十字线，坐标代号宜用“X,Y”表示；施工坐标为相对坐标，根据现场施工情况设定坐标轴线，坐标代号宜用“A,B”表示。

坐标宜直接标注在图上，如坐标数字的位数太多时，可将前面相同的位数省略，其省略位数应在附注中加以说明。建筑物、构筑物、道路等应标注下列部位的坐标：建筑物、构筑物的定位轴线（或外墙线）或其交点；圆形建筑物、构筑物的中心；挡土墙墙顶外边缘线或转折点。表示建筑物、构筑物位置的坐标，宜注其三个角的坐标，如果建筑物、构筑物与坐标轴线平行，可注对角坐标。

若定位平面图上同时有测量和施工两种坐标系统时，应在说明中注明两种坐标系统的换算公式，或标明施工坐标“0,0”点的测量坐标值，以明确施工坐标(0,0)点在测量坐标系中的唯一位置。

4.5.3 网格(放线)定位

除尺寸定位和坐标定位以外，由于园林景观设计细节较多，建筑小品、铺地形式及设计水体不规则形状较多，放线较为复杂困难，因此还需辅助网格(放线)定位。园林设计单元的定位更多地使用项目专用的施工坐标网，可以与指北针平行也可以不平行，以方便放线定位为准。

施工坐标网以工程范围内的某一确定点为(0,0)点，如建筑物的某个角点或明确其城市测量坐标的某个特殊点，每个项目施工坐标方格网只适用于该项目。网格就是以(0,0)点为准进行横向和纵向的偏移，一般横、纵向网格分别用大写英文字母 A、B 表示，网格以细实线绘制。根据实际项目的大小调整网格的密度，可绘制 100 m×100 m、50 m×50 m、10 m×10 m、5 m×5 m、2 m×2 m 等大小的施工坐标网。

网格定位通常主要用于对以下方面进行定位：广场控制点坐标及广场尺度；小品控制点坐标及小品的控制尺寸；水景的控制点坐标及控制尺寸。对于无法用尺寸标注准确定位的自由曲线园路、广场等，应做该部分的局部网格(放线)详图，但须有控制点坐标。通常可将坐标定位和网格(放线)定位绘制在同一张图纸上，注意采用相同的坐标系统。

4.6 竖向布置图

竖向设计是规划场地设计中一个重要的有机组成部分，它与规划设计、总平面布置密切联系而不可分割。当地域范围大，在地形起伏较大的场地，工程总体布局除须满足规划设计要求的平面布局关系外，还受到竖向布置的影响，必须兼顾总体平面和竖向的使用功能要求，统一考虑和处理平面与竖向之间各种矛盾与问题，合理规划，才能保证工程整体布局方案的合理性、经济性。做好场地的竖向设计，对于降低工程成本、加快建设进度具有重要的意义。

4.6.1 竖向设计要点

景观竖向设计包括场地和道路标高设计、建筑物室内外地坪设计、绿地标高设计等，一方面营造舒适宜人的环境，另一方面解决好场地排水问题。竖向设计合理与否，不仅影响着整个基地的景观质量，也影响着使用后的舒适与管理，同时还直接影响建设过程中的土石方工程量，它与建设费用息息相关。一项好的竖向设计应是以充分体现设计意图为前提，而土方工程量最少的设计。景观工程竖向设计是一项细致而烦琐的工作，设计必须服从整体规划布局的要求，因此景观竖向设计的调整、修改的工作量很大，设计过程应注意以下几点。

1. 全面收集、核实相关设计资料

要全面收集、了解、熟悉各种现状资料，主要包括建设用地范围、现状地形图、整体规划图纸、建筑总平面布置图等基础图纸资料，还应收集当地水文、地质、气象、土壤、植物等的现状和历史资料，市政建设及其地下管线资料，相关地区的景观施工技术水平与施工机械化程度等方面的参考材料。

资料收集后，应通过现场踏勘进行资料复核，不符之处要进行完善和修正。记录保留和利用的地形、水体、建筑、文物古迹和古树名木等，核实地形现状以及整体规划中场地雨水的汇集规律和集中排放方向及位置，道路、能源介质管线等与场地的接口位置等情况。

2. 总体竖向布局

在景观设计的方案构思阶段，就应该包含对地形设计和竖向布置的考虑。总体竖向布局是基于对现状环境和场地地形的充分研究、分析，结合场地的功能组织、结构布局、建筑物设计、构筑物设计、交通系统、管线综合、景观绿化布置及辅助设施的安排等，初步拟订场地的竖向处理形式和雨水排水的组织方式，做出统筹安排。

3. 场地具体竖向布置方案

①整体工程项目方案初步确定后，在总体规划布局的基础上，深入进行场地的竖向高程设计，明确表达设计地形，正确处理各高程控制点的关系。

②根据场地内排水组织的要求，设计地形坡向，确定排水方向，与整体工程及排水系统有机结合，形成有组织的排水系统。

③根据场地周边道路标高以及场地防洪排涝要求，合理确定场地设计标高以及道路的纵坡度、坡长，定出主要控制点（交叉点、转折点、变坡点）的设计标高，应与周边道路合理衔接。

④确定建筑室内外标高，合理安排建筑、道路和室外场地之间的高差关系，具体确定建筑物的室内地坪及四角标高。

⑤确定各活动场地的设计标高和场地间高程的衔接，确定景观各组成部分的竖向布置。在场地边界，尽可能保证场地内、外地面地形的自然衔接，令设计等高线与用地边界相邻的等高程点平滑连接，或以边坡、挡土墙等设施加以处理。

⑥此外，方案还包括场地竖向的细部处理，如边坡、挡土墙、台阶、排水明沟等的设计；在地形复杂、高差大的地段，还应设置排洪沟，并注明排洪沟的位置及排水方向；确定集水井位置、井底标高及与城市管道衔接处的标高等。

⑦设计地形的等高线和标高要尽可能地接近自然地面以减少土方量。根据原始地形图和设计等高线计算土方量，若土方量过大，或填、挖方不平衡而土源或弃土困难，或超过技术经济指标要求时，则应调整修改竖向设计，使土方量接近平衡。

4.6.2 竖向布置图内容

竖向布置图中标注绝对标高，我国把黄海海平面定为绝对标高的零点，国内其他各地标高均以此为基准。绝对标高单位为米，数值取至小数点后两位。竖向布置图应包含以下内容：

①场地设计前的原地形图。一般甲方会连同设计任务书一同提供，地形图是园林竖向设计的图底和依据，一般以极细线表达。

②场地四邻的道路、铁路、河渠和地面的关键性标高。道路标高为中心线控制标高，尤其是与本工程入口相接处的标高。

③建筑一层±0.000地面标高相应的绝对标高、室外地面设计标高。建筑出入口与室外地面要注意标高的平顺衔接。建筑物室外散水，标注建筑物四周转角或两对角的散水坡脚处的标高。构筑物标注其有代表性的标高，并用文字注明标高所指的位置。

④广场、停车场、运动场地的设计标高，以及水景、地形、台地、院落的控制性标高。水体的常水位、最高水位与最低水位、水底标高等。场地平整标注其控制位置标高，铺砌场地标注其铺砌面标高。

⑤挡土墙、护坡土坎、水体驳岸的顶部和底部的设计标高和坡度。

⑥道路、排水沟的起点、变坡点、转折点、终点的设计标高（路面中心和排水沟沟顶及沟底），两控制点间的纵坡度、纵坡距、纵坡向，道路标明双坡面、单坡面、立道牙或平道牙，必要时标明道路平曲线和竖曲线要素。

⑦用坡向箭头标明地面坡向，当对场地平整要求严格或地形起伏较大时，可用设计等高线表示，人工地形如山体和水体标明等高线、等深线或控制点标高；地形的汇水线和分水线。

⑧重点地区、坡度变化复杂的地段要绘制其地形断面图，并标注标高、比例尺等。

⑨当工程比较简单时，竖向布置图可与施工放线图合并。

⑩指北针、图例、比例、文字说明、图名。文字说明中应该包括标注单位、绘图比例、高程系统的名称、补充图例等。

实例展示武汉某小区景观工程竖向布置图，详见图4-10、图4-11。

4.7 铺装材料平面图

地面铺装也是园林景观的重要组成部分，铺装应具有装饰性，或称地面景观作用，它由多种多样的形态、花纹来衬托景色，美化环境。在进行铺装图案设计时，应与景观的意境相结合，即要根据铺装所在的环境，选择铺装的材料、质感、形式、尺度与研究铺装图案的寓意、趣味，使铺装更好地成为园景的组成部分。

4.7.1 常见的硬质铺装材料

一般常用的硬质铺装材料有石材、砖、砾石、混凝土、木材和可回收材料等，不同的材料有不同的质感和风格（见表4-1）。

图4-10 竖向布置图

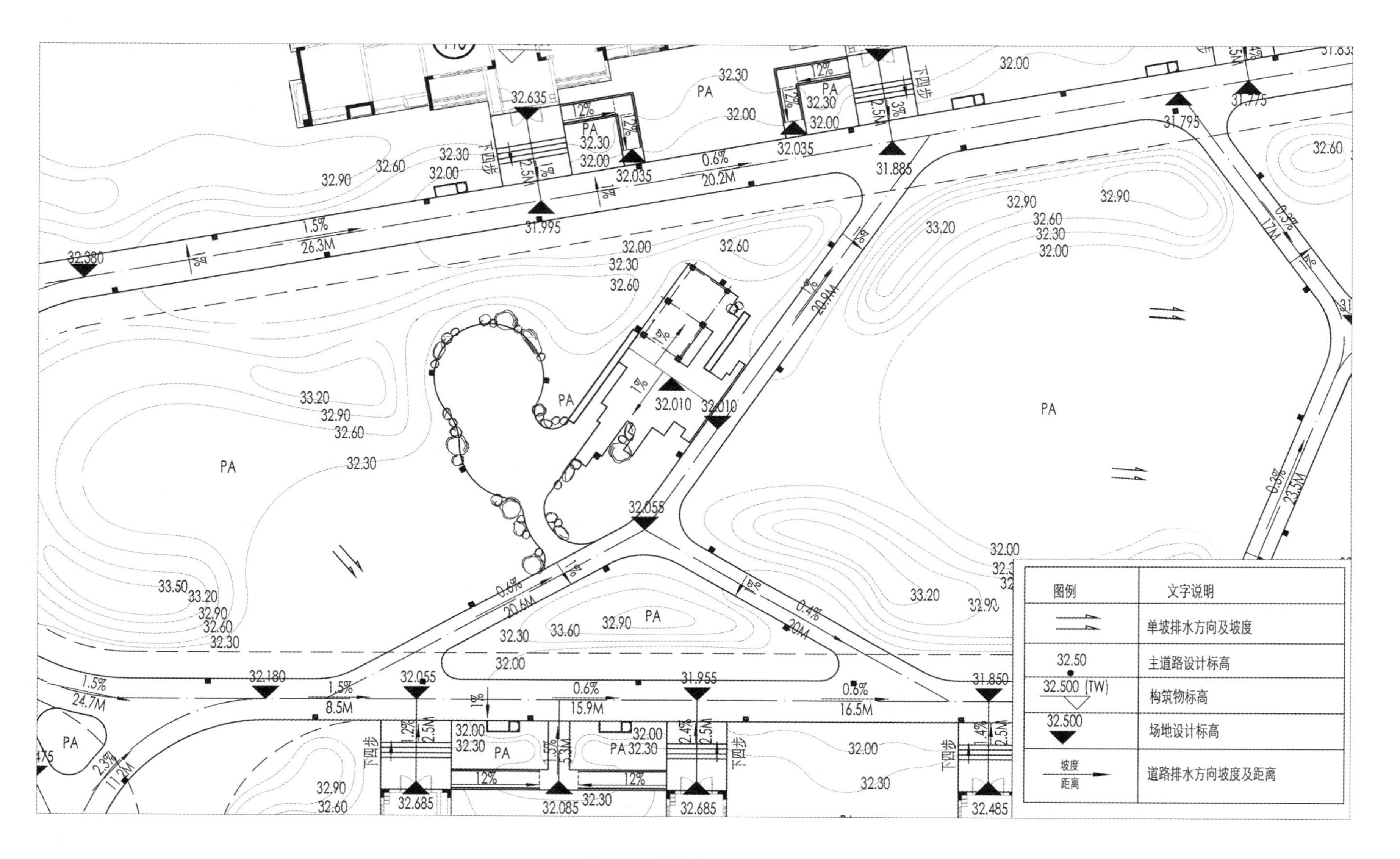

图4-11 竖向布置图（局部）

表 4-1 常用铺装材料的特点及使用范围

铺装材料	优　　点	缺　　点	路面类型及运用范围
沥青	价格经济，施工快捷，维修成本低，耐久性好，表面不吸尘、不吸水，有一定的弹性，可制作成弧线形式	温度高时易熔融，边缘如无遮挡易磨损，易被石油溶剂溶解，易受冻胀损坏	沥青路面（车道、人行道、停车场等） 透水性沥青路面（人行道、停车场等） 彩色沥青路面（人行道、广场）
混凝土	施工简易，表面耐久性好，维修成本低，用途广泛，表面坚硬无弹性，吸收热量低，有多种颜色、质地，可制作成弧线形式	有接缝，美观性差，表面颜色难一致，且褪色；浅色反光，易导致眩光；对基础适应能力差；弹性差，易碎	混凝土路面（车道、人行道、停车场、广场等） 混凝土板路面（人行道等） 彩板路面（人行道、广场等） 仿混凝土预制板路面（人行道、广场等）
合成树脂	弹性大，适应性强，颜色多	建造、维护需专业人员，成本高	弹性橡胶路面（露台、屋顶、广场、过街天桥等） 合成树脂路面（体育场所用）
砖	抗沉降能力强，渗水防滑，经济美观，施工快捷，易维护，颜色多样，表面防眩光	易受不均匀沉降破坏，难清洁，有风化现象	普通黏土砖路面（人行道、广场等） 砖砌块路面（人行道、广场等）
瓷砖	表面光洁，图案多样	建造成本高，遇水易滑，承载力差，易破碎	釉面砖路面（人行道、广场等） 陶瓷锦砖路面（人行道、广场等）
土坯砖	施工简易且快捷，颜色、质地多样	边缘易损坏、易碎，要求基础平整，尘土多，积存大量热能	人行道、广场等
石板	耐久性好、天然	建造费用高，色彩、图案一致性差	人行道、广场、池畔等
花岗岩	坚实，耐久性、抗风化、受力能力强，表面能进行多种效果处理	建造成本高，易受腐蚀，坚硬难切割	人行道、广场、池畔等
石灰石	施工简易，颜色、质地丰富	易受腐蚀	人行道、广场、池畔等
页岩	耐久性好，颜色丰富	建造成本高，遇水易滑	人行道、广场、池畔等
植草砖	美观，能保持水土	维护成本高，易松动、断裂	车道、人行道、停车场
木材	自然舒适，能吸收噪声	建造成本高，需定期维护，承载能力差	木砖路面（园路、游乐场等） 木地板路面（园路、露台等） 木屑路面（园路等）
砂砾	造价低，透水能力强，颜色丰富	材料易流失，需定期补充，易生长杂草	砂石路面（步行道、广场等） 碎石路面（停车场等）
模压单体	建造快捷，易施工，可根据设计意图制作成不同的图案、颜色	成本较高，易损坏	人行道、广场、池畔等

（1）石材。

石材铺设的园路既满足了使用功能，又符合人们的审美需求，可以说是所有铺装材料中最自然的一种。无论是具有自然纹理的石灰岩，还是层次分明的砂岩、质地鲜亮的花岗岩，即便是未经抛光打磨，由它们铺成的地面都容易被人们接受。虽然有时石材的造价较高，但由于它的耐久性和观赏性均较高，所以在资金允许的条件下，自然的石材应是人们的首选材料。

(2)砖。

砖铺地面施工简便，形式风格多样，不但色彩丰富，而且形状规格可控。许多特殊类型的砖体可以满足特殊的铺贴需要，创造出特殊的效果，比如供严寒地区使用的铺砖，它们的抗冻、防腐蚀能力较强。砖还适于小面积的铺装，如小景园、小路或狭长的露台。像那些小尺度空间——小拐角、不规则边界或石块、石板无法发挥作用的地方，砖就可以增加景观的趣味性。砖还可以作为其他铺装材料的镶边和收尾，比如大块石板之间，砖可以形成视觉上的过渡。

(3)砾石。

砾石是自然的铺装材料，目前在现代园林景观中应用广泛。砾石景观在自然界中随处可见，而且在规则式园林中，砾石也能够创造出极其自然的效果，它们一般用于连接各个景观、构景物，或者是连接于规则的整形及修剪植物之间，无论采用何种方式，砾石都是最合适的铺装材料。同时，砾石具有极强的透水性，即使被水淋湿也不会太滑，所以就交通而言，砾石无疑是一种较好的选择。

(4)混凝土。

混凝土缺少自然石材的情调和木质材料的宜人，但它的造价低廉，铺设简单，可塑性强，耐久性也很高，如果浇筑工艺技术合理，混凝土与其他任何一种铺装材料相比，也并不逊色。同时，多变的外观又为它的实用性开拓增添了砝码，通过一些简单的工艺，像染色技术、喷漆技术、蚀刻技术等，可以描绘出美丽的图案，以适应设计上的要求。

(5)木材。

木材处理简单，维护、替换方便，更重要的是它是天然产品，而非人工制造。作为室外铺装材料，木材的使用范围不如石材或其他铺装材料那么广，与石材、混凝土相比，木材容易腐烂、枯朽，但是它可以随意涂色、油漆，或者干脆保持其原来自然清新的面目。在园林景观建设中，木铺装更显得典雅、自然，在栈桥、亲水平台、树池等应用中被首选。

(6)可回收材料。

如今，利用可回收材料进行景园铺装的理念也应运而生，几乎所有铺装材料都可以循环使用，比如圆木、铺路石、玻璃球，甚至是废钢材等。破砖烂瓦，甚至是陶瓷碎片都可以创造出充满趣味性的室外铺装效果。此外，如由可可果壳、树皮或木材碎片、椰子壳等组成的护根物不仅具有改良土壤的作用，而且还是精美的户外铺地材料。

4.7.2 铺装材料平面图内容

铺装材料平面图是对整个项目的铺装材料做总体的说明，根据工程实际情况应涵盖以下内容：

①铺装图应根据方案需要定好图例，并在该项目以后的工作中统一图例。

②应表达铺装分隔线、铺装材料图例，并对材料的规格、质感、名称做文字说明。如：200×200×30 荔枝面黄锈石、250×190×80 绿色成品植草砖等。各种不同材质铺装均做铺装分隔示意，以不同的填充图案区分，图案填充比例应根据图幅比例适当选择，避免图纸成品图案线条过于密集，图面杂乱。

③标明广场、园路、道路等硬地地面的铺装材料、铺装样式只需标注关键点材料，更细的部分可索引至铺装局部详图中表示。铺装局部详图，即详细绘制铺装花纹的详图，标注详细尺寸及所用材料的材质、规格，有特殊要求的还要标网格定位。另外，铺装详图上要表示排水组织方向及排水坡度。

铺装材料平面图实例详见图 4-12、图 4-13。

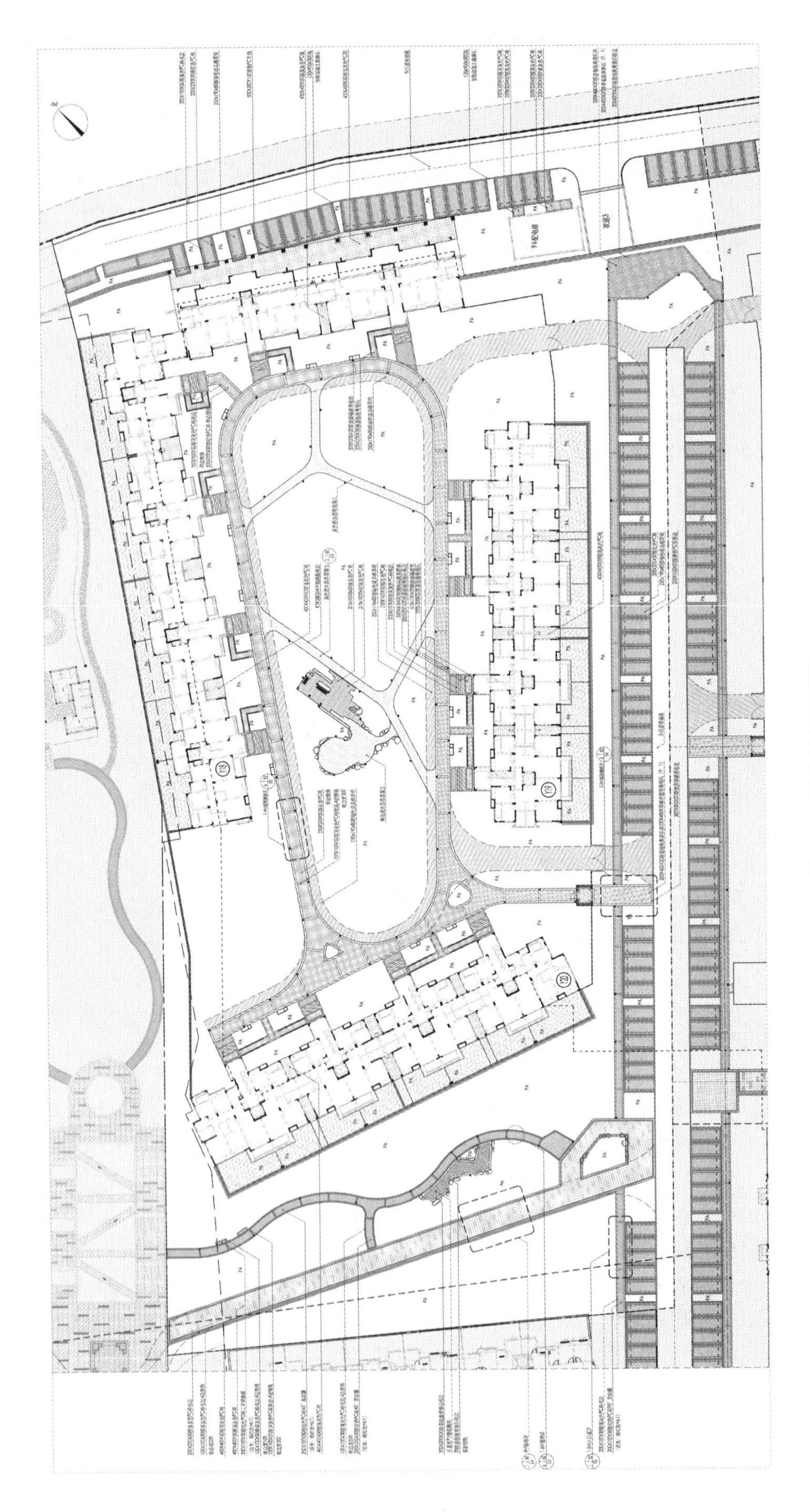

图4-12　铺装材料平面图

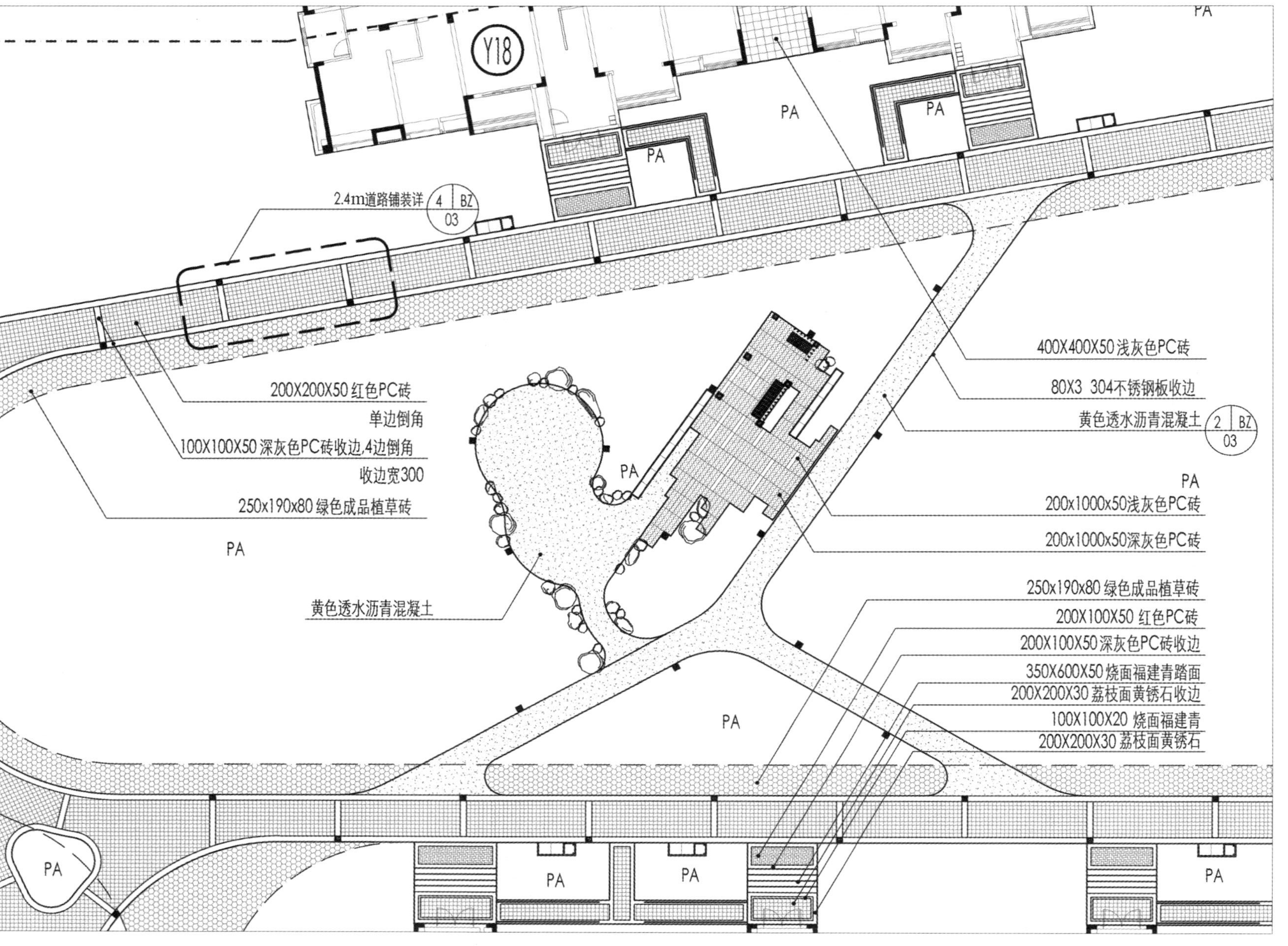

图4-13 铺装材料平面图（局部）

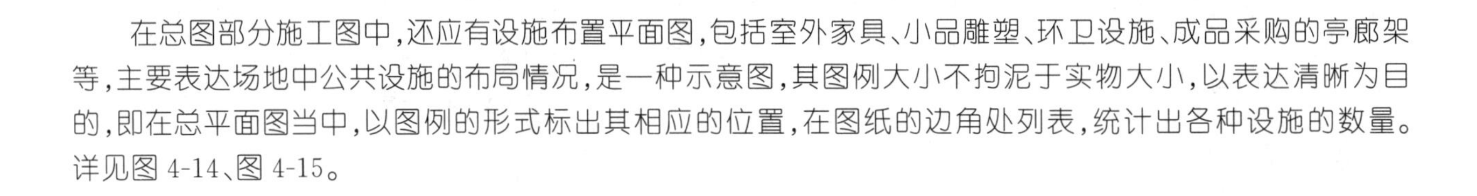

4.8 设施布置平面图

在总图部分施工图中,还应有设施布置平面图,包括室外家具、小品雕塑、环卫设施、成品采购的亭廊架等,主要表达场地中公共设施的布局情况,是一种示意图,其图例大小不拘泥于实物大小,以表达清晰为目的,即在总平面图当中,以图例的形式标出其相应的位置,在图纸的边角处列表,统计出各种设施的数量。详见图 4-14、图 4-15。

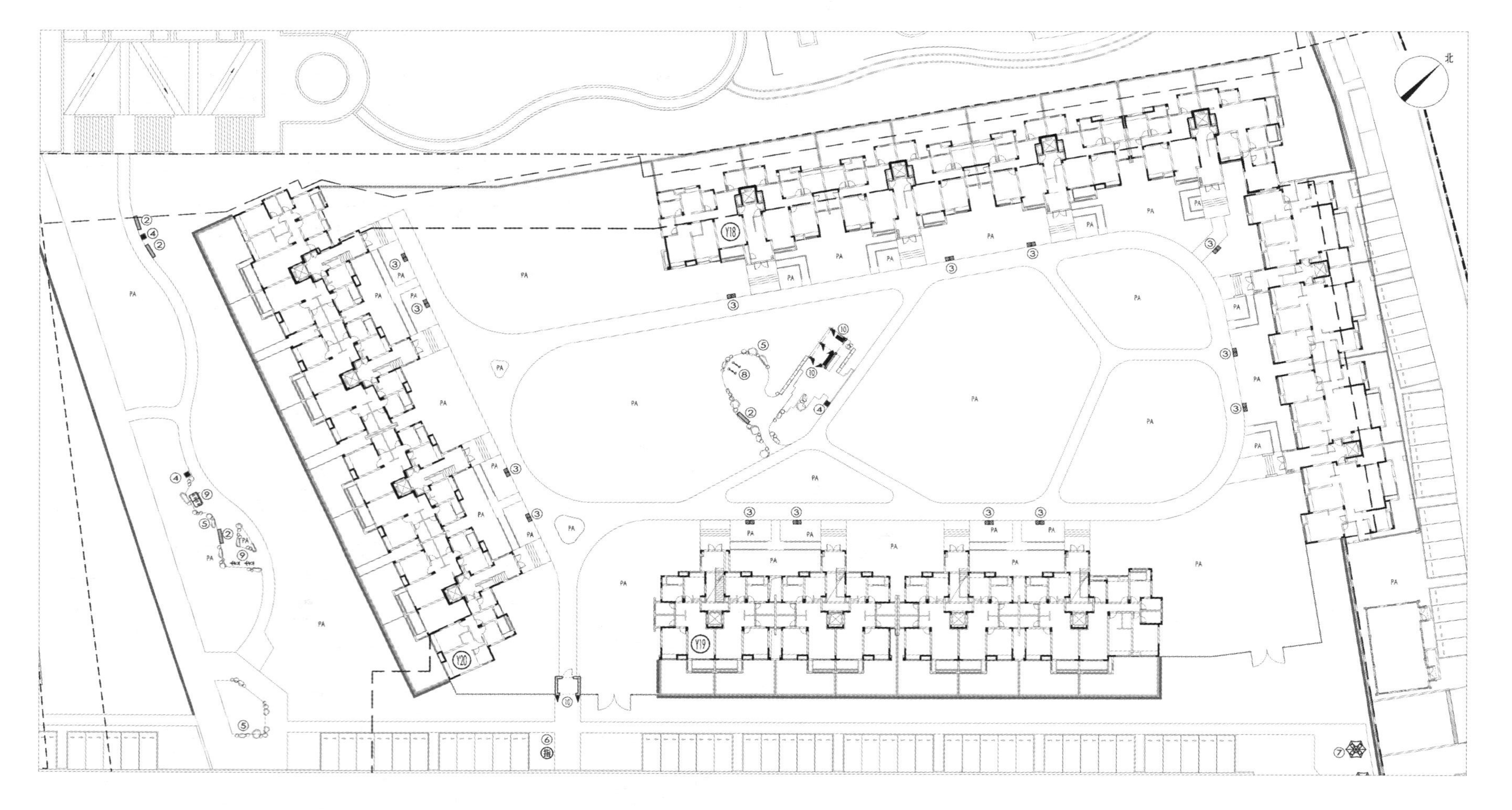

图4-14 设施布置平面图

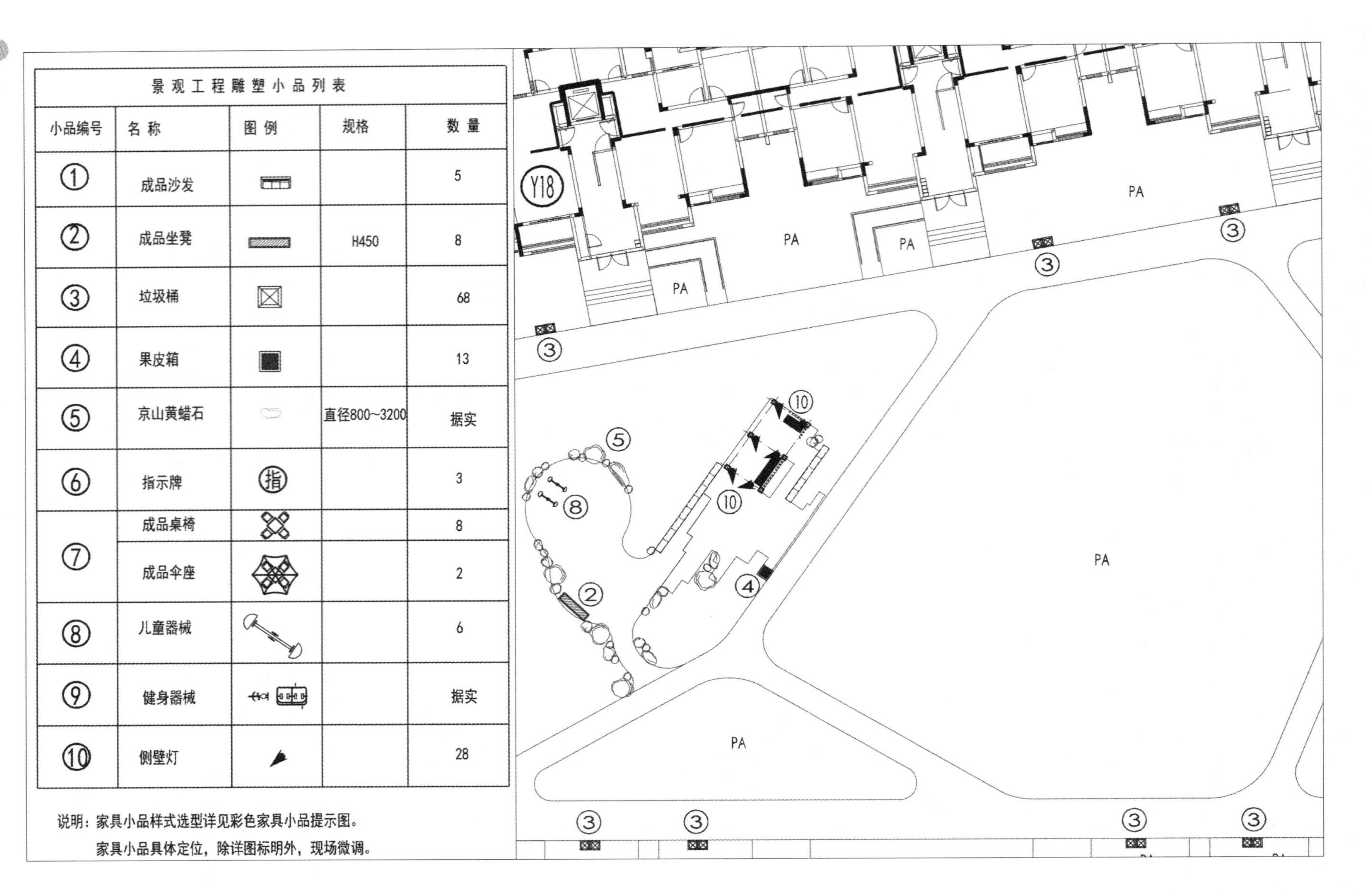

景观工程雕塑小品列表

小品编号	名称	图例	规格	数量
①	成品沙发			5
②	成品坐凳		H450	8
③	垃圾桶			68
④	果皮箱			13
⑤	京山黄蜡石		直径800~3200	据实
⑥	指示牌	指		3
⑦	成品桌椅			8
	成品伞座			2
⑧	儿童器械			6
⑨	健身器械			据实
⑩	侧壁灯			28

图4-15 设施布置平面图（局部）

第 5 章

详图部分施工图设计

5.1 景观平台构造详图

景观平台是景观设计内容中重要的功能空间和组成形态，通常在小区景观、公园景观中比较常见，是人们完成某项活动的主要载体，并具有一定的参与性、体验性、交往性及娱乐性。在不同的场地现状中景观平台的具体形式也是不同的，有庭院平台、观湖平台、亲水平台等形式；根据面层材料的不同，景观平台又有木质平台、花岗岩平台、玻璃平台等类型，其中以木质平台的设计为多。

在施工图设计过程中需要根据具体现状条件，绘制相应的设计图纸，下面以武汉某小区观湖平台为例，解析景观平台构造详图设计的注意事项，详见图 5-1～图 5-10。

(1)观湖平台尺寸平面图。

图纸中需要清楚地表达场地所处的位置以及周边环境，明确场地的属性。图中平台周边主要是小区建筑，并以道路和绿植穿插其中，无须标示植物图例，用 PA 注释代表绿化种植区域，以突出平台平面细部，并针对具体的平台构造形式详细标注尺寸，用以明确平台细部之间的构造关系，达到指导施工的目的。本图中，平台步道宽为 1500 mm，楼梯宽度为 1800 mm，图中尺寸单位为毫米。

(2)观湖平台竖向标高平面图。

竖向标高平面图主要是用来确定场地的高程(标高)关系，即根据场地的地形特点和施工技术条件，综合考虑小区建筑、构筑物、道路、绿植等之间的标高关系，并以最经济、合理的方式确定场地中的竖向关系。景观平台竖向设计时主要注意以下几个方面：

①合理选择竖向布置方式，确定各级变坡点的标高，标注起坡线和止坡线，相邻变坡点标高之间标注坡长、坡向和坡度，图中尺寸单位为米。

②在满足景观要求的前提下，减少土石方工程量，尽量达到挖填方平衡。

③拟定排水方式，防止场地积水或水淹。

④合理确定附属工程构筑物(护坡、挡土墙)及排水构筑物(散水坡、排水沟)。

⑤确定场地排水方向，并在图中标注。

(3)观湖平台物料平面图。

物料平面图主要是表达场地中硬质材料的名称及规格，一般是材料尺寸规格(长×宽×厚，图中尺寸单位为毫米)在前，材料名称和面层做法在后，也可通过索引的方式进一步说明设计的细节。

(4)观湖平台立面图及剖面图。

立面图及剖面图是对场地设计的进一步深化，反映出空间的立面效果及高差感，显示剖切线上结构的起伏状况。在绘制的过程中需要标注标高符号、对应的剖切符号、索引符号、尺寸、材料、图名、比例尺等细节。图中尺寸除标高以米计以外，其余均以毫米计。

(5)观湖平台结构图。

基础结构图主要是表达观湖平台的基础平面布置的位置和方式，确定柱、坡道、梁等结构的构造细节和配筋方式等内容。在绘制的过程中一是需要根据柱、梁的具体位置设定 X、Y 轴线，以利于施工定位。在 X 轴方向上用阿拉伯数字表示，从左至右依次标记，在 Y 轴方向上用大写字母表示，从下至上依次标记。二是需要合理地标记柱、梁等的细节尺寸，也可用索引的方式进行深入说明，如角度、配筋直径、间距、顶标高等细节。三是结合实际场地的现状，有补充说明的文字需在图纸旁边进行备注强调。

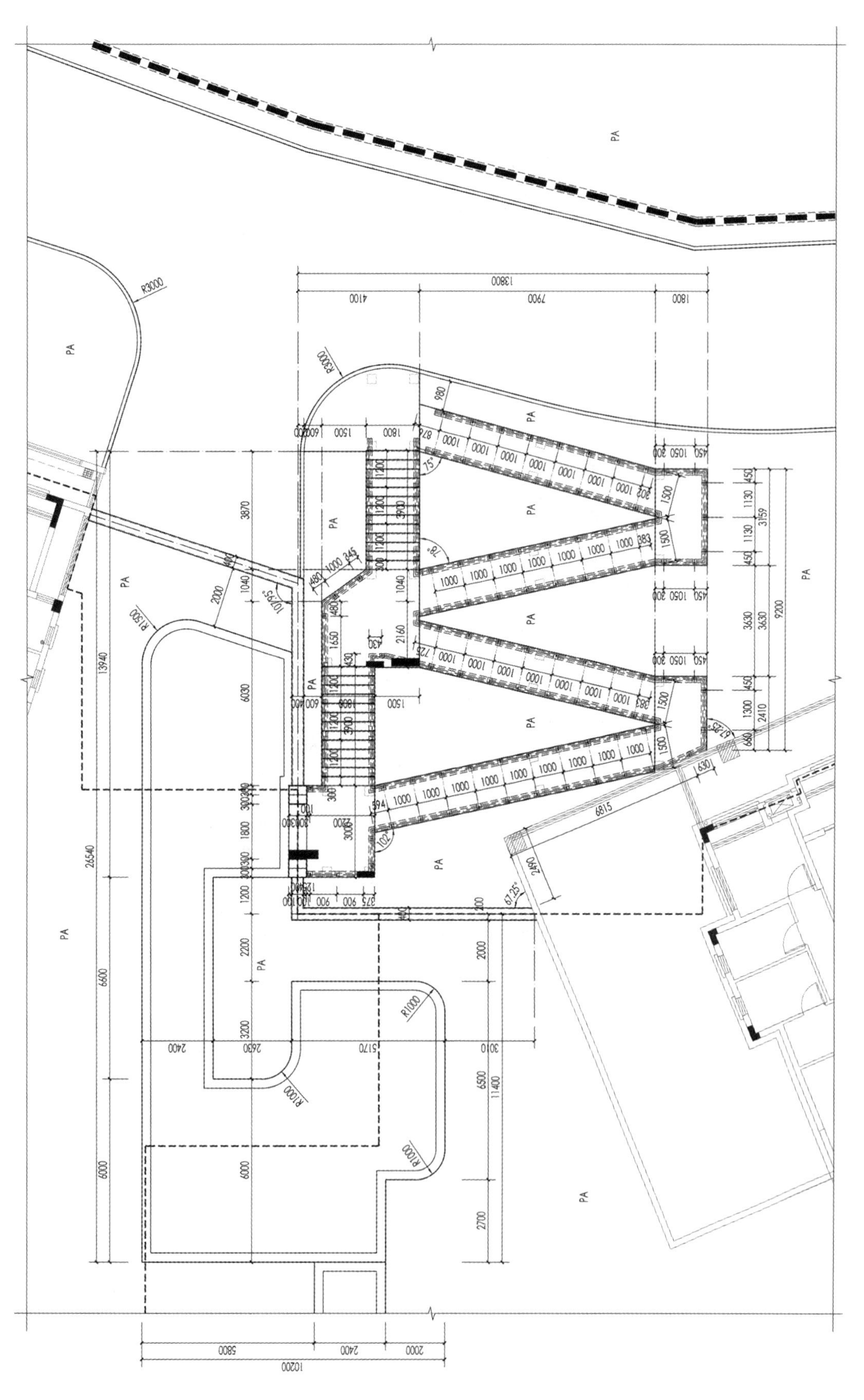

图5-1 观湖平台尺寸平面图

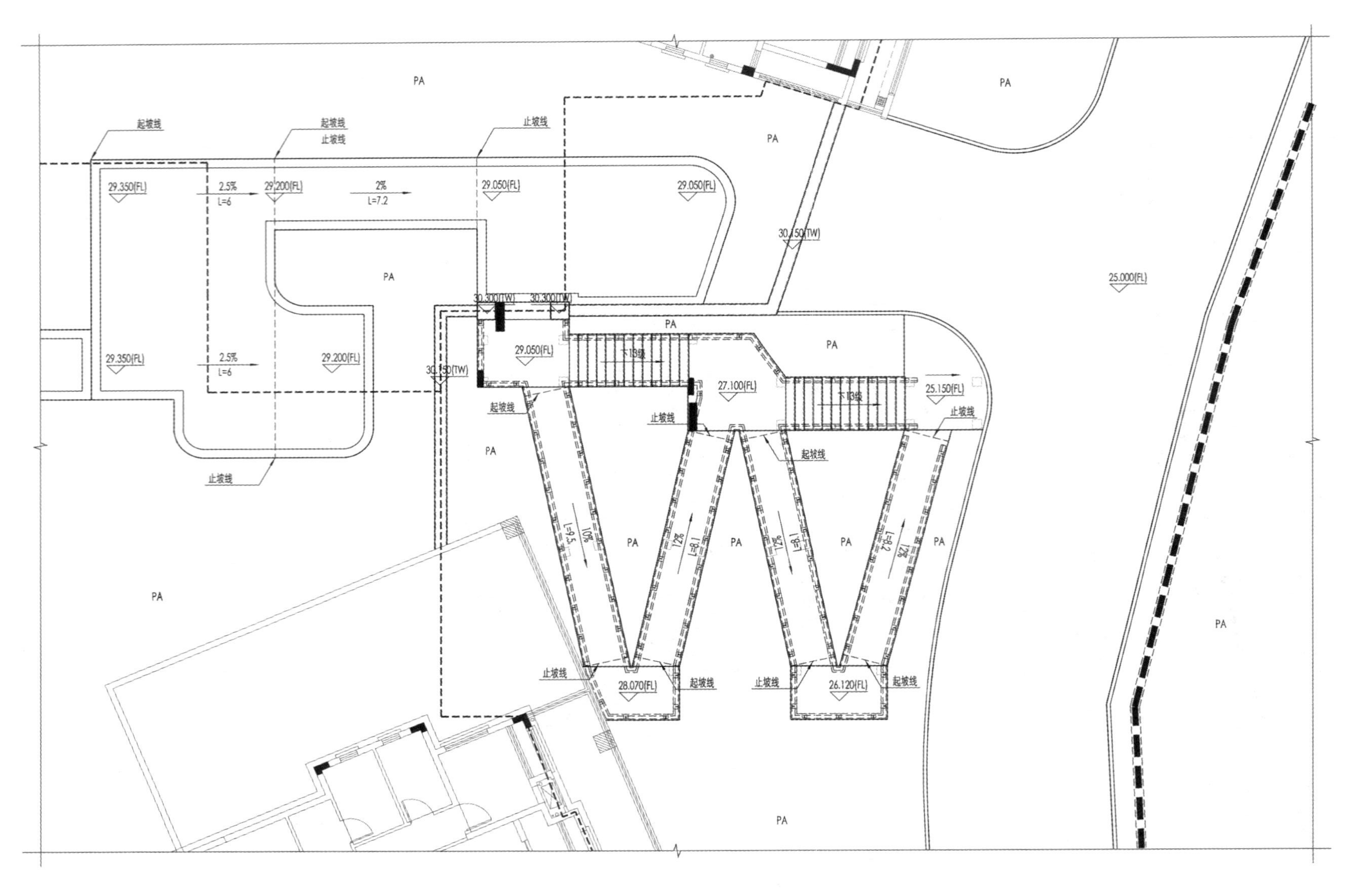

图5-2 观湖平台竖向标高平面图

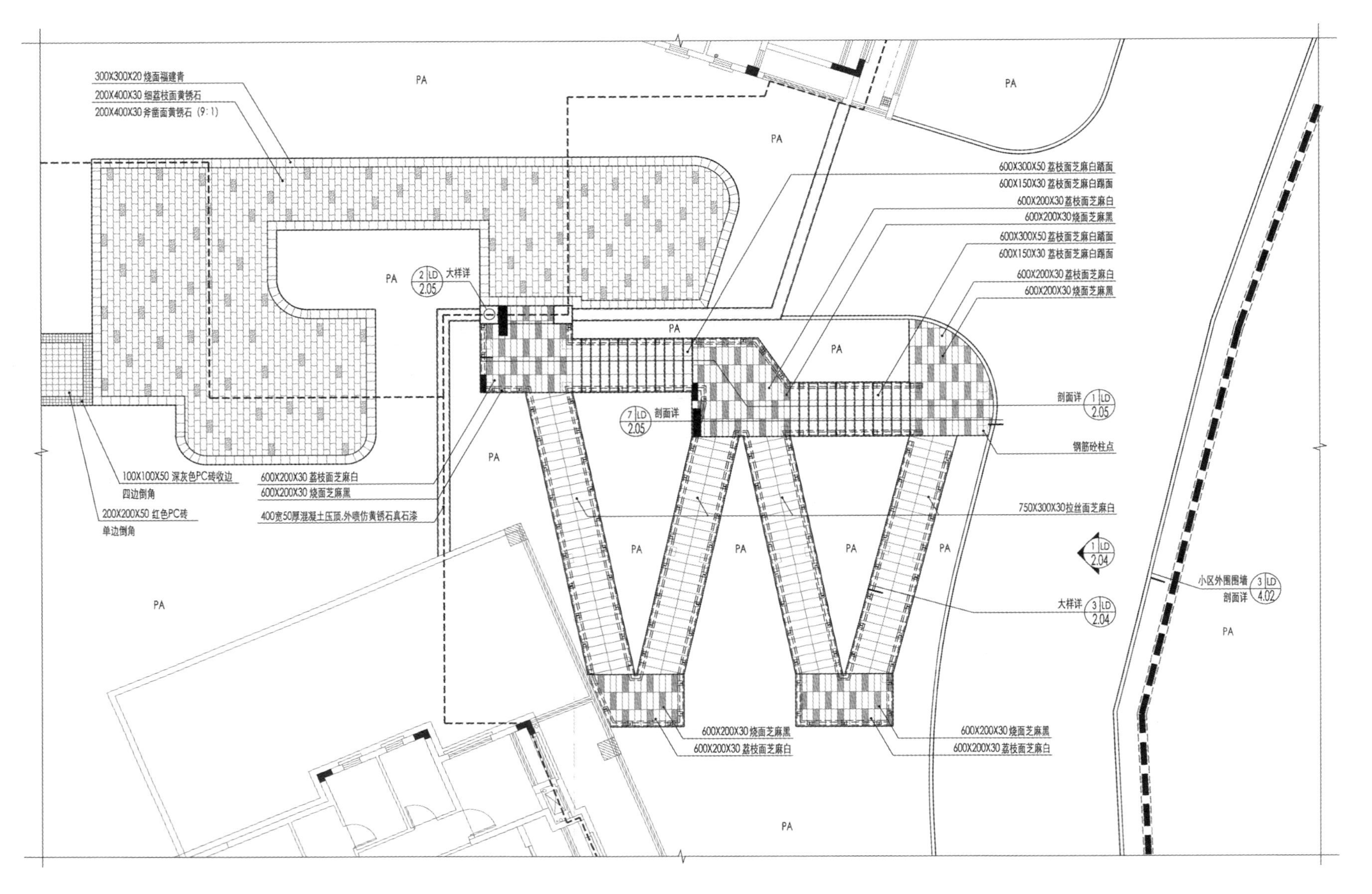

图5-3 观湖平台物料平面图

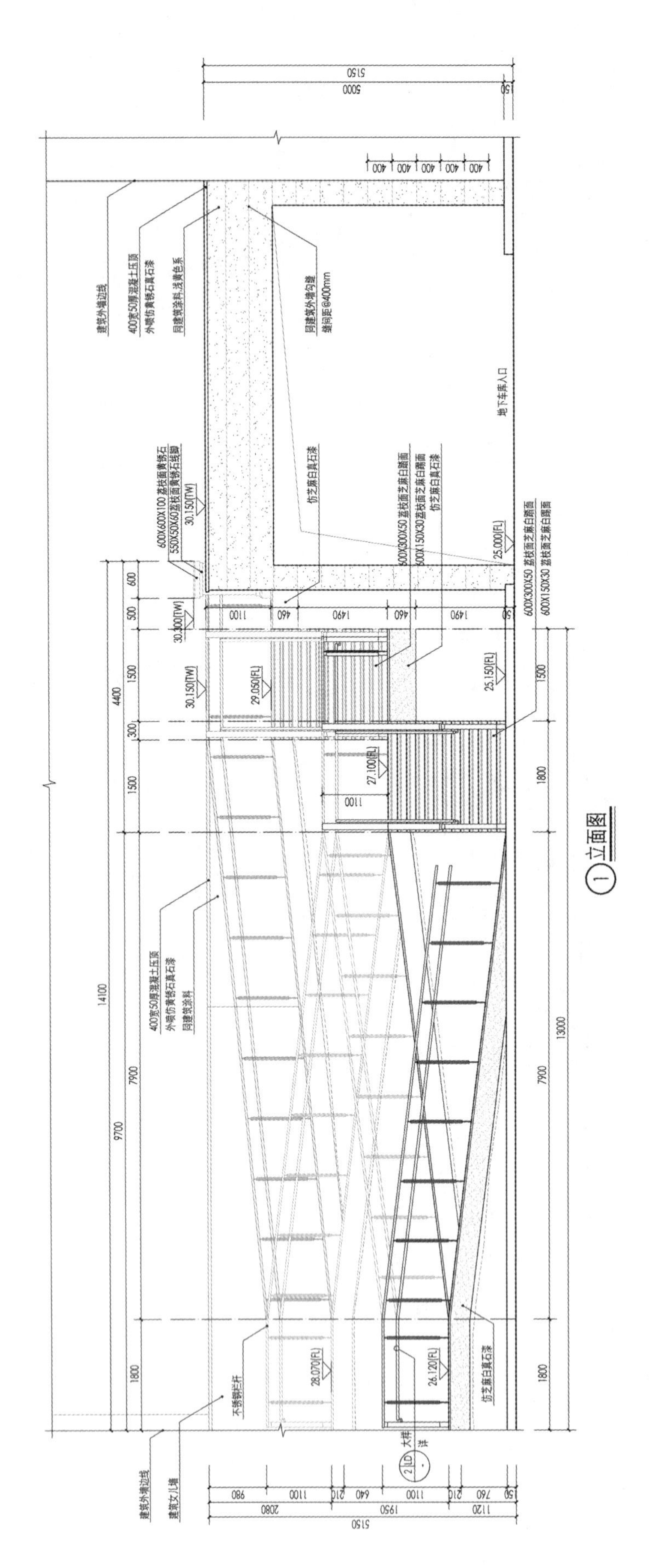

图5-4　观湖平台立面图一

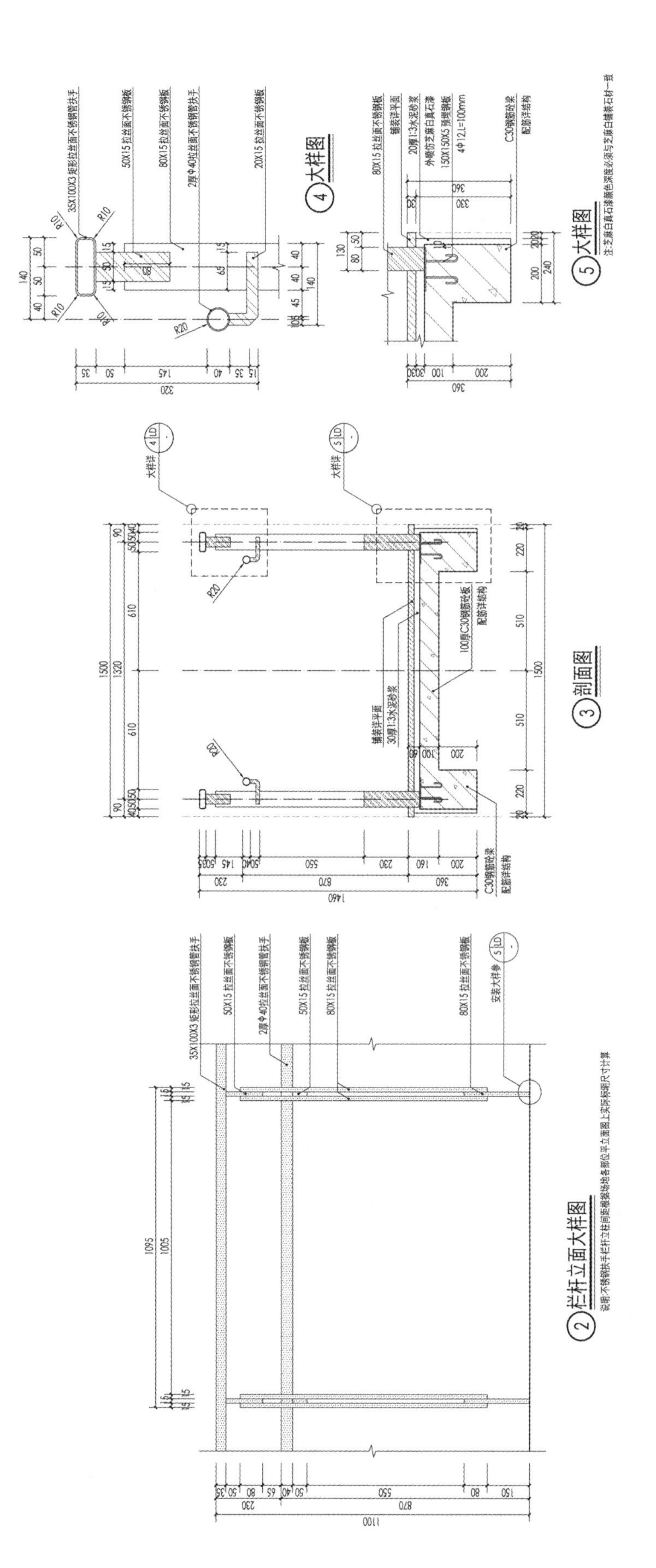

图5-5 观湖平台立面图二

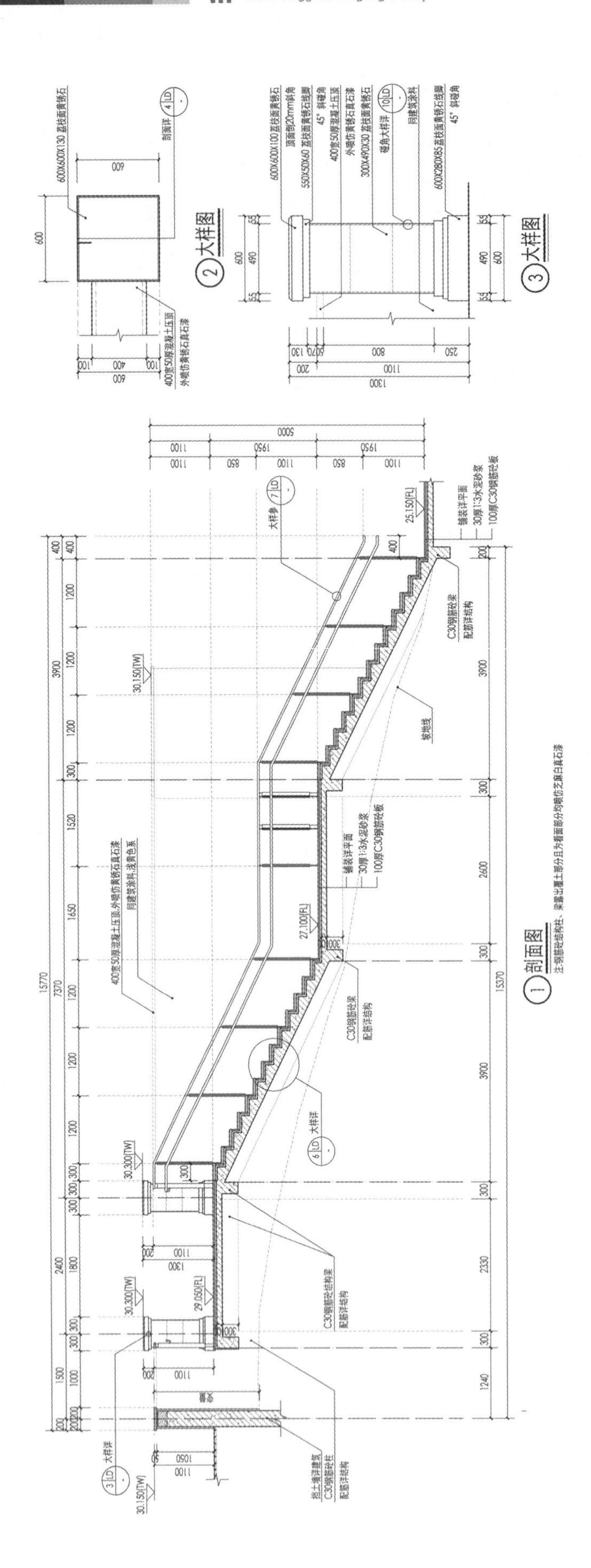

图5-6　观湖平台台阶、柱墩剖面图一

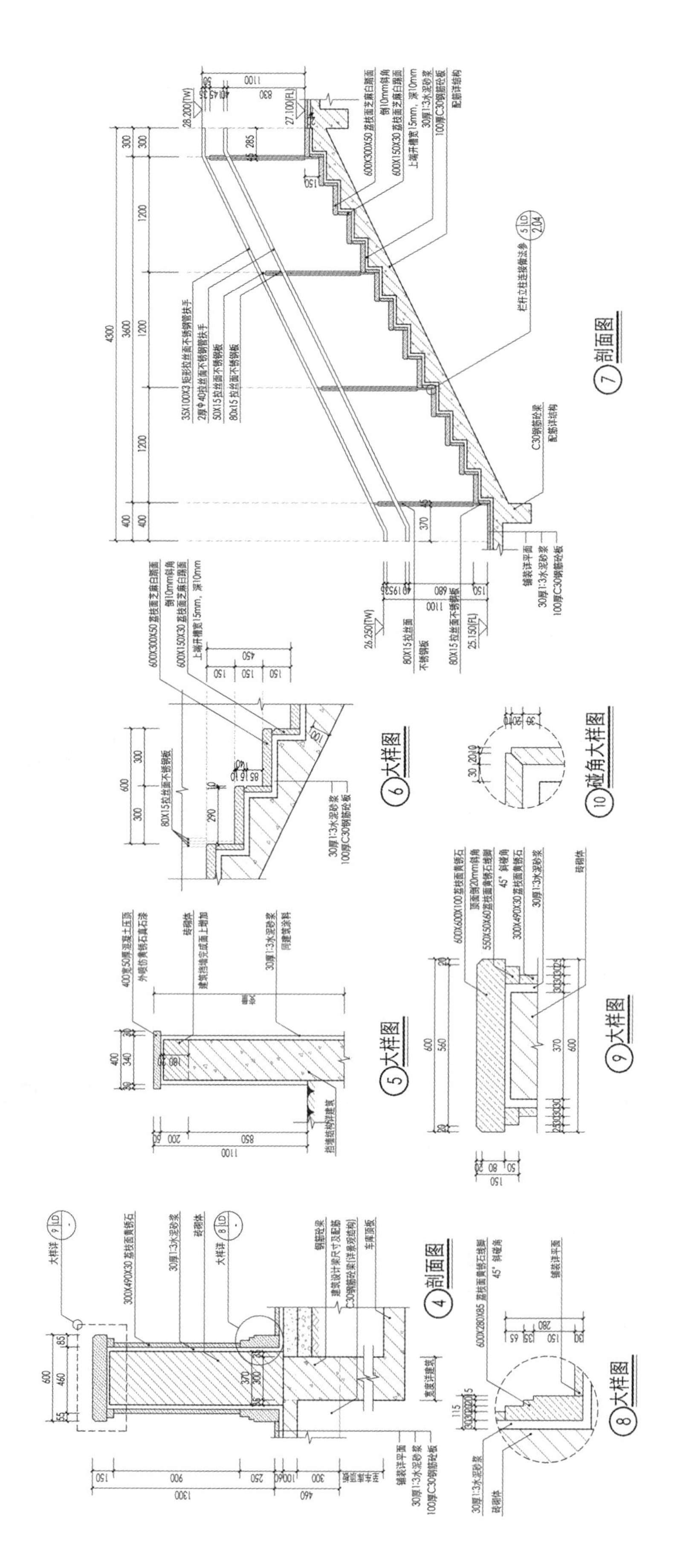

图5-7 观湖平台台阶、柱墩剖面图二

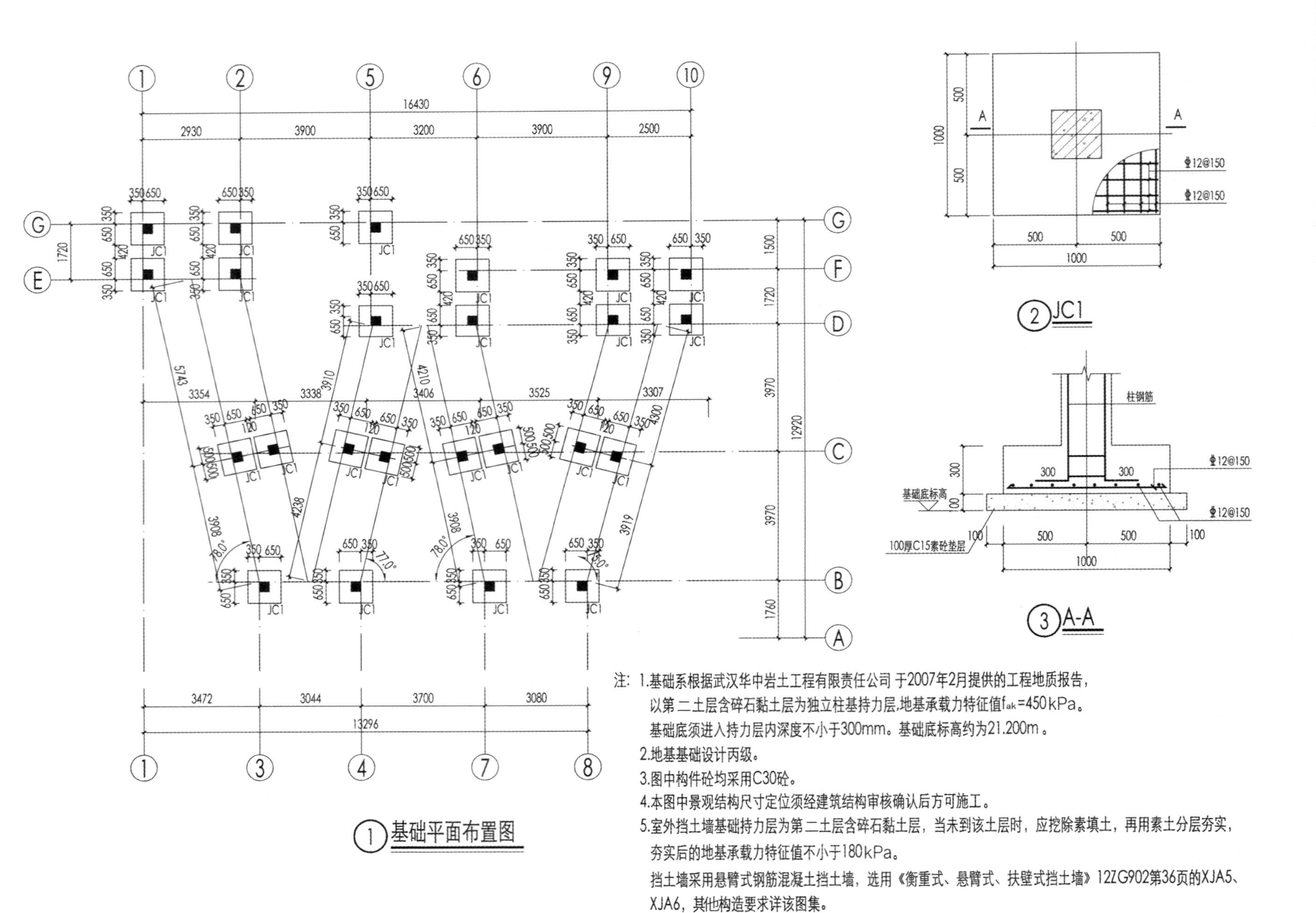

注：1.基础系根据武汉华中岩土工程有限责任公司 于2007年2月提供的工程地质报告，以第二土层含碎石黏土层为独立柱基持力层，地基承载力特征值f_{ak}=450kPa。基础底须进入持力层内深度不小于300mm。基础底标高约为21.200m。

2.地基基础设计丙级。

3.图中构件砼均采用C30砼。

4.本图中景观结构尺寸定位须经建筑结构审核确认后方可施工。

5.室外挡土墙基础持力层为第二土层含碎石黏土层，当未到该土层时，应挖除素填土，再用素土分层夯实，夯实后的地基承载力特征值不小于180kPa。

挡土墙采用悬臂式钢筋混凝土挡土墙，选用《衡重式、悬臂式、扶壁式挡土墙》12ZG902第36页的XJA5、XJA6，其他构造要求详该图集。

图5-8　观湖平台基础结构图

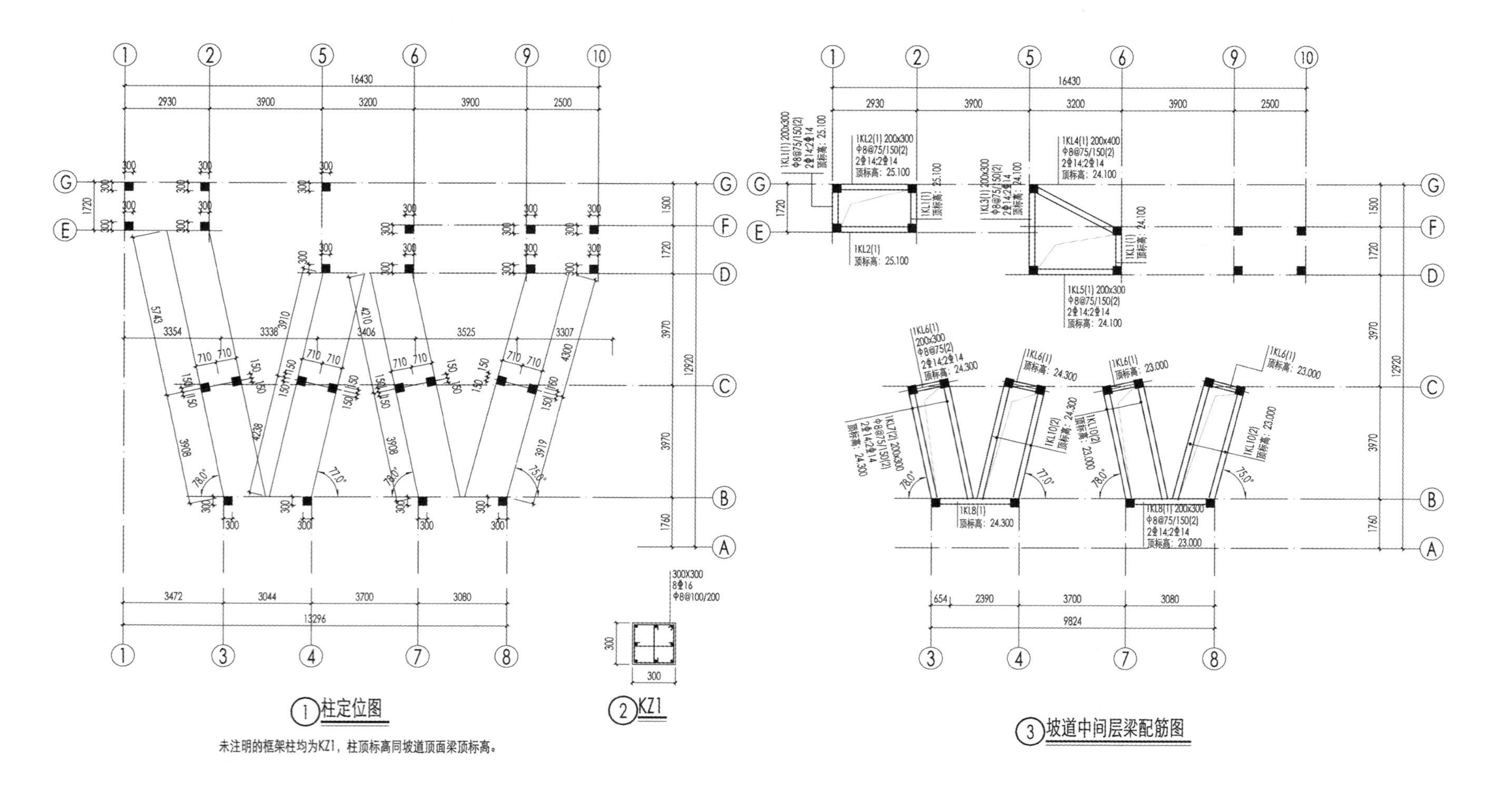

图5-9 观湖平台梁、柱结构图

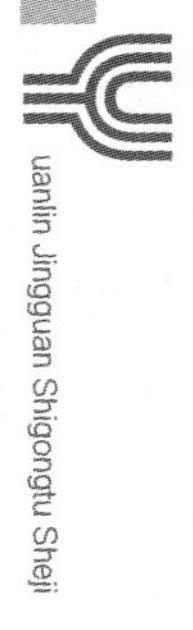

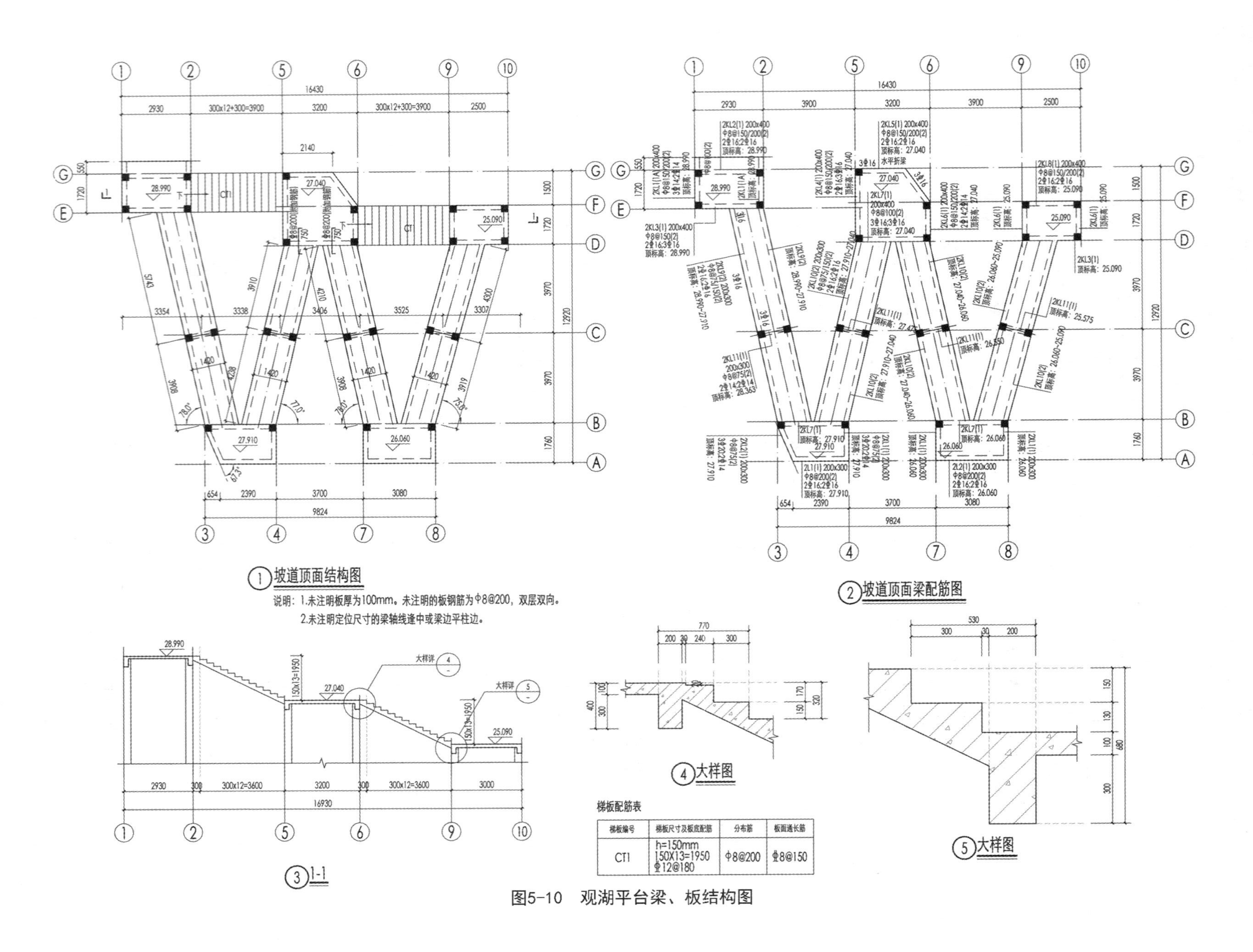

梯板编号	梯板尺寸及板底配筋	分布筋	板面通长筋
CT1	h=150mm 150X13=1950 Φ12@180	Φ8@200	Φ8@150

图5-10 观湖平台梁、板结构图

5.2 园路构造详图

园路一般由路基和路面两部分组成。路基是在地面上按路线的平面位置和纵坡要求开挖或填筑成一定断面形状的土质或石质结构体。路面结构铺筑于路基顶面的路槽之中。路面常常是分层修筑的多层结构,按所处层位和作用的不同,路面结构层由上至下主要有面层、基层、垫层等结构物。在采用块料或粒料作为面层时,常需要在基层上设置一个结合层来找平或黏结,以使面层和基层紧密结合。在园路构造详图中,除标高以米计以及特殊说明以外,其余尺寸单位均为毫米。

5.2.1 园路铺装构造详图

1. 整体路面铺装

①水泥混凝土路面。

水泥混凝土路面属刚性路面,对路面的装饰可在混凝土表面直接处理形成各种变化,也可在混凝土表面增加抹灰处理,还可以用各种贴面材料进行装饰。其土基的素土夯实压实度一般大于 93%,根据具体的场地现状可适当进行调整。作为垫层的透水级配碎石按照大粒径在下、小粒径在上的布置方式进行施工,其厚度可根据人行或车行的实际使用情况调整,一般的厚度在 100 mm、150 mm、200 mm 等尺寸范围。面层为水泥混凝土结构,可根据场地属性自由选择压模图形、色彩等细节,具有一定的审美性。此外,在路面铺设过程中要根据路面的长度和宽度合理设置变形缝。水泥混凝土路面构造详图实例详见图 5-11～图 5-13。

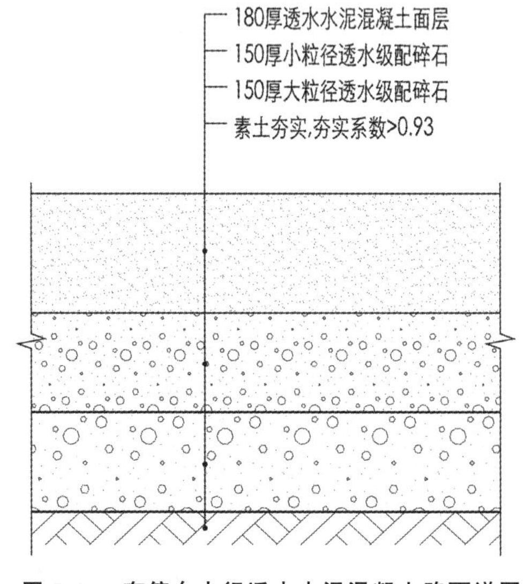

图 5-11 有停车人行透水水泥混凝土路面详图

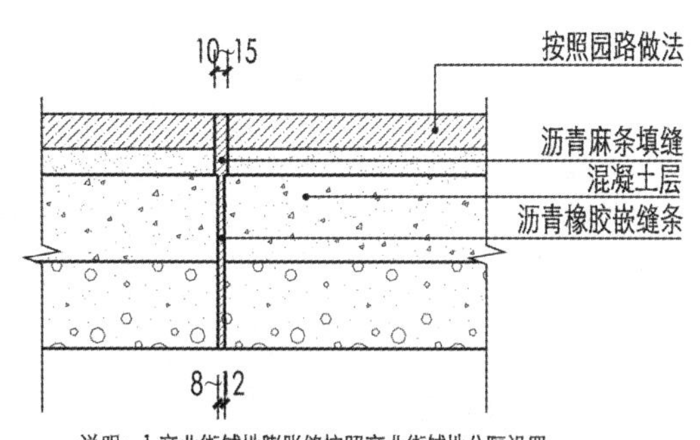

图 5-12 园路混凝土基层膨胀缝做法

②沥青混凝土路面。

用沥青混凝土作为面层使用的整体路面根据骨料粒径大小,有细粒式、中粒式和粗粒式沥青混凝土之分,有传统的黑色和彩色(包括脱色)、透水和不透水的类别。彩色沥青混凝土路面一般用于公园绿地和风景区的行车主路上,由于彩色沥青混凝土具有一定的弹性,也适用于运动场所及一些儿童和老人活动的地

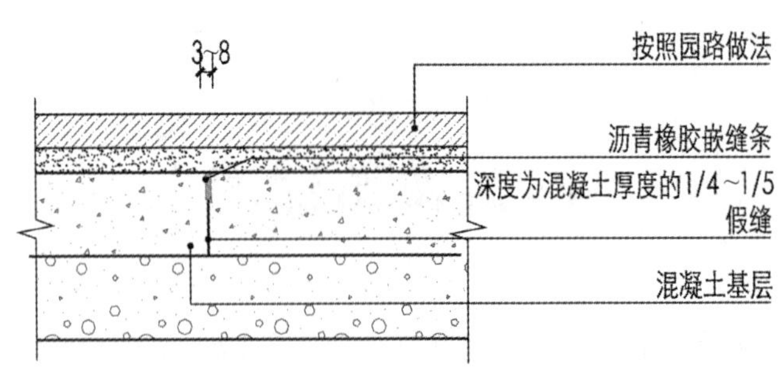

图 5-13　园路混凝土基层缩缝做法

方。图 5-14 为细粒式改性沥青混凝土路面，图中 AC 是沥青混凝土混合料的代号，数字 13 代表该混合料中矿料的公称最大粒径为 13 mm，为细粒式沥青混凝土，I 型密级配沥青混凝土孔隙率为 3%～6%，乳化沥青 PC-3 属于黏层油。图 5-15 为透水沥青混凝土路面，优点在于具有较好的透水性，在与植被相接处采用不锈钢板进行收边处理，起到隔离防护作用，透水材料的选择能更好地为生态城市的建设与发展提供材料基础。

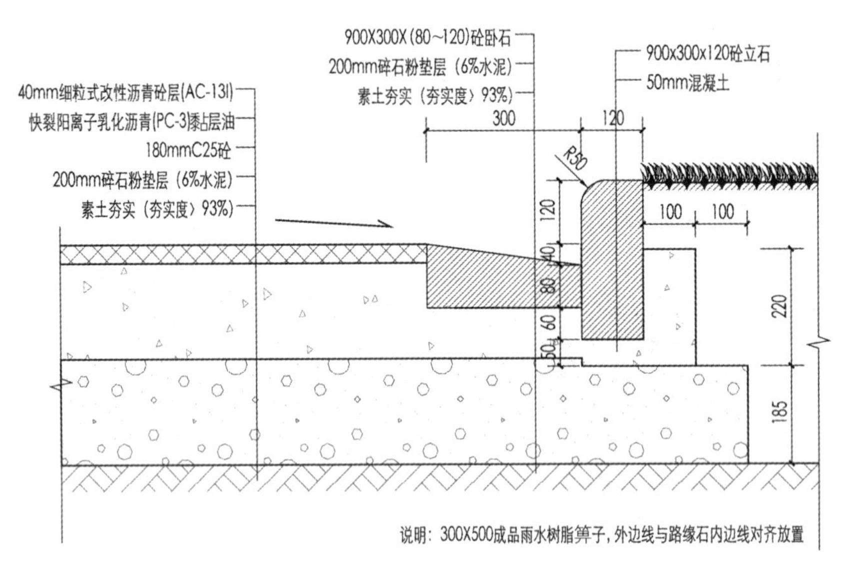

图 5-14　改性沥青混凝土路面详图

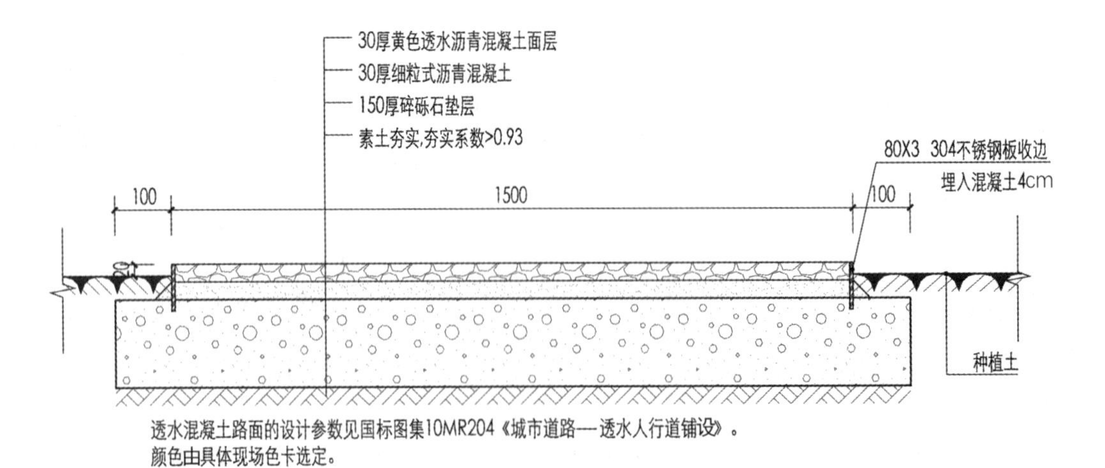

图 5-15　透水沥青混凝土路面详图

2. 块料铺装

块料铺装是用石材、混凝土预制块、烧结砖、工程塑料、木材以及其他方法预制的整形板材、块料铺砌在路面，而基层常使用灰土、天然砾石、级配砂石等。

①石材块料。

花岗岩：图 5-16 为人行和车行的花岗岩铺装路面，车行路面比人行路面承受的荷载大，车行的碎石垫层和混凝土结构层的厚度值需高于人行的厚度值，且需提高混凝土的强度等级。

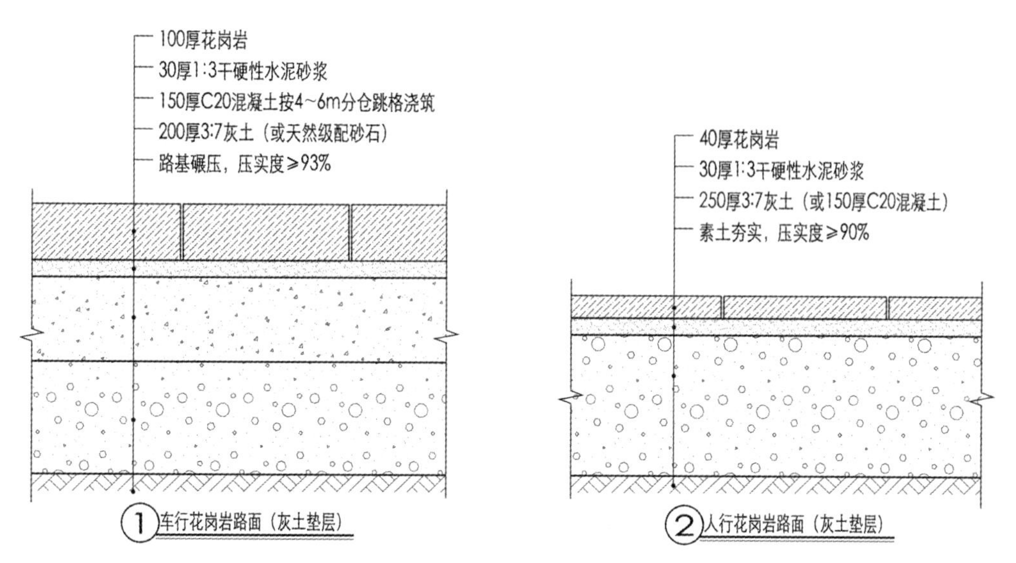

图 5-16　花岗岩路面详图

青石板：图 5-17 为青石板拼花路面，多用于人行步道，出于稳定性和美观性的考虑，需用水泥勾缝，路面两边需合理选用石材进行包边处理，起到整体性的效果。

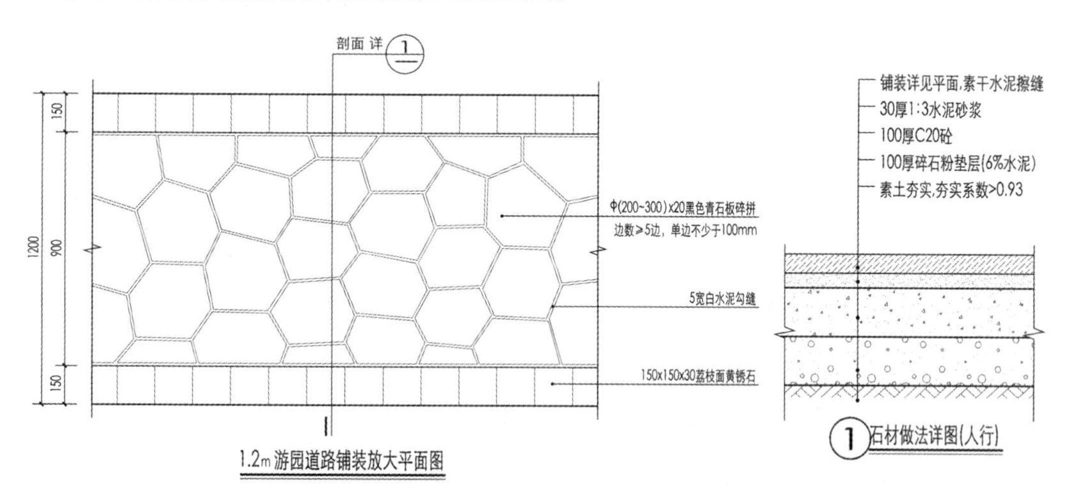

图 5-17　青石板拼花路面详图

此外，在铺装与绿植区交接处，种植土边缘一般低于石材面层 20 mm 左右(见图 5-18)，防止地表径流冲刷土壤污染路面。根据具体的场地现状，石材块料路面的垫层，在车行道路上可选择灰土或级配砂石，在人行道路上可选择灰土或混凝土作为结构层(见图 5-19)。

②预制混凝土砖。

PC 砖铺装：图 5-20 为人行和车行的 PC 砖铺装路面构造，人行 PC 砖铺装可用中粗砂填缝处理，而车行 PC 砖铺装需用水泥砂浆进行稳定性黏合，其他的细部构造与花岗岩铺装构造相似。

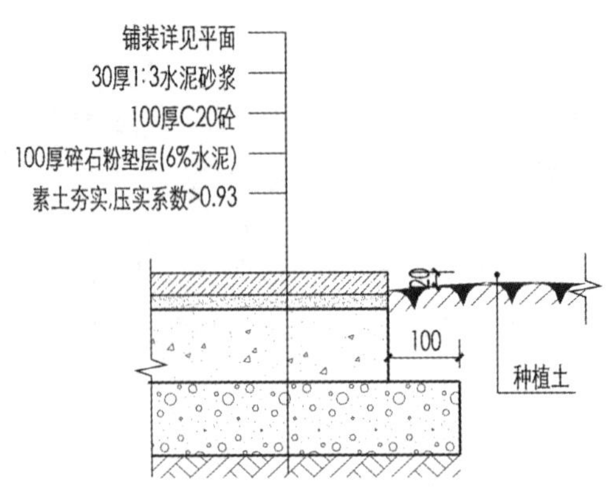

图 5-18　园路与绿化交接做法

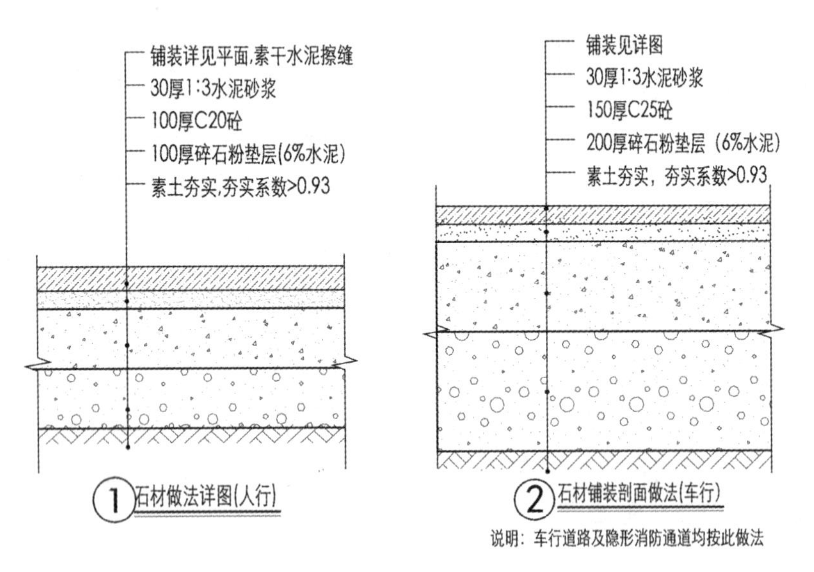

图 5-19　石材块料路面详图

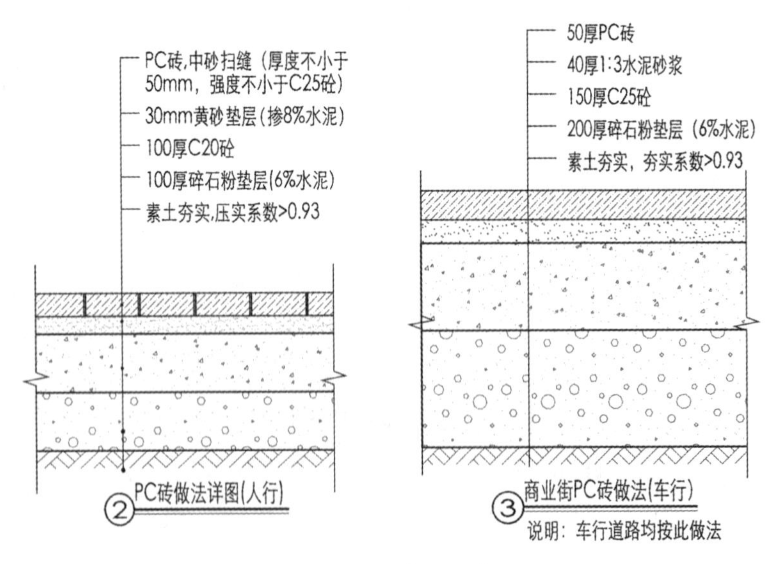

图 5-20　PC 砖路面详图

图 5-21 为某小区入户道路 PC 砖铺装做法详图,在绘制过程中应标注清楚道路的基本尺寸、材料规格、坡度、排水方向、图名、文字说明以及相应的索引符号等细节。

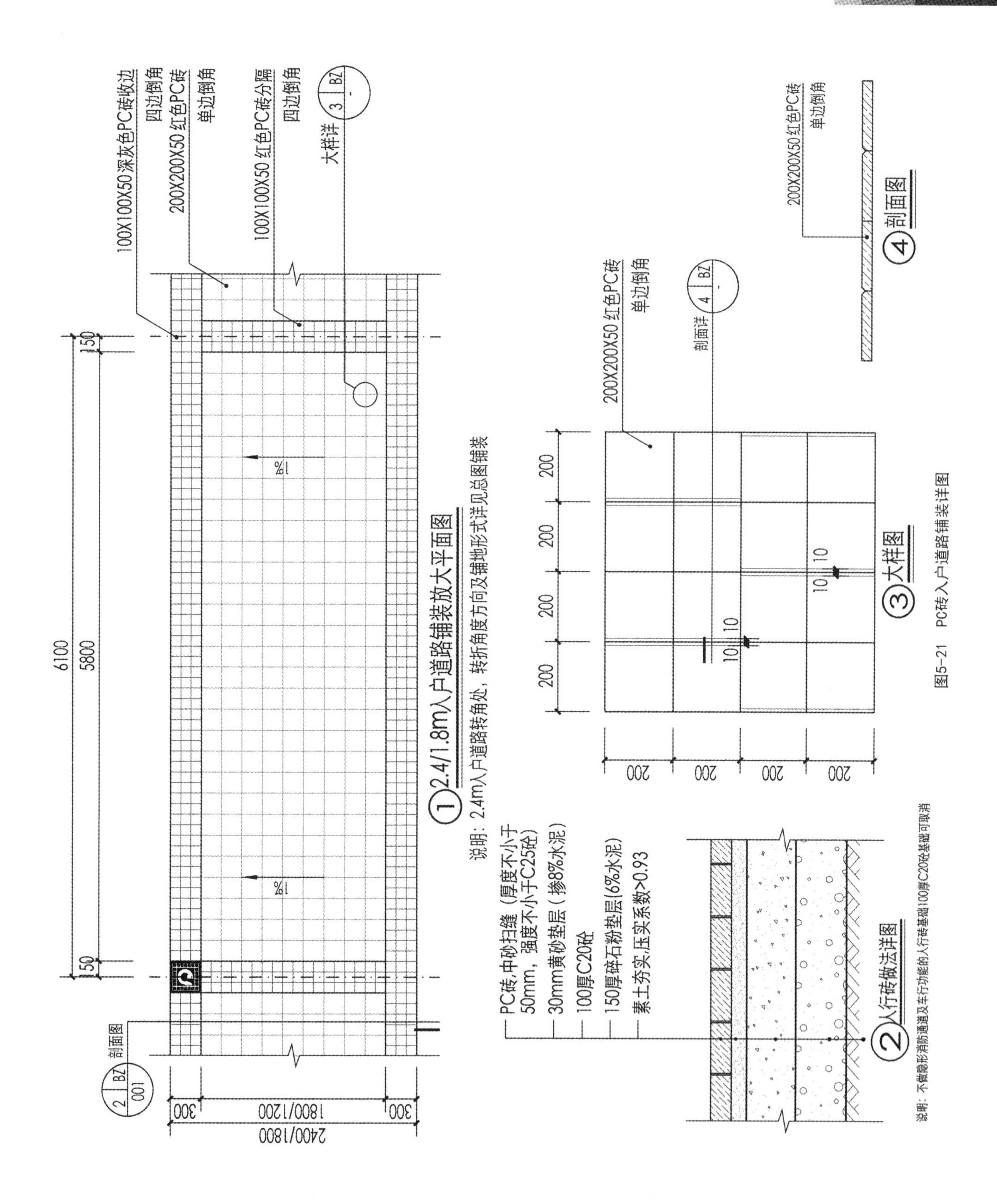

图5-21　PC砖入户道路铺装详图

PC植草砖：PC砖除了可用于人行和车行道路铺装外，还可用于停车场（见图5-22、图5-23）和隐形消防通道（见图5-24）等场地。区别在于PC植草砖可填营养土植草，增加了生态绿化的效果。停车位尺寸一般为2500 mm×5000 mm，结构层中合理设置排水孔利于排水，路面根据实际需求可添加车挡，种植区宽度一般在1500 mm左右。

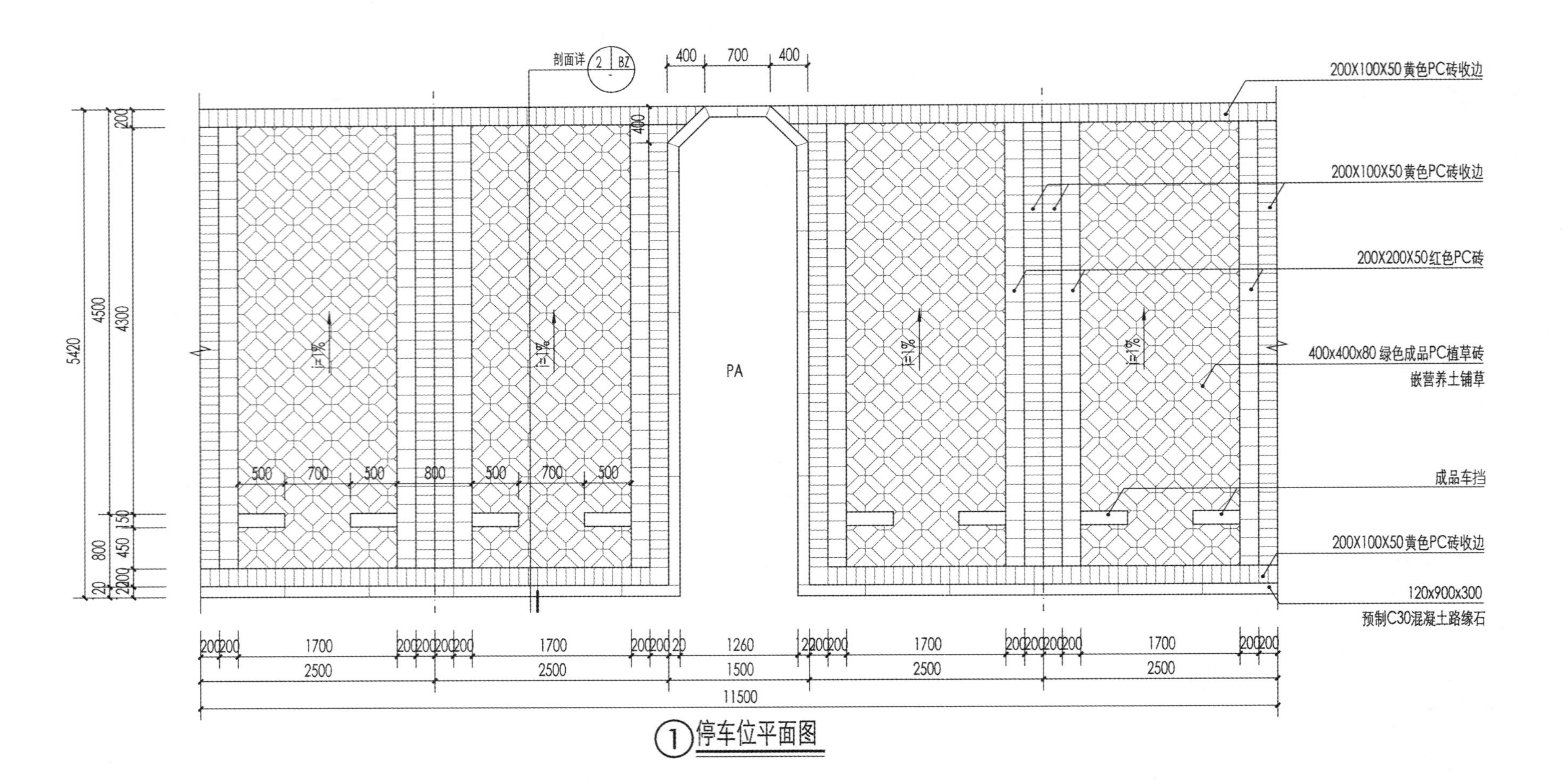

图5-22 停车场PC植草砖铺装详图一

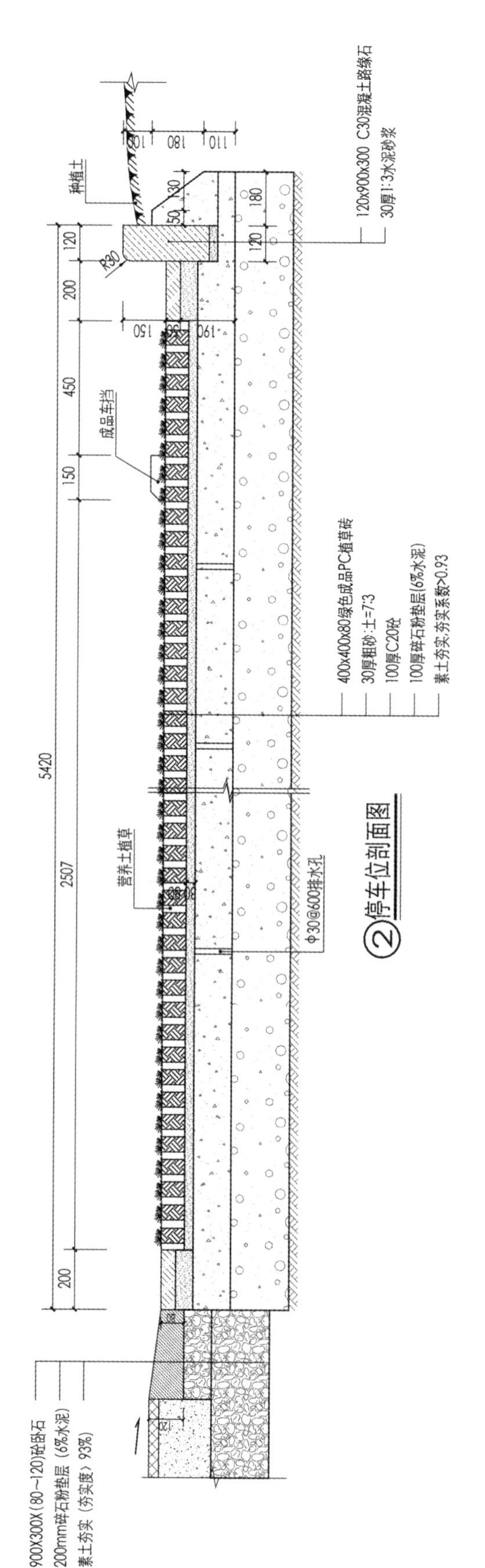

图5-23 停车场PC植草砖铺装详图二

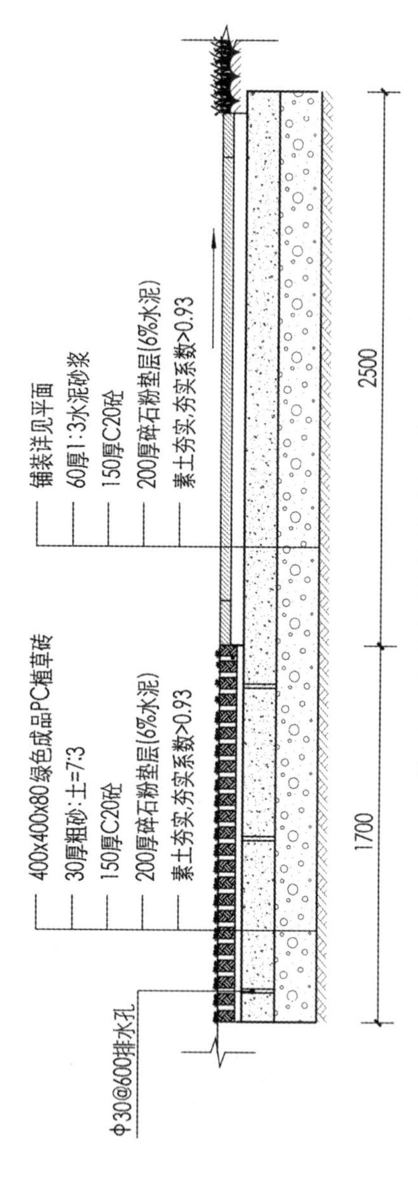

图5-24 隐形消防通道PC植草砖铺装详图

PC砖汀步：汀步有花岗岩、人造石、木材、砖块等材质类型，由于材料选择的多样性和铺装组合形式的多元化，汀步路作为游步道经常在景观中出现，表现场地的趣味性和体验性。其规格长宽视场地而定，厚度一般在50 mm以上，详见图5-25。

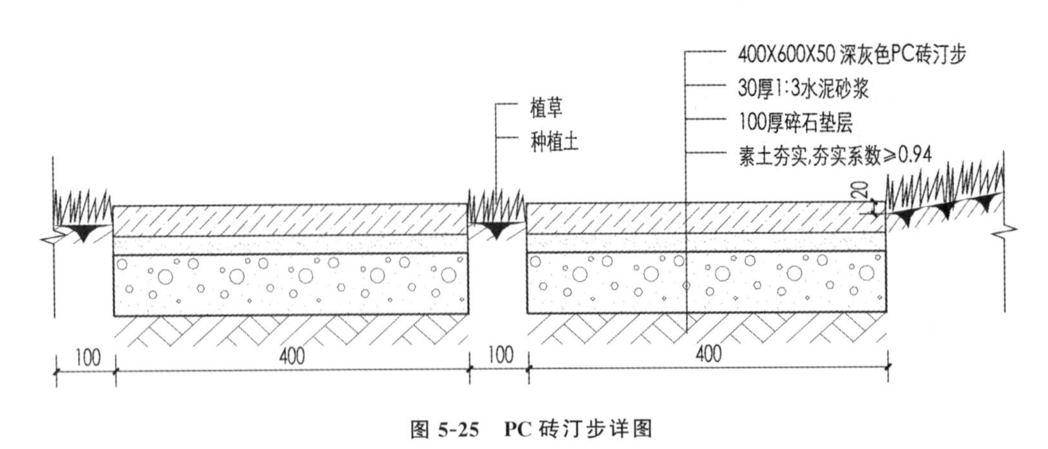

图5-25　PC砖汀步详图

③其他块料。

塑胶铺装：图5-26为PU塑胶铺装路面，结构层采用钢筋混凝土材料，图中“Φ6@200双向”意为将直径为6 mm的钢筋以间距为200 mm的距离进行双向布局。

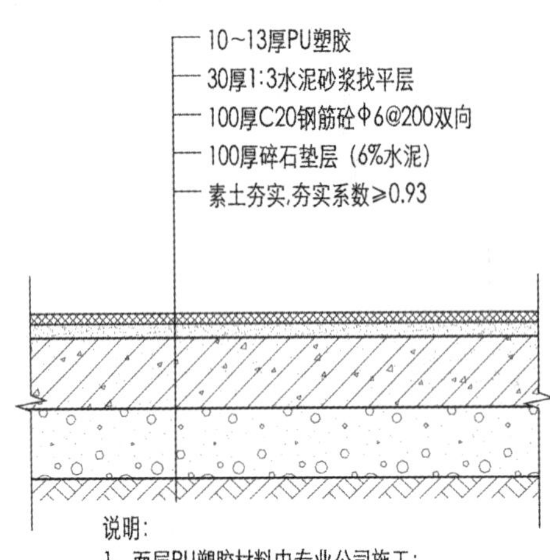

图5-26　PU塑胶路面详图

木材铺装：以防腐木、塑木等材料为结构面层的铺装。图5-27和图5-28为某小区木质铺装眺望台，平面图中应标注场地标高、基本结构尺寸、材料规格、索引符号、剖切符号等制图细节；剖面图中应清楚表达面层与龙骨之间的连接关系，以及木平台与周围构筑（如栏杆、挡土墙、树池、花坛等）的连接关系；大样图需表达清楚某部分结构的细节做法，要合理地制订比例进行绘制。

3. 粒料和碎料铺装

用卵石、瓦片、片状砾石等粒料和碎料通过碾压或镶嵌的方法，形成园路的结构面层。

①卵石路面：卵石或砾石可以和其他材质搭配使用（见图5-29），出于安全性、稳定性的考虑，卵石在施工过程中需嵌入水泥砂浆三分之二。

②水洗石路面：水洗石路面可用钢板收边，并埋入混凝土30 mm（见图5-30～图5-32），在处理水洗石与其他硬质铺装面层之间的绿化做法时，要考虑硬质路面的整体标高，且绿植要低于面层（见图5-33）。

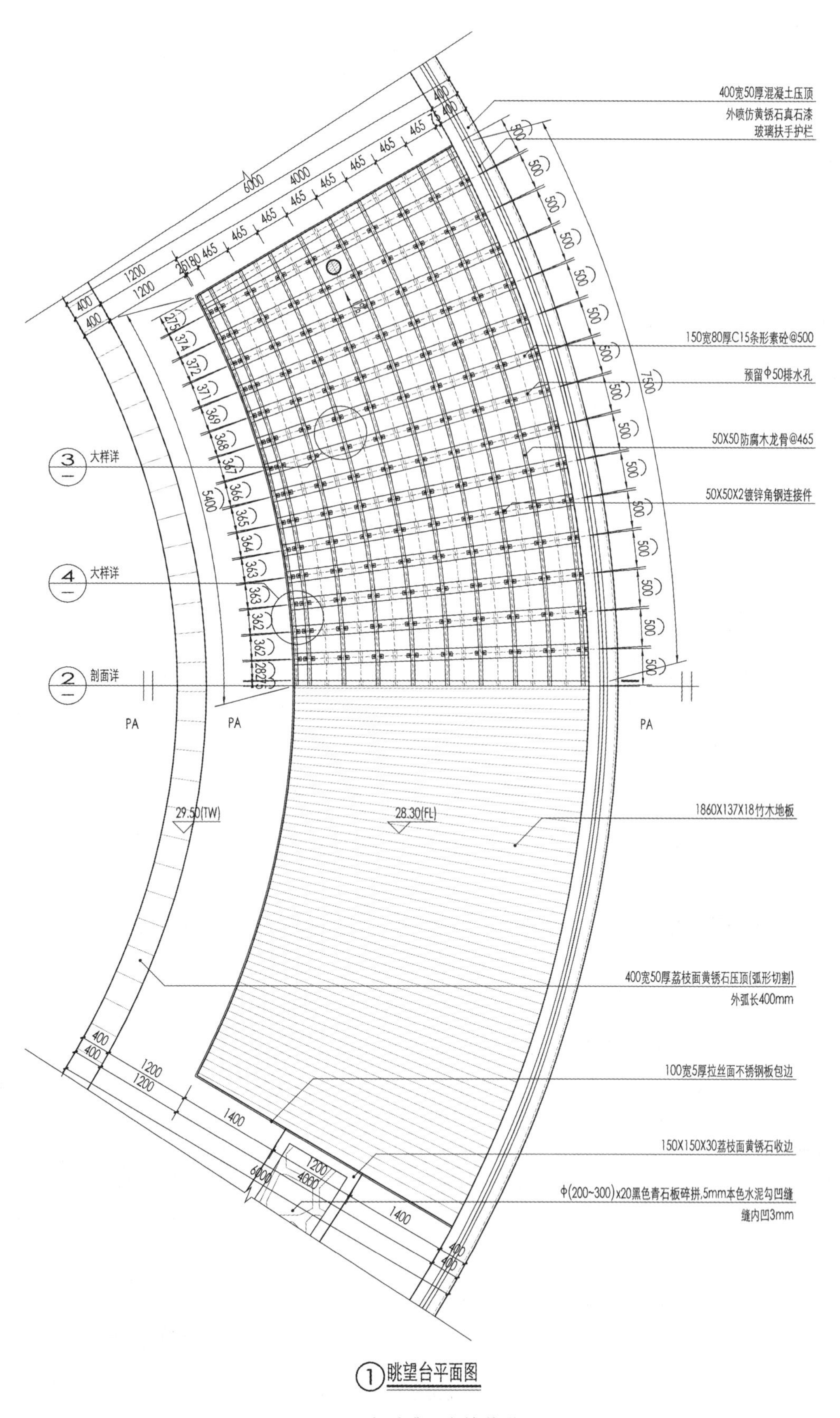

①眺望台平面图

图 5-27 木质眺望台铺装详图一

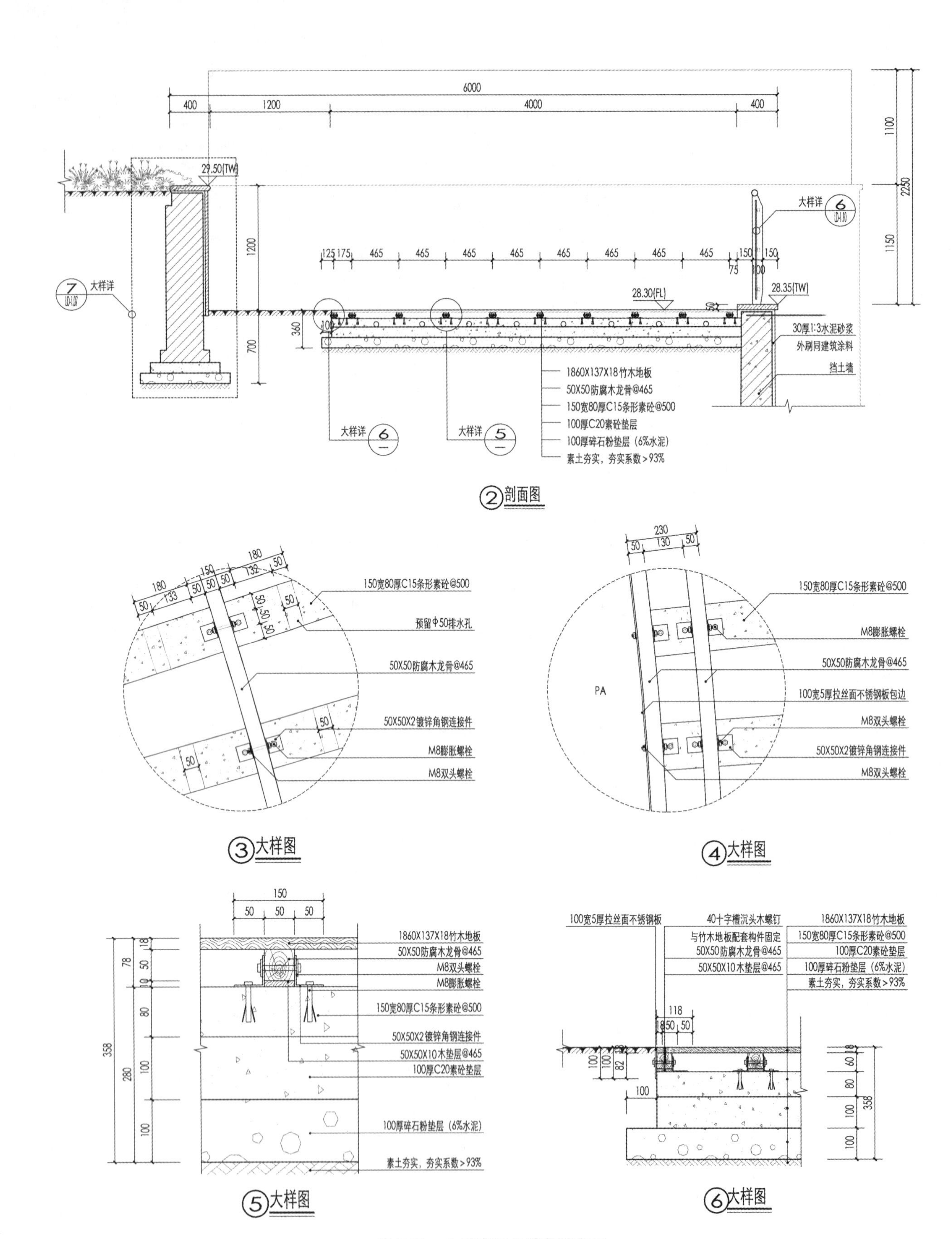

图 5-28 木质眺望台铺装详图二

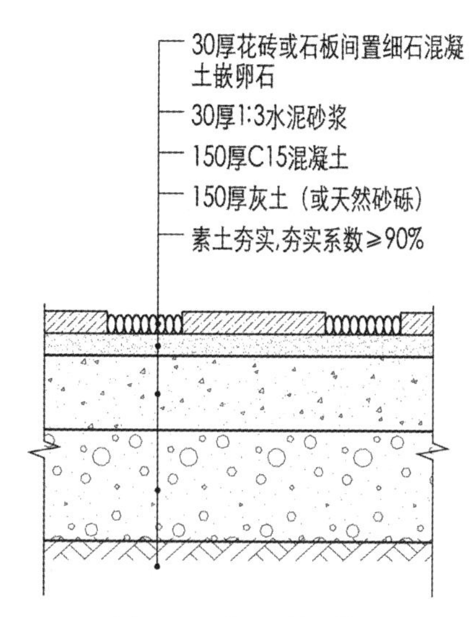

图 5-29 卵石路面详图

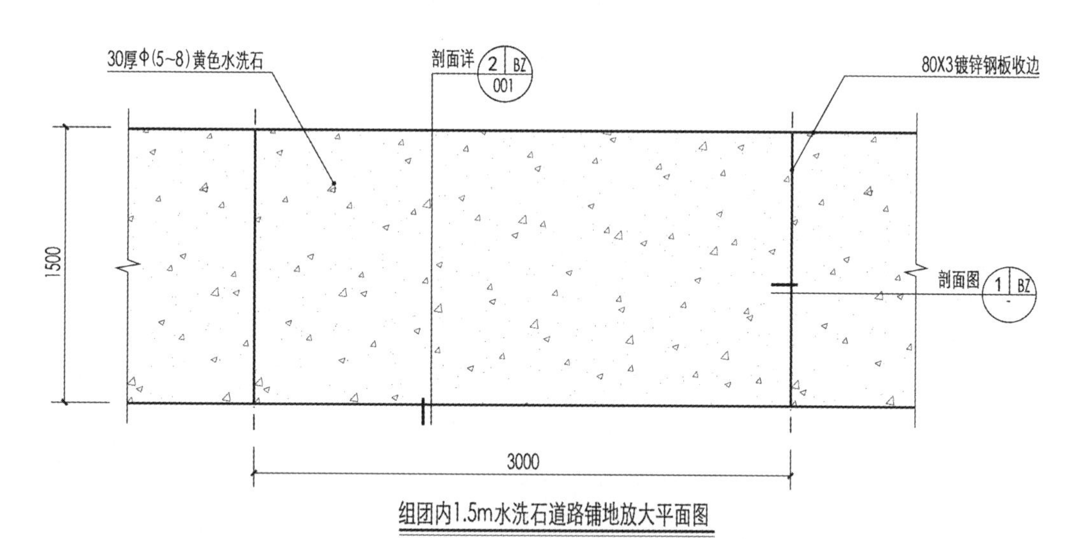

图 5-30 水洗石路面详图一

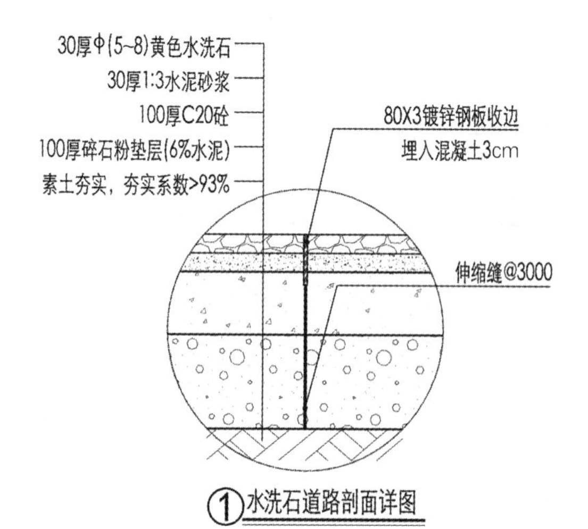

图 5-31 水洗石路面详图二

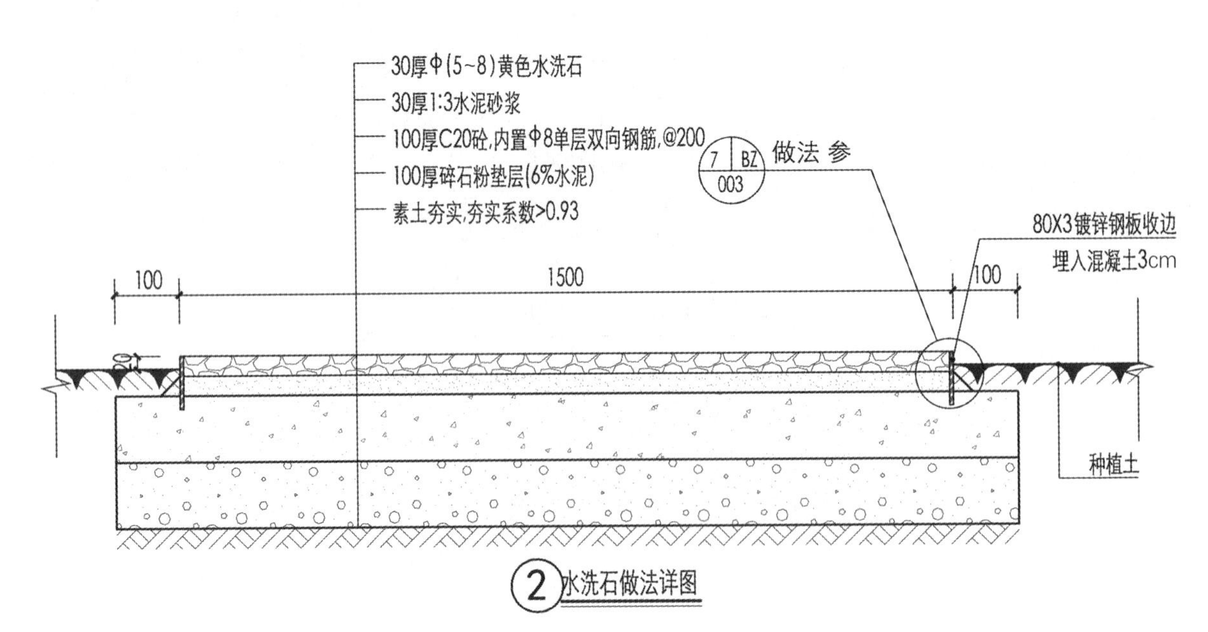

图 5-32　水洗石路面详图三

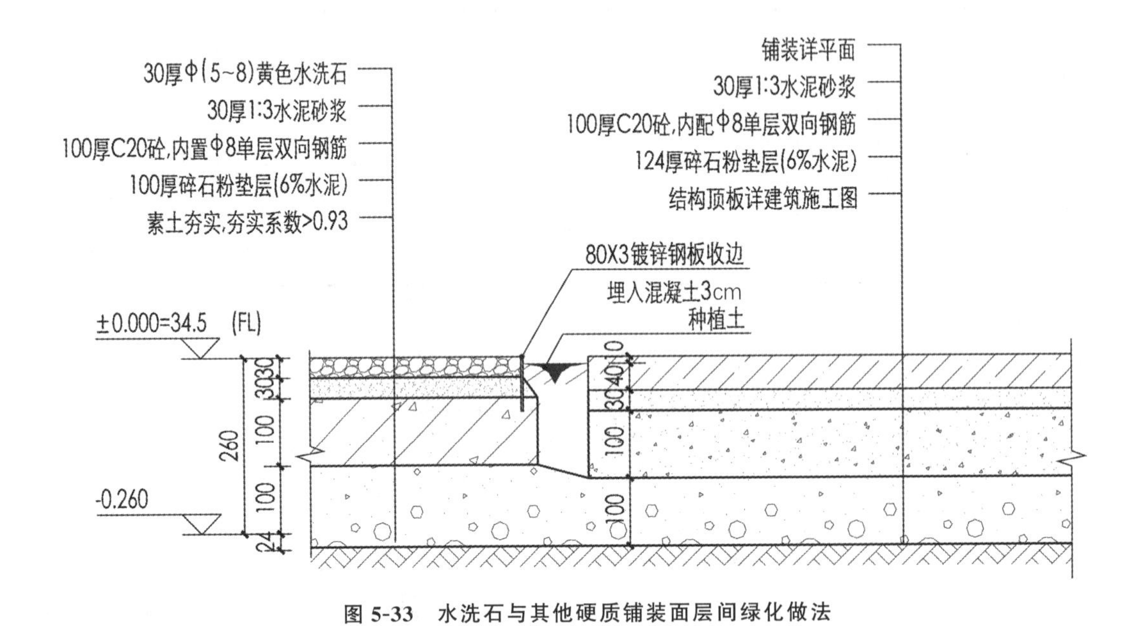

图 5-33　水洗石与其他硬质铺装面层间绿化做法

5.2.2　园路附属工程构造详图

1. 路缘石

路缘石分立缘石、平缘石及异形缘石三种。立缘石主要用于等级较高的主路两侧，外露高度一般为 150 mm。平缘石主要用于等级较低的道路两侧以及人行道外侧，顶面与路面或人行道面平齐。异形缘石主要用于路口等特殊部位，其中用量最大的是曲线路缘石。

图 5-34 中混凝土路缘石的混凝土强度等级为 C30，当使用高强砖、仿木及木桩等材料时需根据实际设计尺寸加工；路缘石背面及下面用 3∶7 灰土分两次夯实。立缘石外露高度 h 一般为 80～150 mm，缘石宽 c

为 50～250 mm，缘石规格见图 5-35。*H* 根据不同路面及所处环境确定。两缘石间留缝 5 mm，缘石与路面整体面层留缝 10 mm；1 ∶ 3 水泥砂浆挤严后勾缝。此外，根据场地现状路缘石可做成下沉式(见图 5-36)。

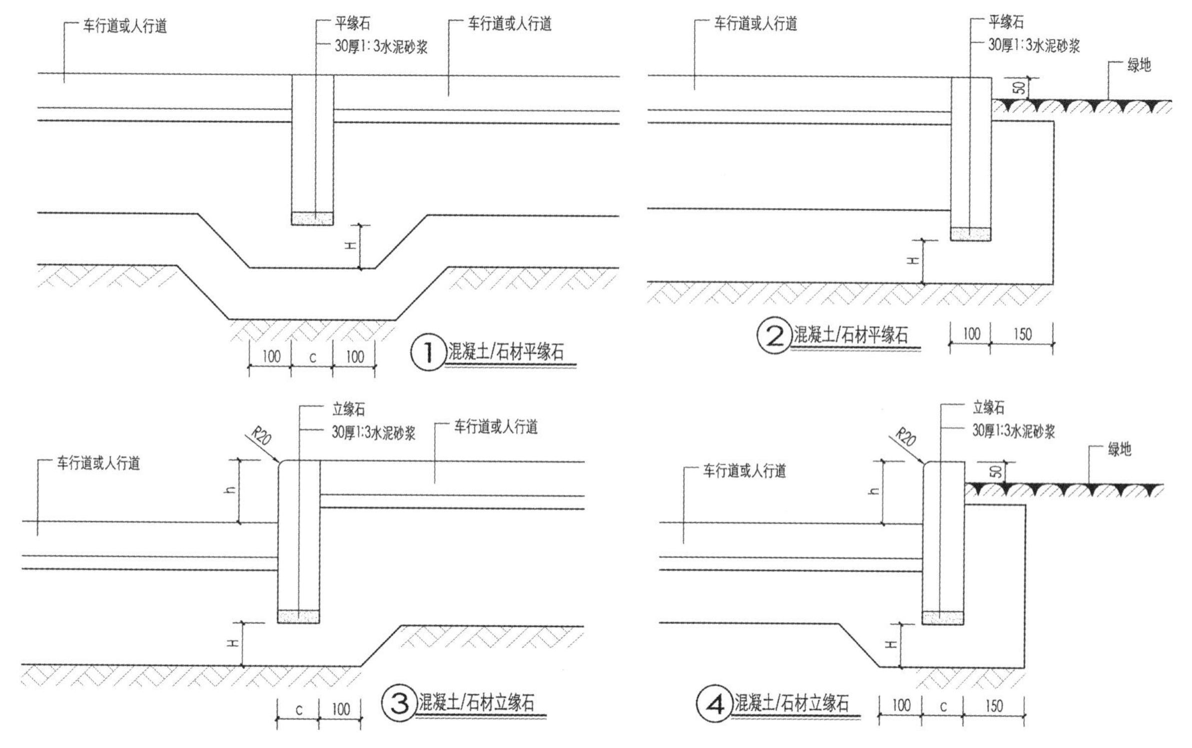

图 5-34　路缘石详图

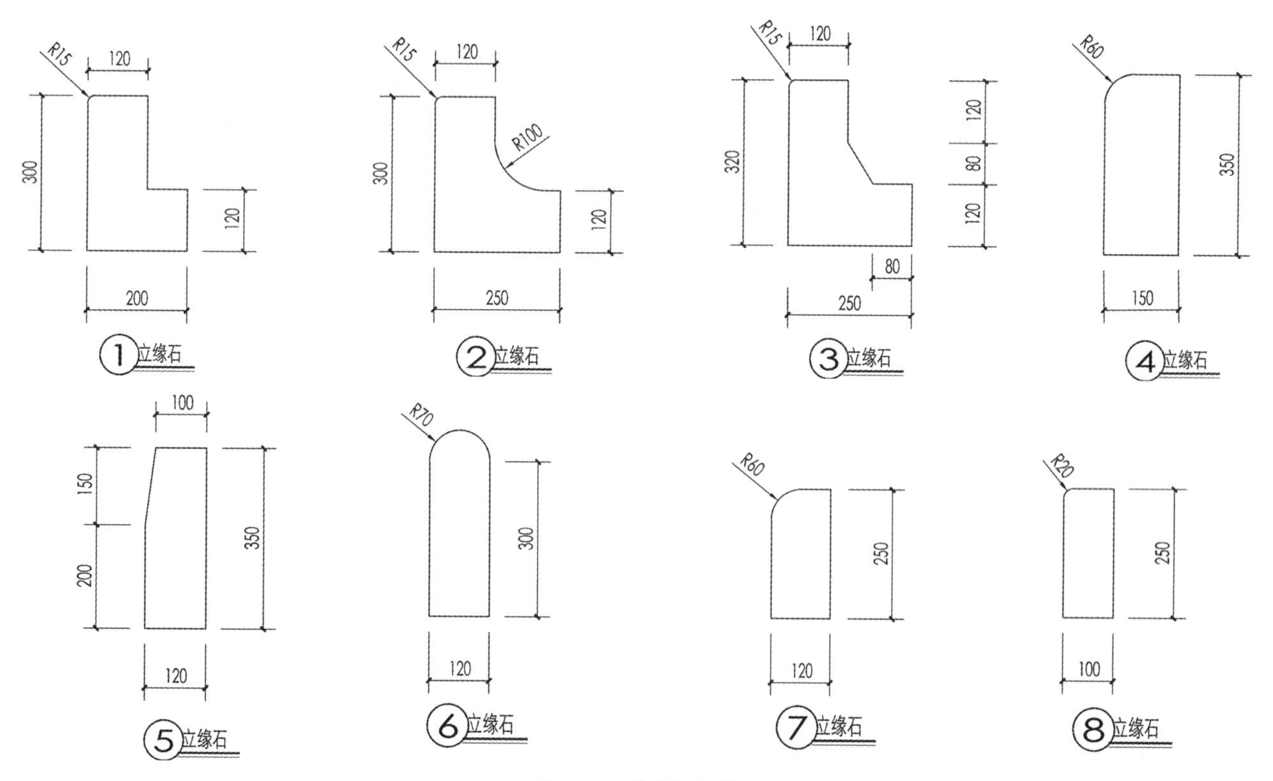

图 5-35　路缘石规格

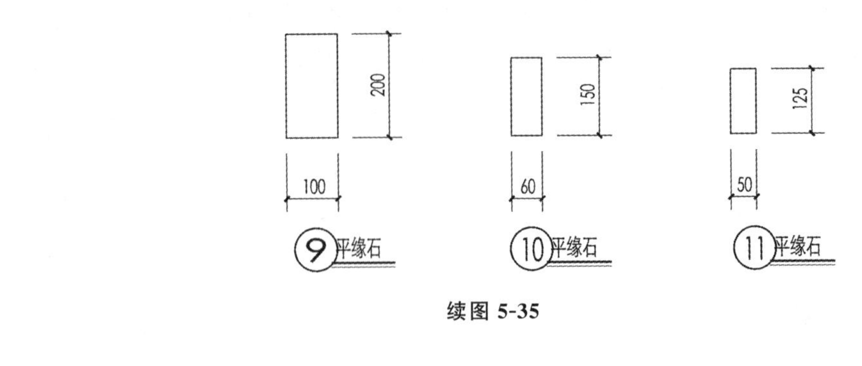

续图 5-35

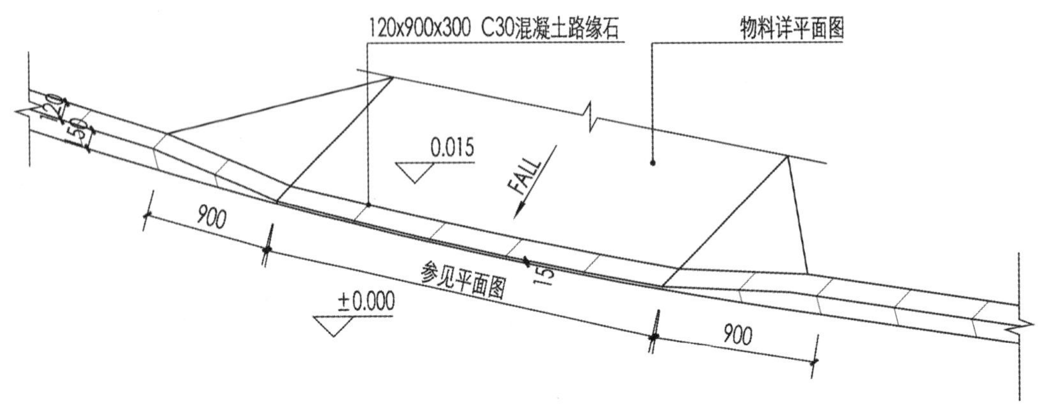

图 5-36 下沉路缘石做法

2. 排水沟

排水沟是排水系统的重要组成部分，主要设置在路基、建筑等的低洼处，将水引导排出。

图 5-37 为建筑边排水沟做法。在设计过程中应注意排水沟的立面与底面，尤其是与建筑的接触面一定要做防水处理，如图中水泥砂浆添加了 5%的防水剂。在与软质景观交接处排水沟应设置收边且高于绿植区 30 mm 左右，图纸中也应标识排水沟与市政雨水井的连接关系，并示意排水沟纵坡坡度。

图 5-38 为石材盖板排水沟做法。出于美观的考虑石材盖板的颜色或纹样应与道路整体路面形式协调统一，盖板与排水沟的接触面可设置橡胶垫。在图纸绘制过程中应标识清楚盖板与排水沟的连接关系，并将基本尺寸、材质规格、坡度、剖切符号、索引符号等细节进行标注。

3. 雨水口

雨水口是在雨水管渠或合流管渠上收集雨水的构筑物。

图 5-39 为种植草坪雨水口做法。盖板选择使用树脂雨水箅子，上面布置抛光面卵石与周边植物相搭配，在绘制图纸过程中应标注清楚尺寸、材料规格、管道连接关系、索引符号等制图细节。

图 5-40 为铺装路面雨水口做法。雨水口应根据场地情况设置坡度，盖板的材料选择可与道路铺装相搭配。

4. 截水沟

截水沟又称天沟，是为拦截山坡上流向路基的水，在路堑坡顶以外设置的水沟，图 5-41 为道路及院墙绿篱处截水沟剖面图，图 5-42 和图 5-43 为儿童活动区格栅截水沟详图。

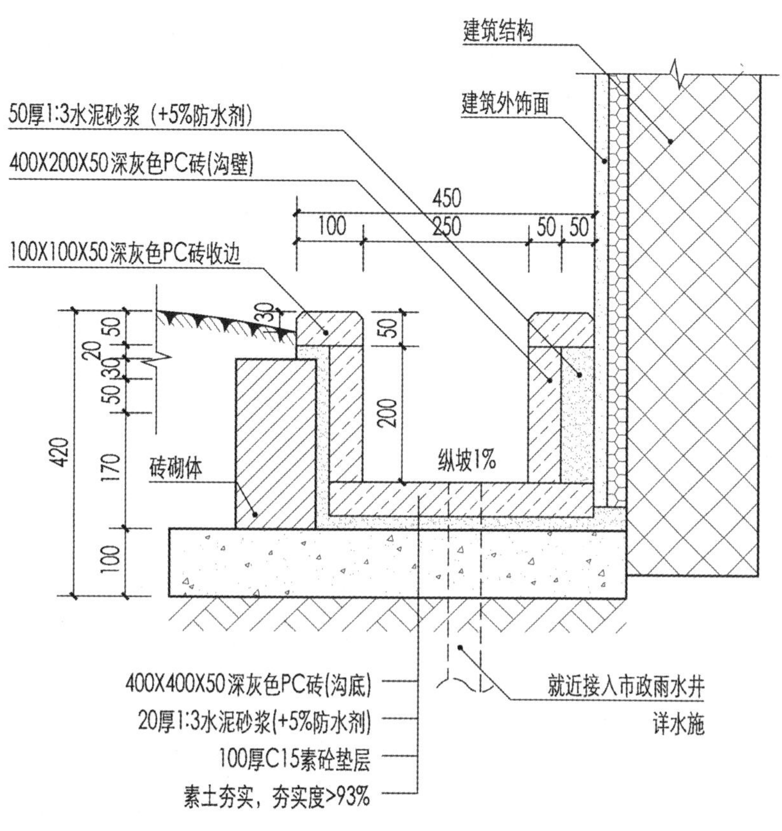

图 5-37 建筑边排水沟做法

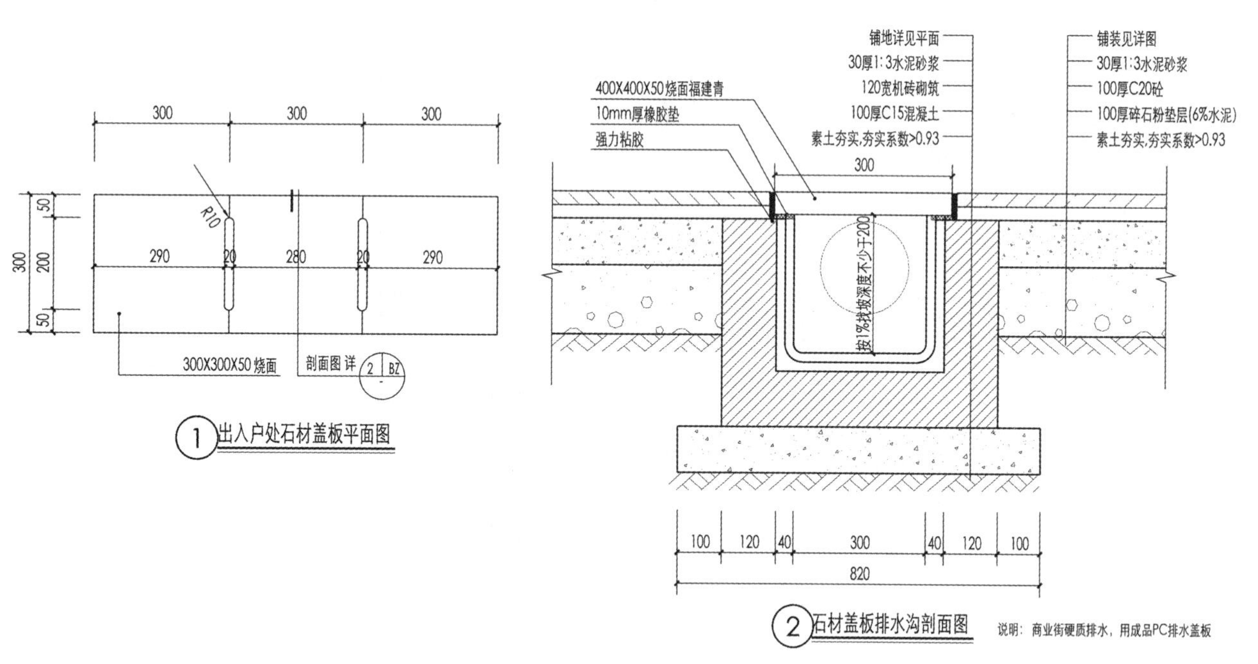

图 5-38 石材盖板排水沟详图

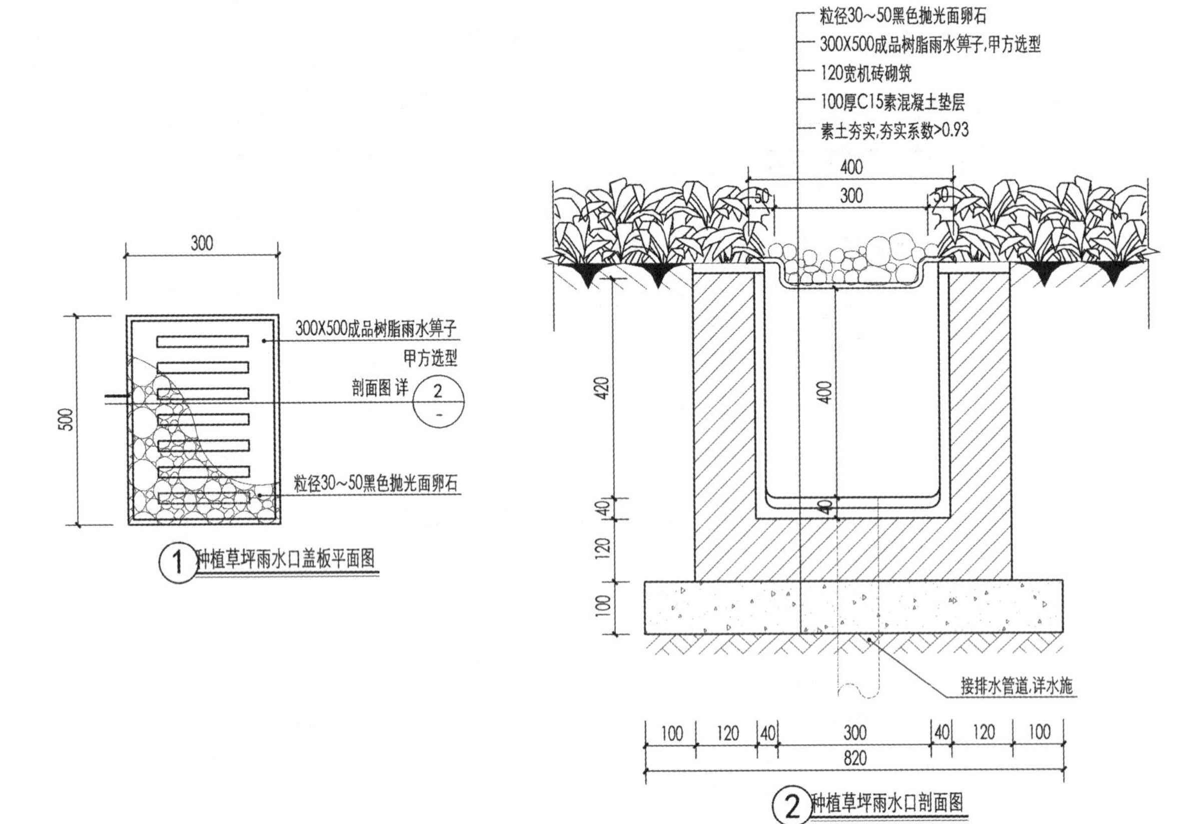

图 5-39　种植草坪雨水口详图

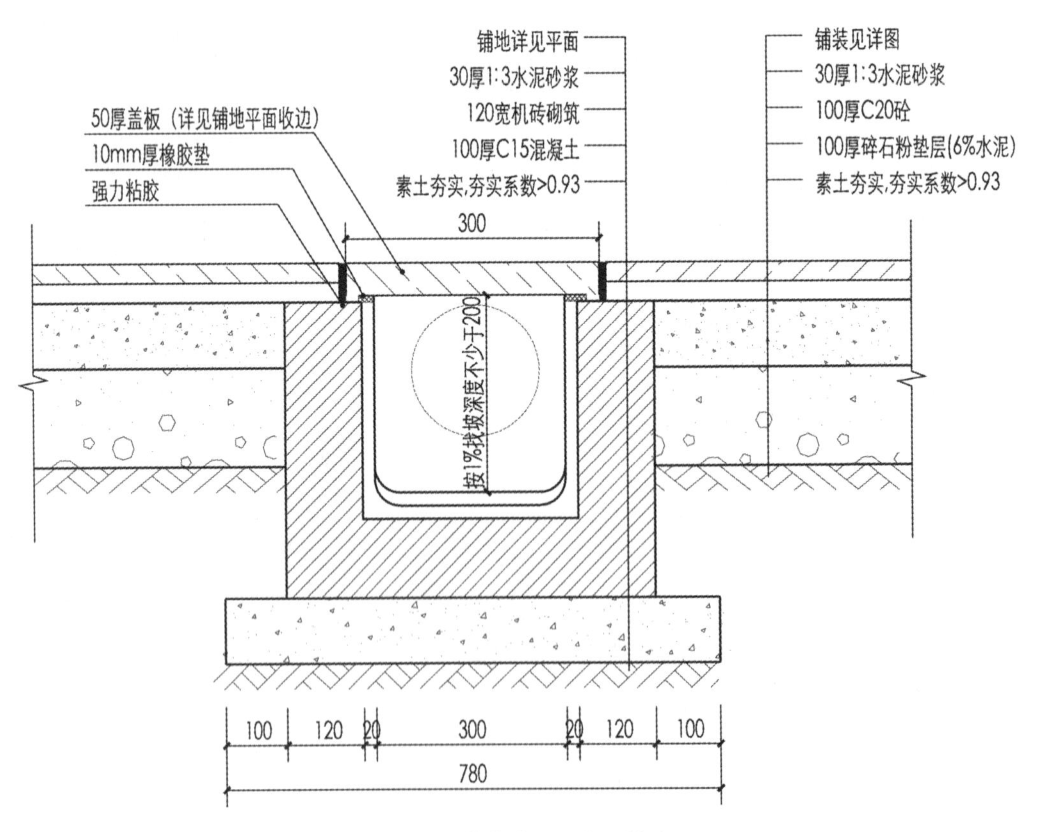

图 5-40　铺装路面雨水口做法

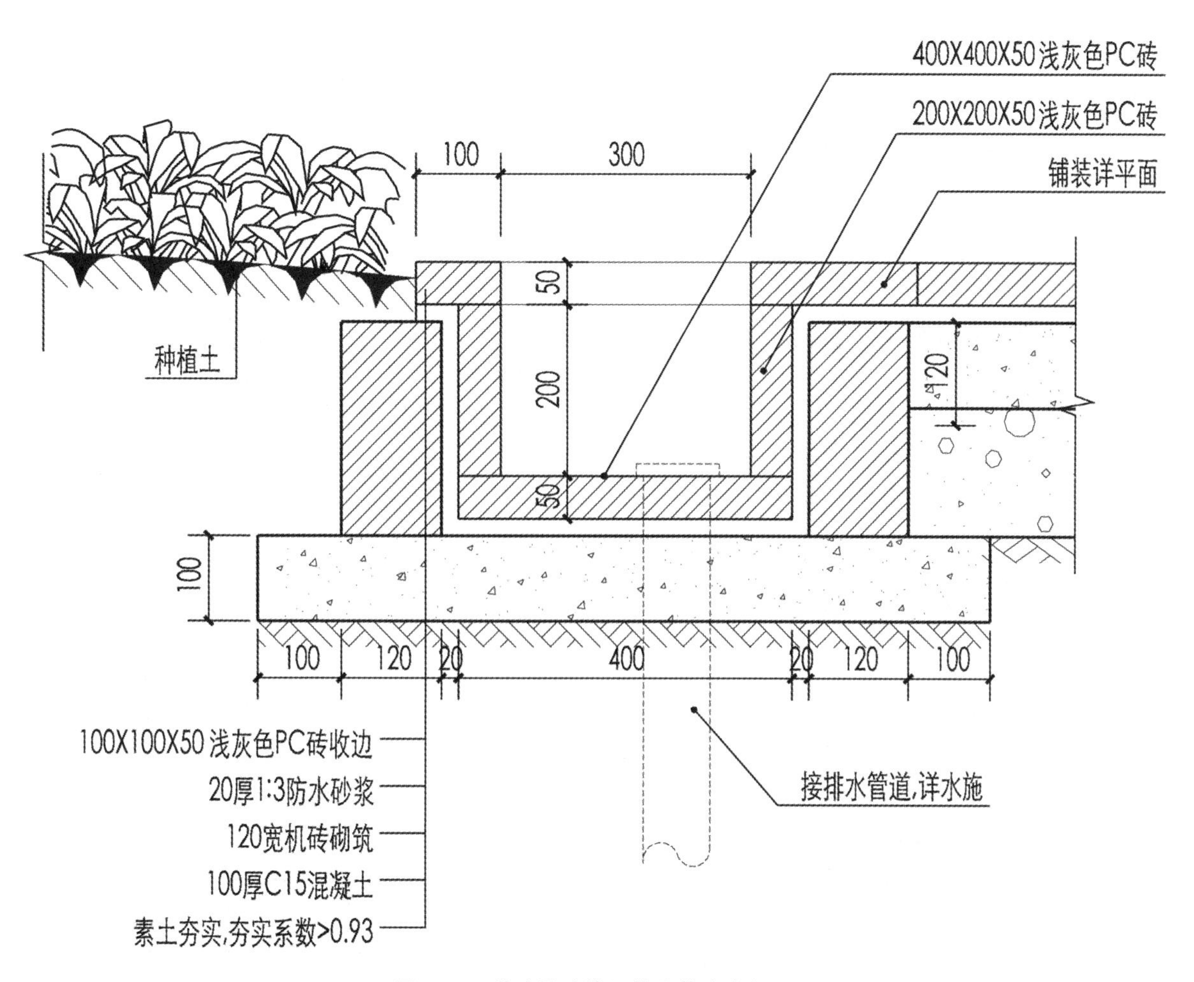

图 5-41　道路及院墙绿篱处截水沟剖面图

5. 隐形井盖

隐形井盖即隐藏设置的井盖,使井盖与周边环境协调统一,从而达到不破坏整体地面景观的目的。隐形井盖上面可以随环境的不同而镶嵌花岗岩板或放置绿草等。图 5-44 中隐形井盖的做法,将井盖设置成种植盘,上覆种植土可种植植被,形成整体绿植效果。图 5-45 中铺装路面隐形井盖的做法,将井盖上的铺装材料与道路铺装相统一。

6. 台阶

台阶是连接上下功能空间层级关系的通道和载体,图 5-46 为基本的台阶构造。台阶施工图在绘制过程中应标注台阶踢面和踏面的基本尺寸、台阶基础材料等内容,台阶踢面与踏面的尺寸可根据实际场地现状以安全性为原则进行合理调整。一般情况下台阶的宽度与路面相同,每级台阶的高度为 120～170 mm,宽度为 300～380 mm。台阶不宜连续使用,可在每 10～18 级设休息平台。为了防止台阶积水,台阶应设计一定坡度,以利排水。在景观场地中台阶一般会与绿植、道路及其他构筑物相衔接(见图 5-47、图 5-48),图纸中应清楚表达其相互关系,并标注尺寸、材料、标高符号、索引符号等细节。

7. 坡道

坡道是连接不同标高的平面,是一种柔性的、过渡的连接载体。如图 5-49 所示,坡道应标记起坡线与止坡线,用箭头的方式示意坡度方向,并相应标注其结构材料和尺度关系。

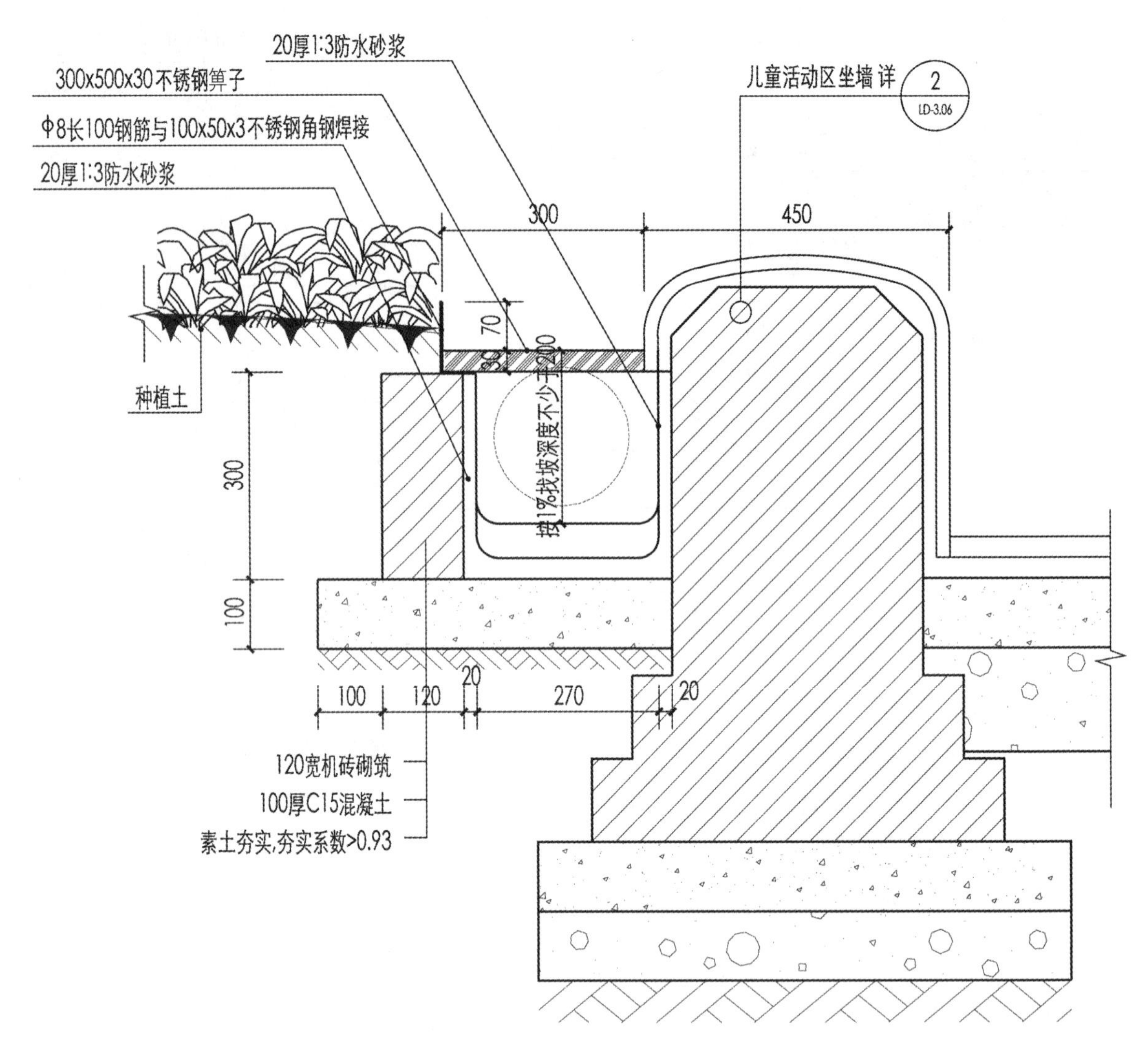

图 5-42 儿童活动区格栅截水沟剖面图

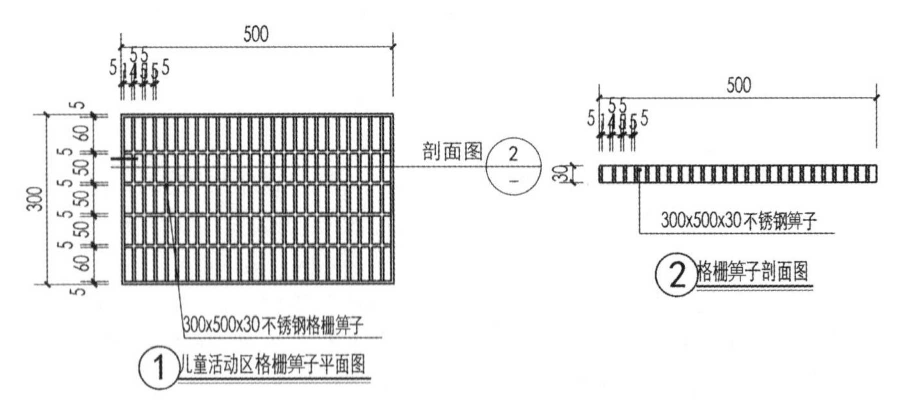

图 5-43 儿童活动区格栅箅子详图

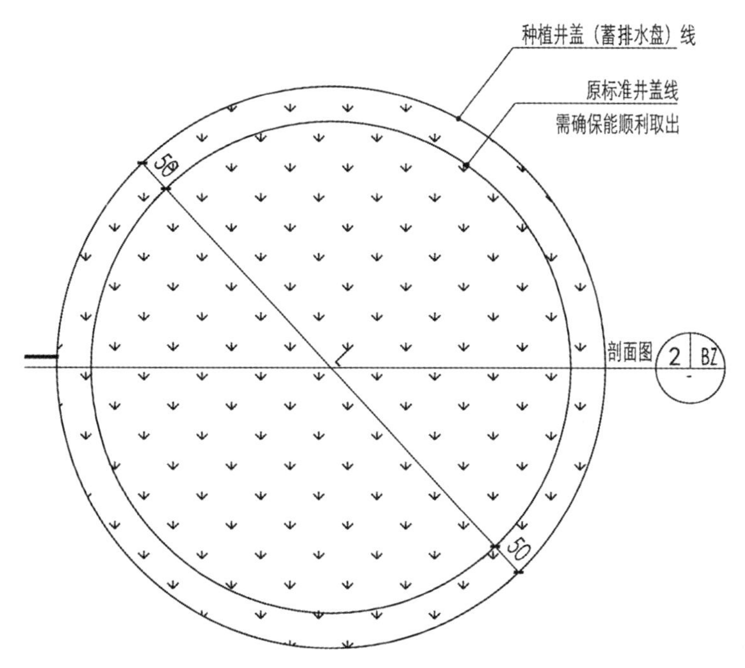

①隐形井盖大样详图

说明：此隐形井盖做法用于种植土上。

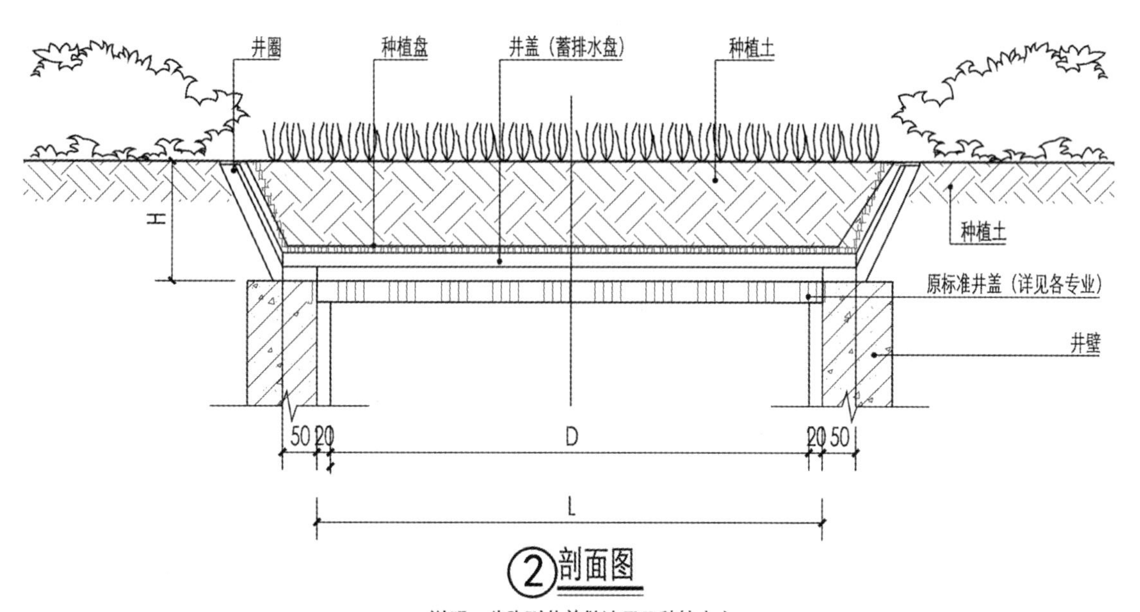

②剖面图

说明：此隐形井盖做法用于种植土上。

图 5-44　隐形井盖一详图

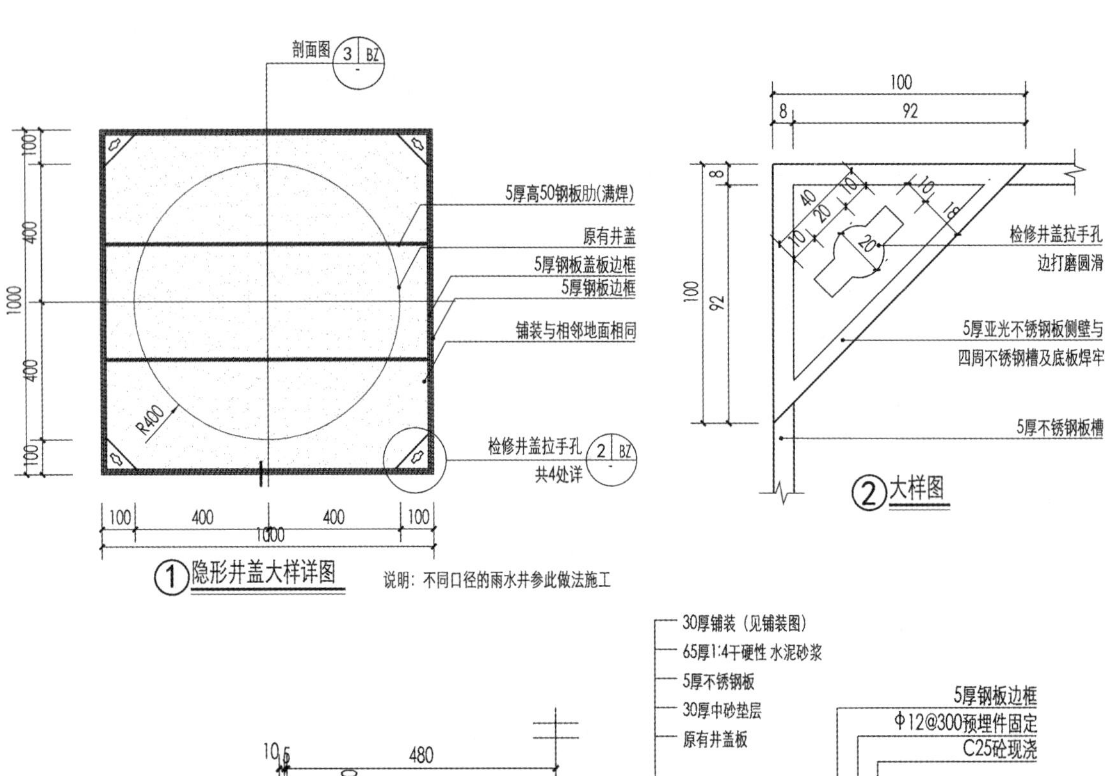

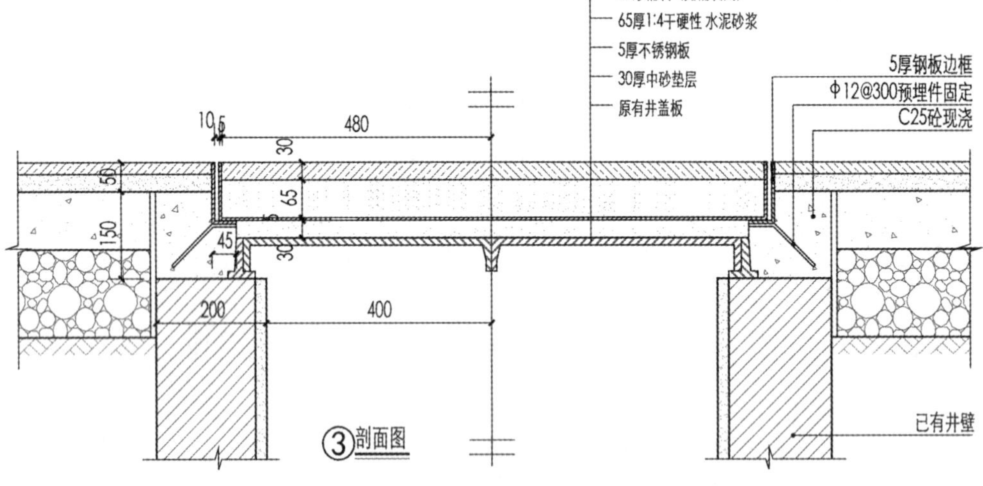

图 5-45　隐形井盖二详图

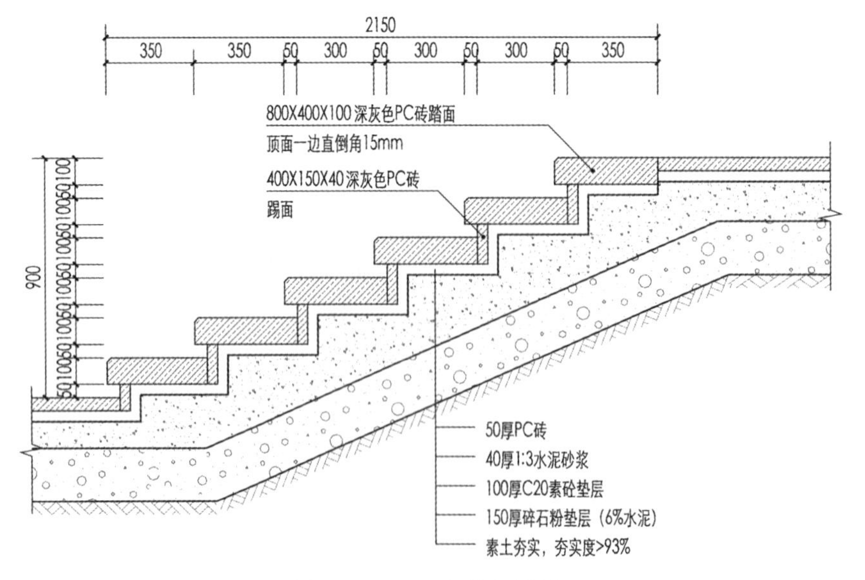

图 5-46　PC 砖台阶剖面图

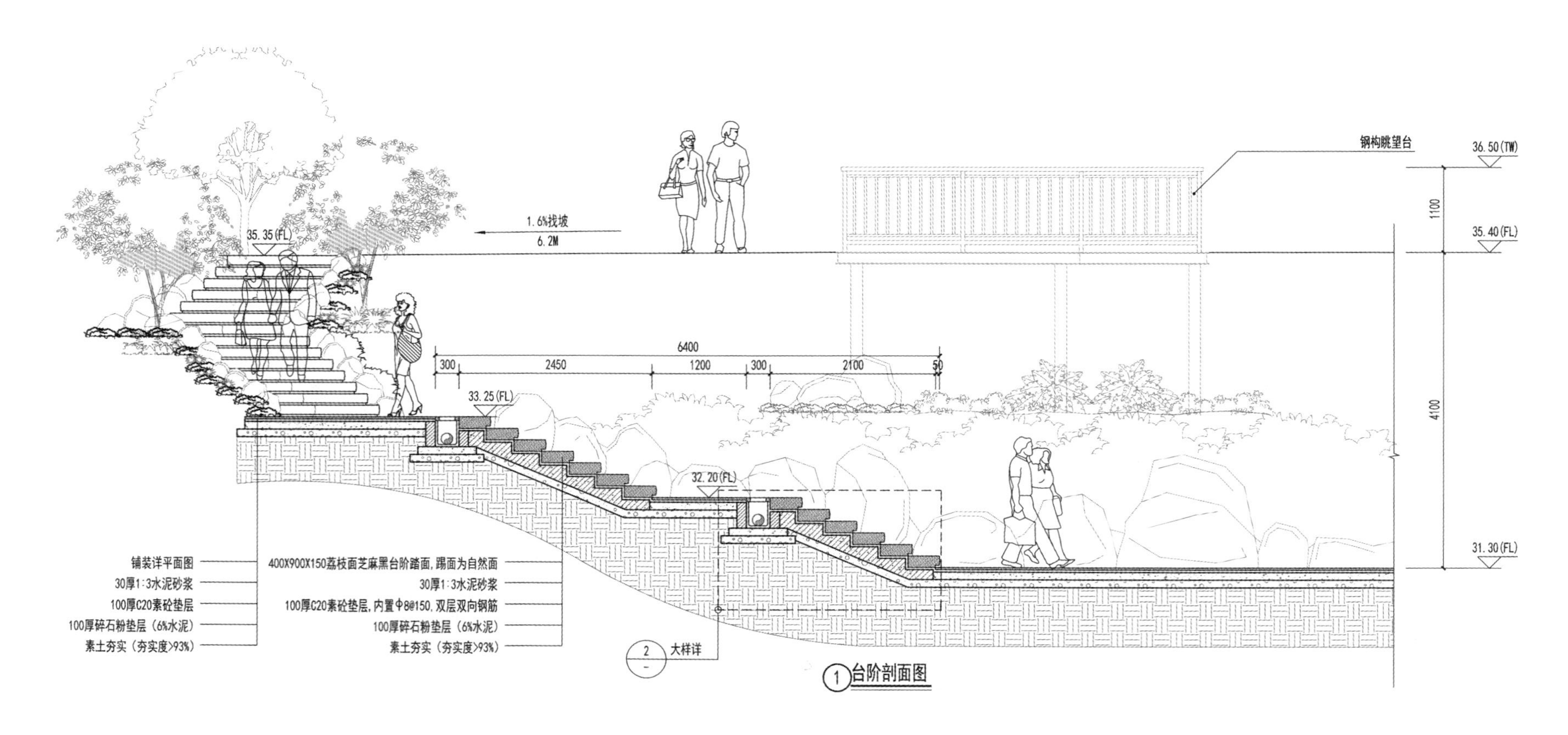

图5-47 景观台阶详图一

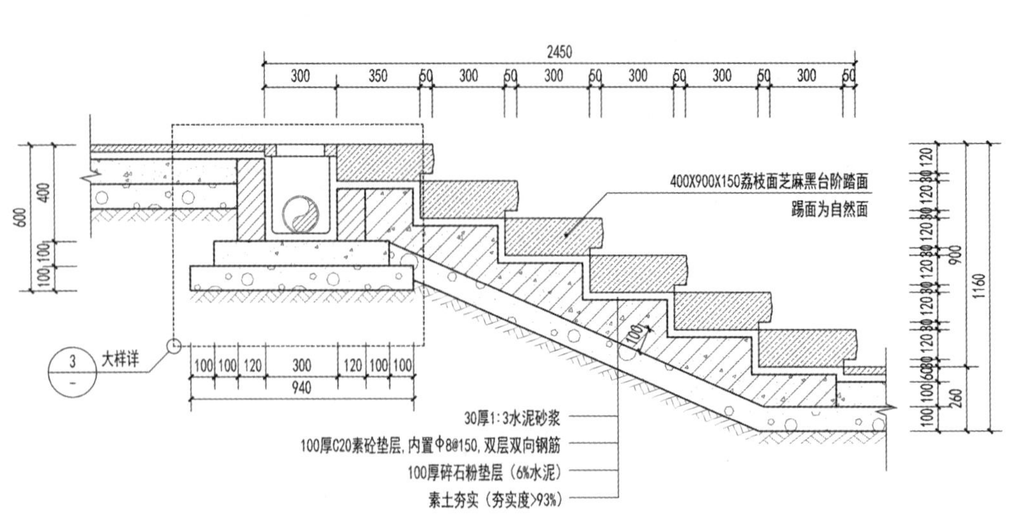

②台阶剖面图大样图

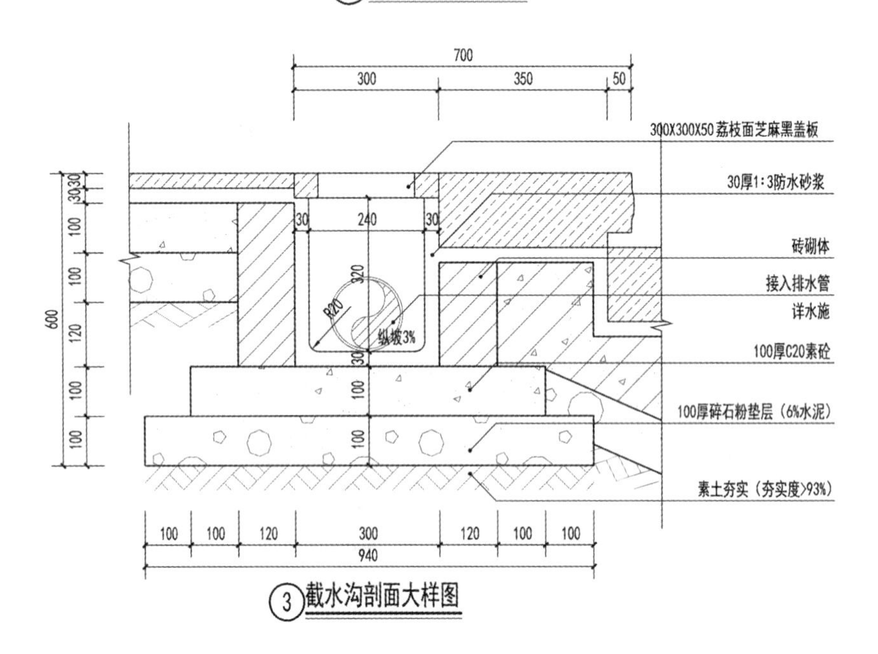

③截水沟剖面大样图

图 5-48　景观台阶详图二

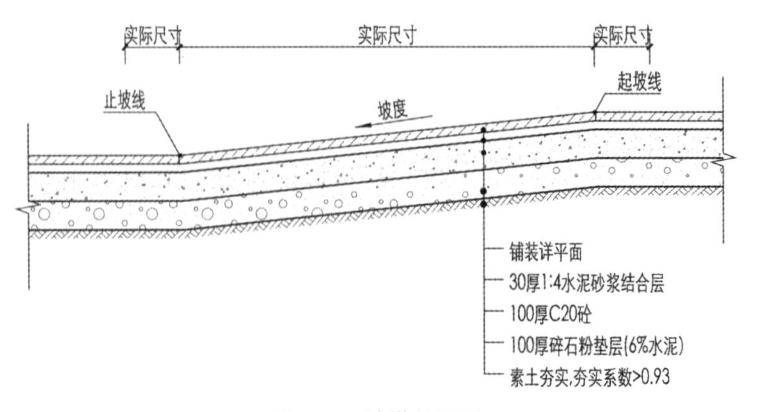

图 5-49　坡道剖面图

5.3
景墙构造详图

景墙以丰富的形式渗透到景观空间内部，成为重要的小品类型。其表现形式多样化，材料选择多元化，在设计的过程中不仅要考虑功能性，而且要有审美艺术性。

①景墙平面图中需要表达景墙所在位置及其周边环境，图 5-50 中景墙位于主入口外广场区域，周边以铺装和绿植为主，有地形高差变化，因此在平面图中应标注清楚场地基本尺寸、标高、材质规格、指北针、索引符号、剖切符号等基本信息。

②简单的景墙，周边无外环境时，可绘制景墙底平面图与顶平面图，主要表示景墙在水平面上的布局关系，图纸中应标示出尺寸、材料、标高符号、索引符号等信息。

③景墙剖、立面图纸主要表示景墙在垂直面上的结构关系，图纸中应标示出各个构件材料的名称、规格以及施工工艺要求的文字说明。此外，在剖面图中应表达砌体结构的基础做法，并明确景墙与周边构筑物的衔接关系。

④景墙详图部分主要表达构筑物的细节做法，例如装饰纹样的材料及尺寸，LOGO 字体与砌体的连接关系以及景墙的线脚细节做法等内容。

景墙实例详见图 5-50～图 5-56。

5.4
栏杆、挡墙构造详图

栏杆主要用于小区、公园、商业区等公共场所中对人身安全及设备设施的保护与防护，其建造材料有木、石、混凝土、砖、瓦、竹、金属、有机玻璃和塑料等，在设计时应考虑安全、适用、美观、节省空间和施工方便等因素。

①栏杆标准段详图中应显示其基本构造和样式，并标记尺寸和材质等信息。由于选择的是某部分结构，因此在图纸中应标记折断符号。

②在安装剖面图中，以稳定性和安全性为原则合理选择一级钢和二级钢。

③在栏杆挡墙剖面图中应绘出地下基础结构做法，以及栏杆与基础结构的连接方式。需要注意的是挡墙的砌体结构中应设置排水管，图 5-58 中所示的泄水管直径为 50 mm，以 200 mm 的间距呈梅花状布置，并向外倾斜 5%的坡度。为防止管道堵塞，在管口设置了土工布包裹的鹅卵石。

④在结构图中主要表现的是砌体结构中砌体与钢筋的布置形式，在图中应标注清楚使用的钢筋型号和布置间距，并标注基本的结构尺寸。

栏杆挡墙实例详见图 5-57～图 5-62。

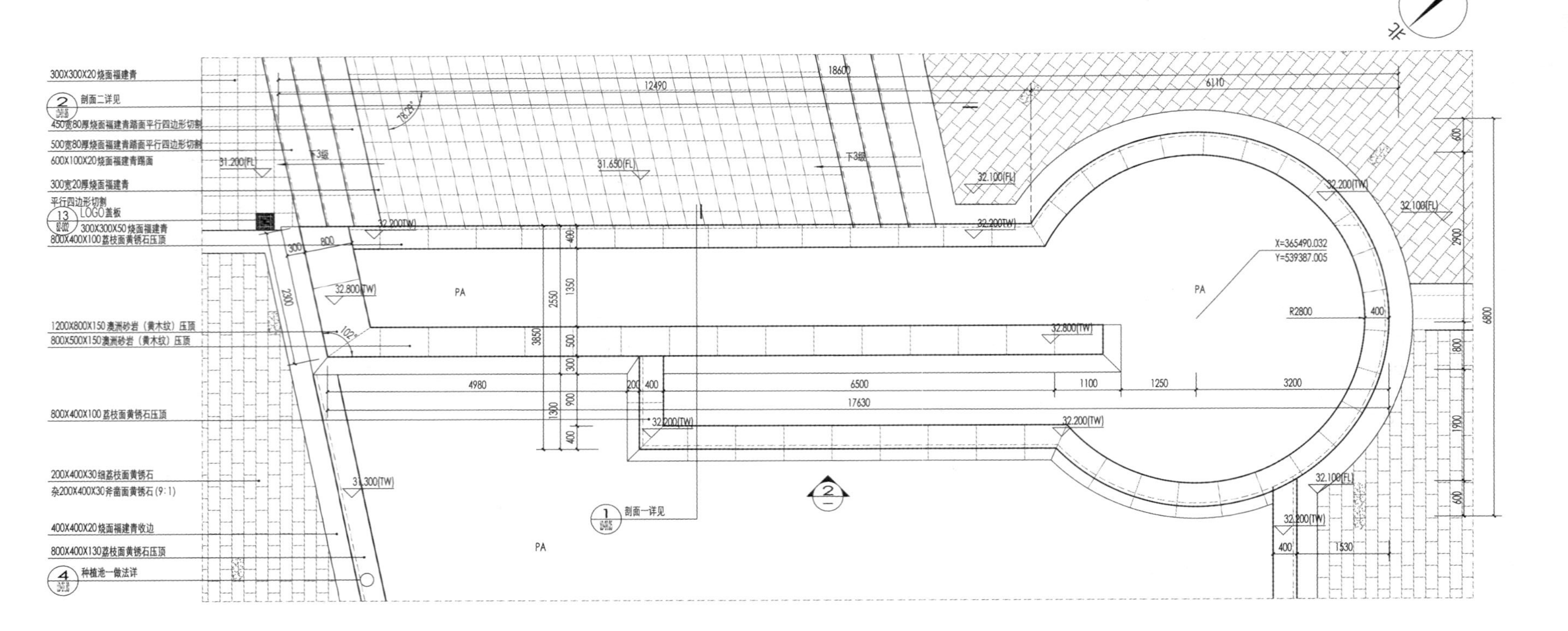

图5-50　主入口外广场LOGO墙平面图

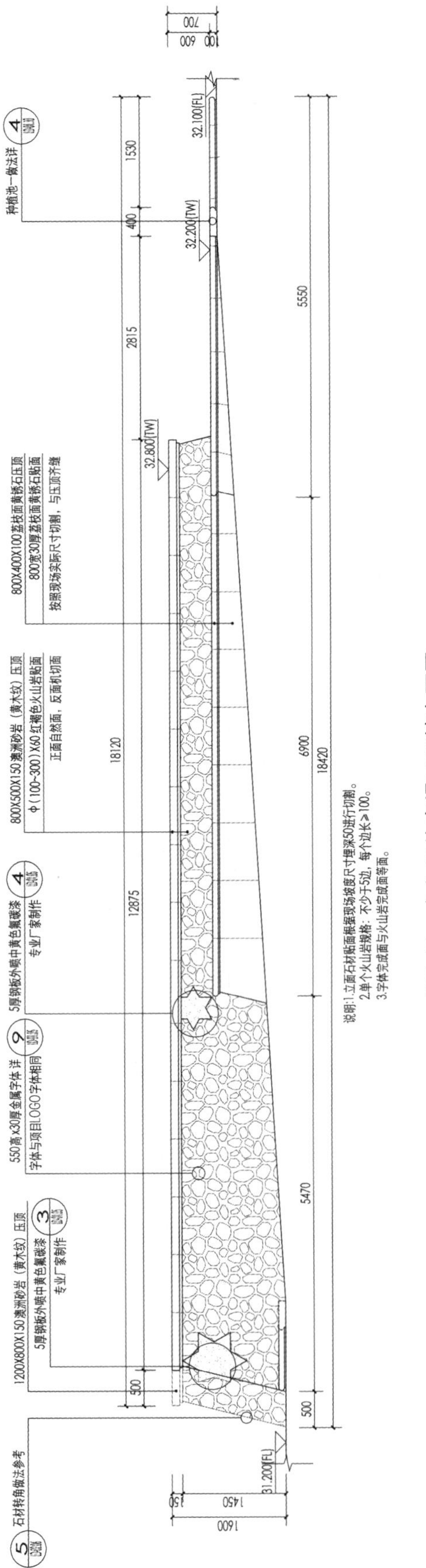

图5-51 主入口外广场LOGO墙立面图

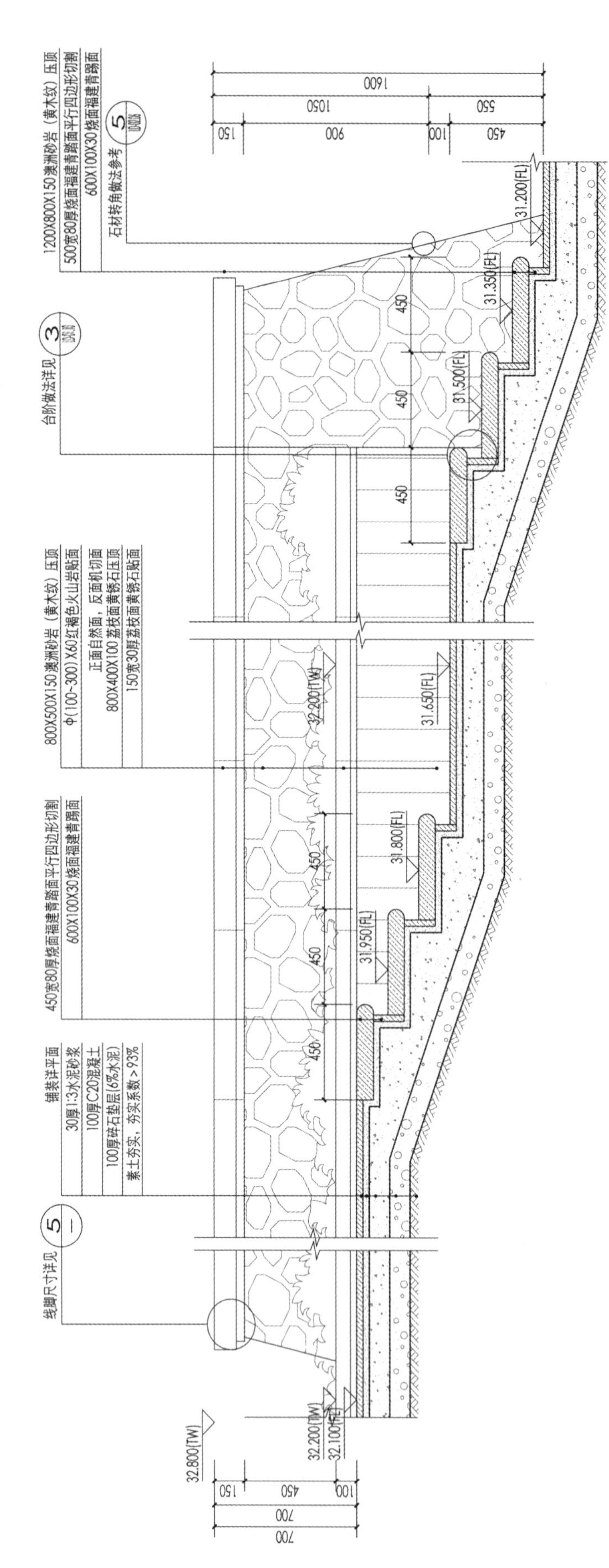

图5-52 主入口外广场LOGO墙剖面图一

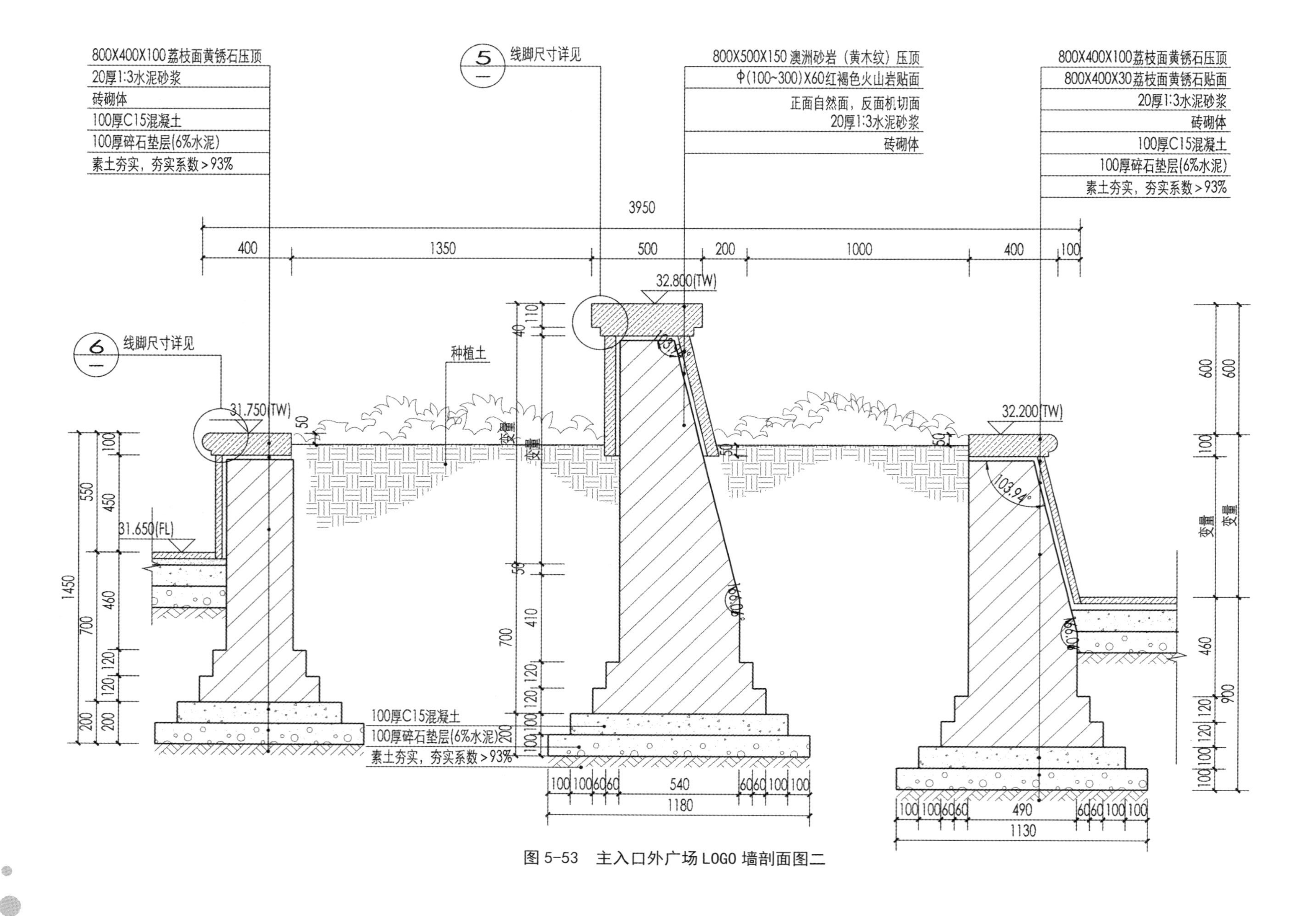

图 5-53　主入口外广场 LOGO 墙剖面图二

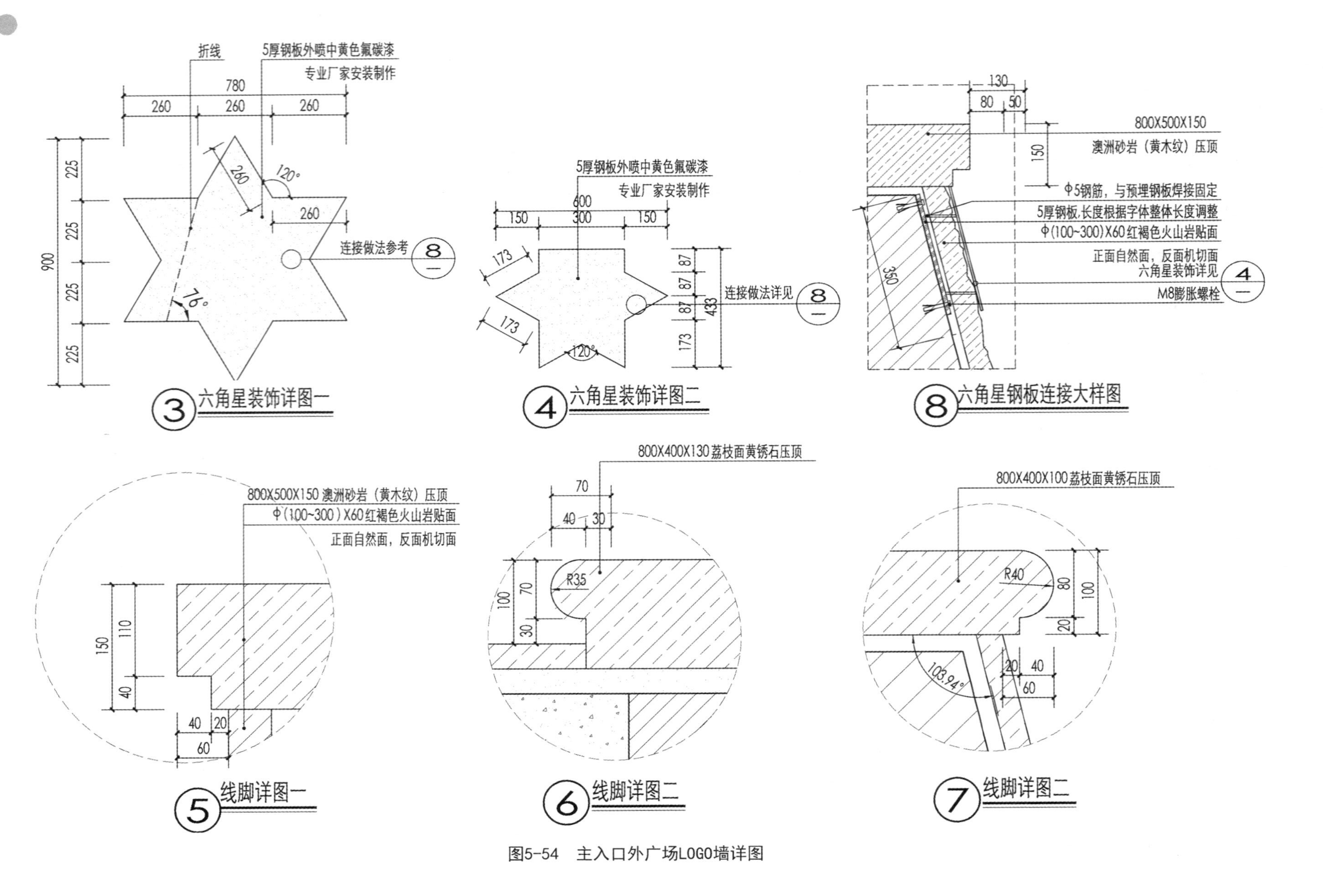

图5-54　主入口外广场LOGO墙详图

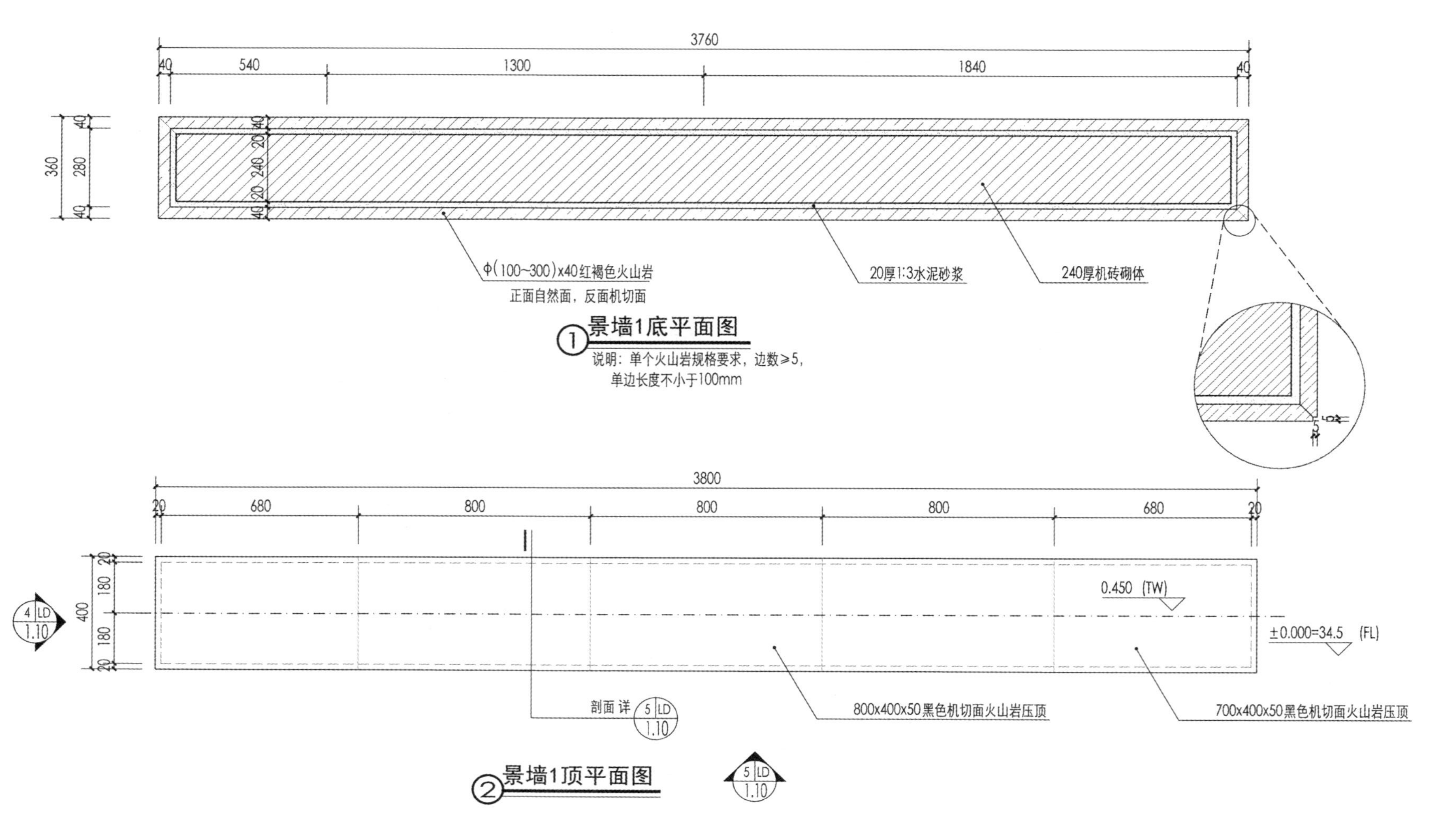

图5-55 景墙1底平面及顶平面图

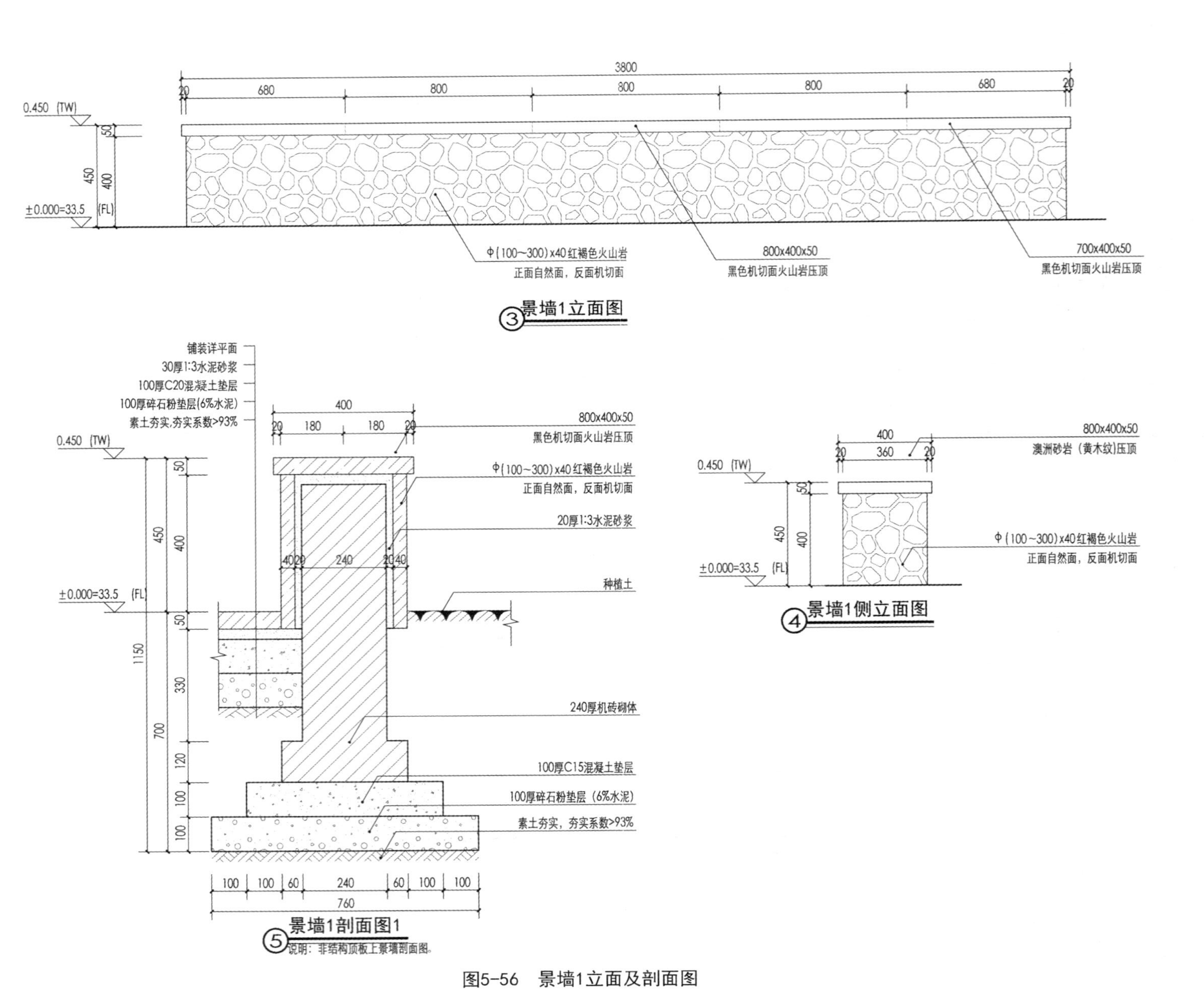

图5-56　景墙1立面及剖面图

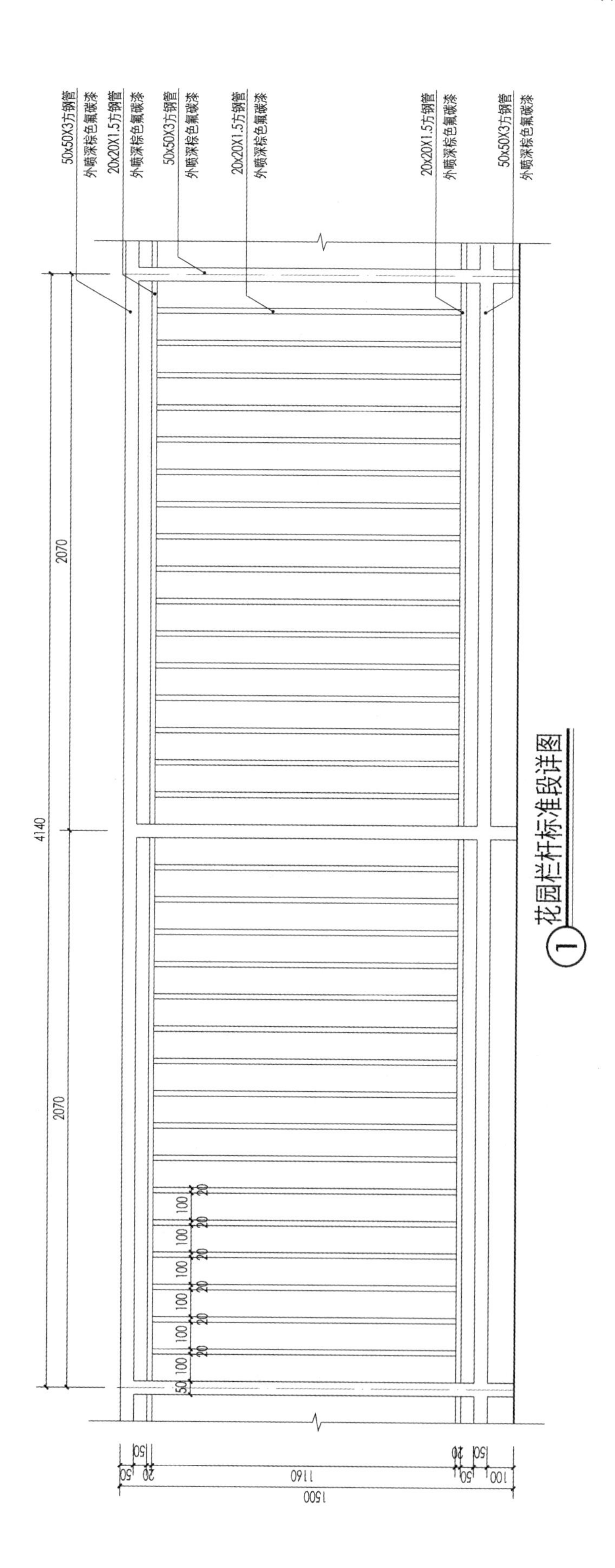

图5-57 花园栏杆标准段详图

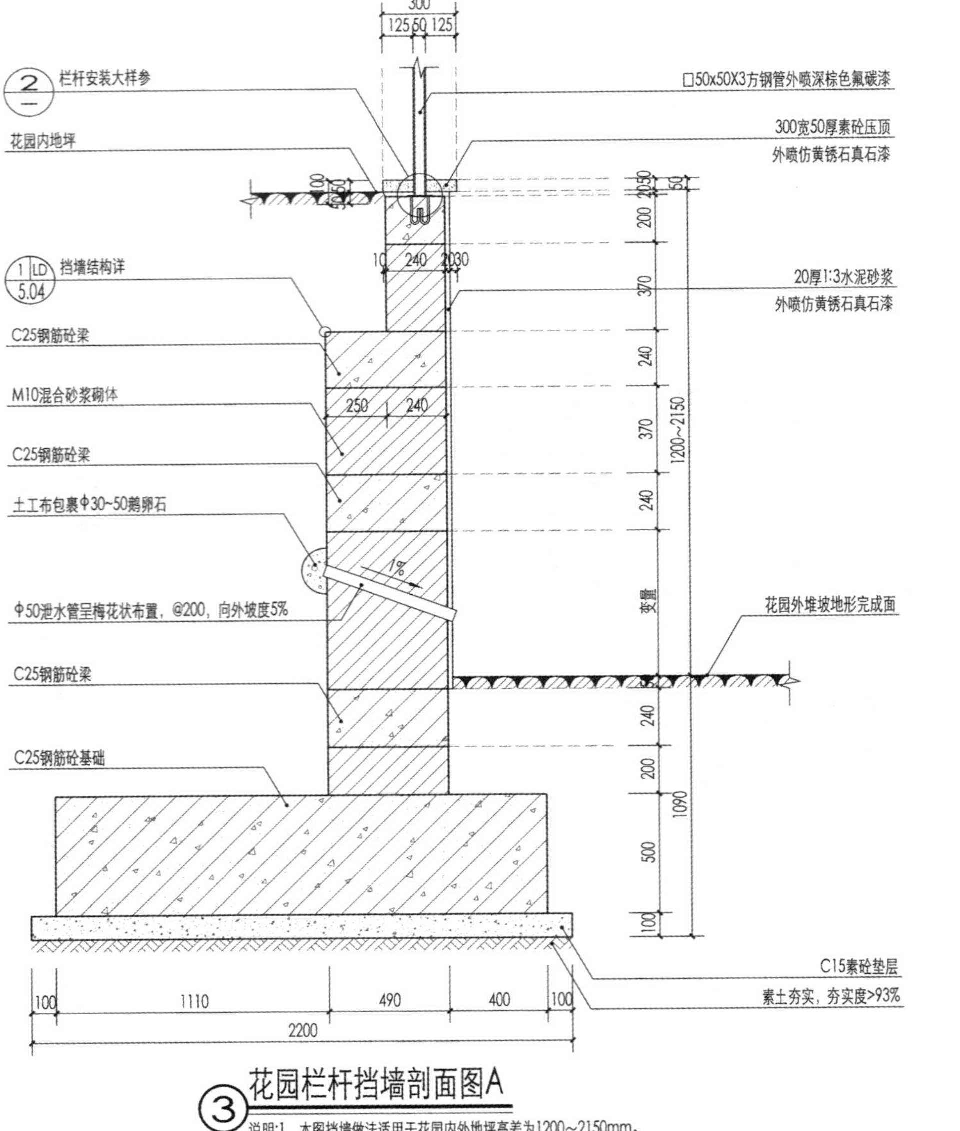

③ 花园栏杆挡墙剖面图A

说明:1．本图挡墙做法适用于花园内外地坪高差为1200~2150mm。
2．花园内挡墙在地库顶板范围内时，素砼垫层及砖砌放脚直接落至顶板上。

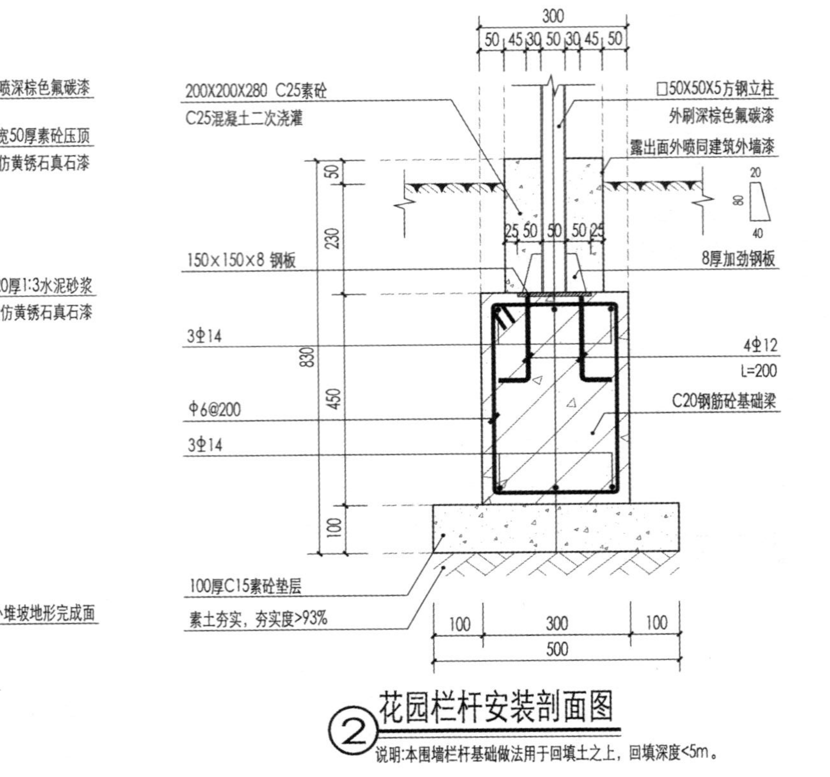

② 花园栏杆安装剖面图

说明:本围墙栏杆基础做法用于回填土之上，回填深度<5m。

图5-58 花园栏杆挡墙剖面图A

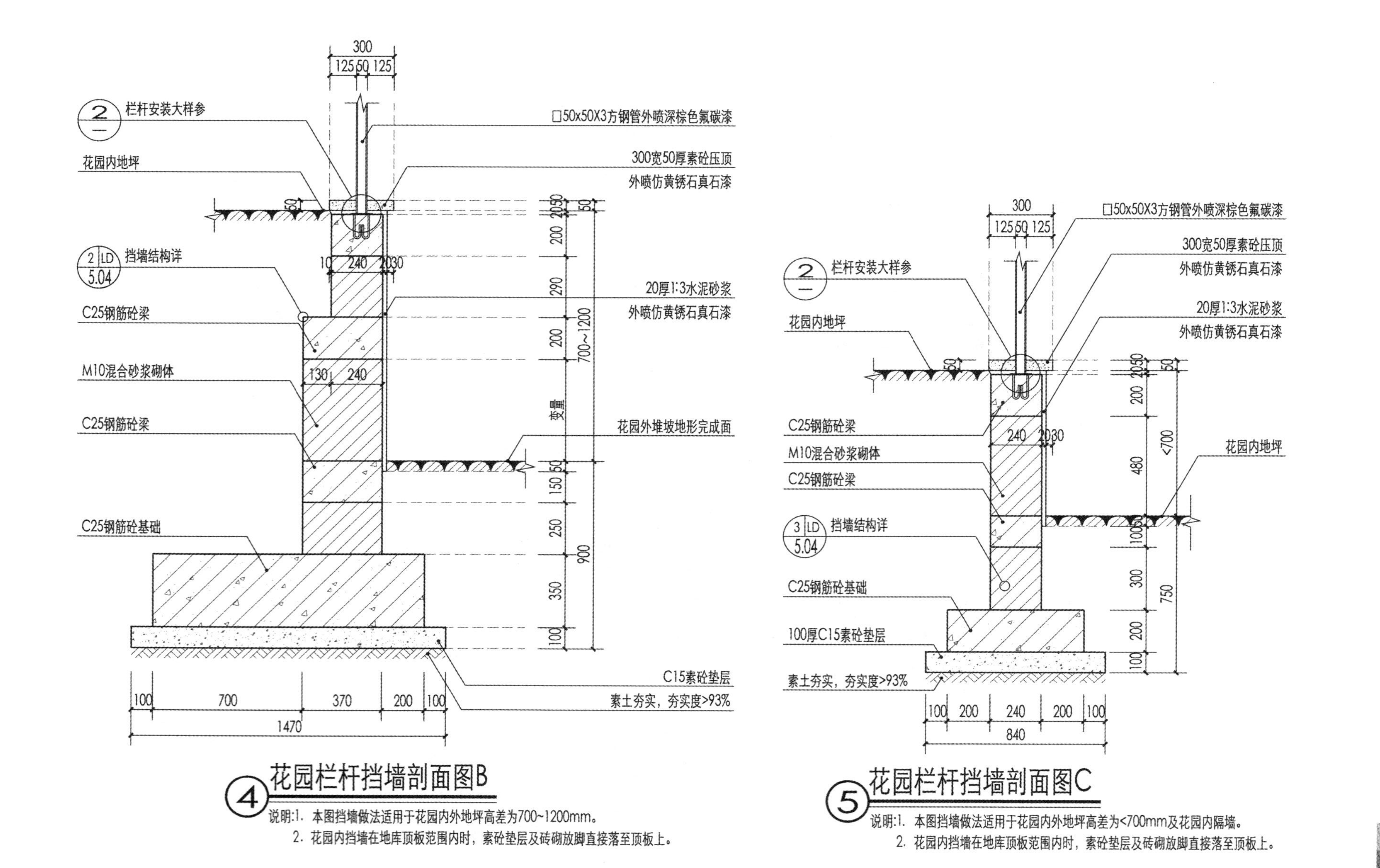

④ 花园栏杆挡墙剖面图B

说明:1. 本图挡墙做法适用于花园内外地坪高差为700~1200mm。
2. 花园内挡墙在地库顶板范围内时，素砼垫层及砖砌放脚直接落至顶板上。

⑤ 花园栏杆挡墙剖面图C

说明:1. 本图挡墙做法适用于花园内外地坪高差为<700mm及花园内隔墙。
2. 花园内挡墙在地库顶板范围内时，素砼垫层及砖砌放脚直接落至顶板上。

图5-59 花园栏杆挡墙剖面图B、C

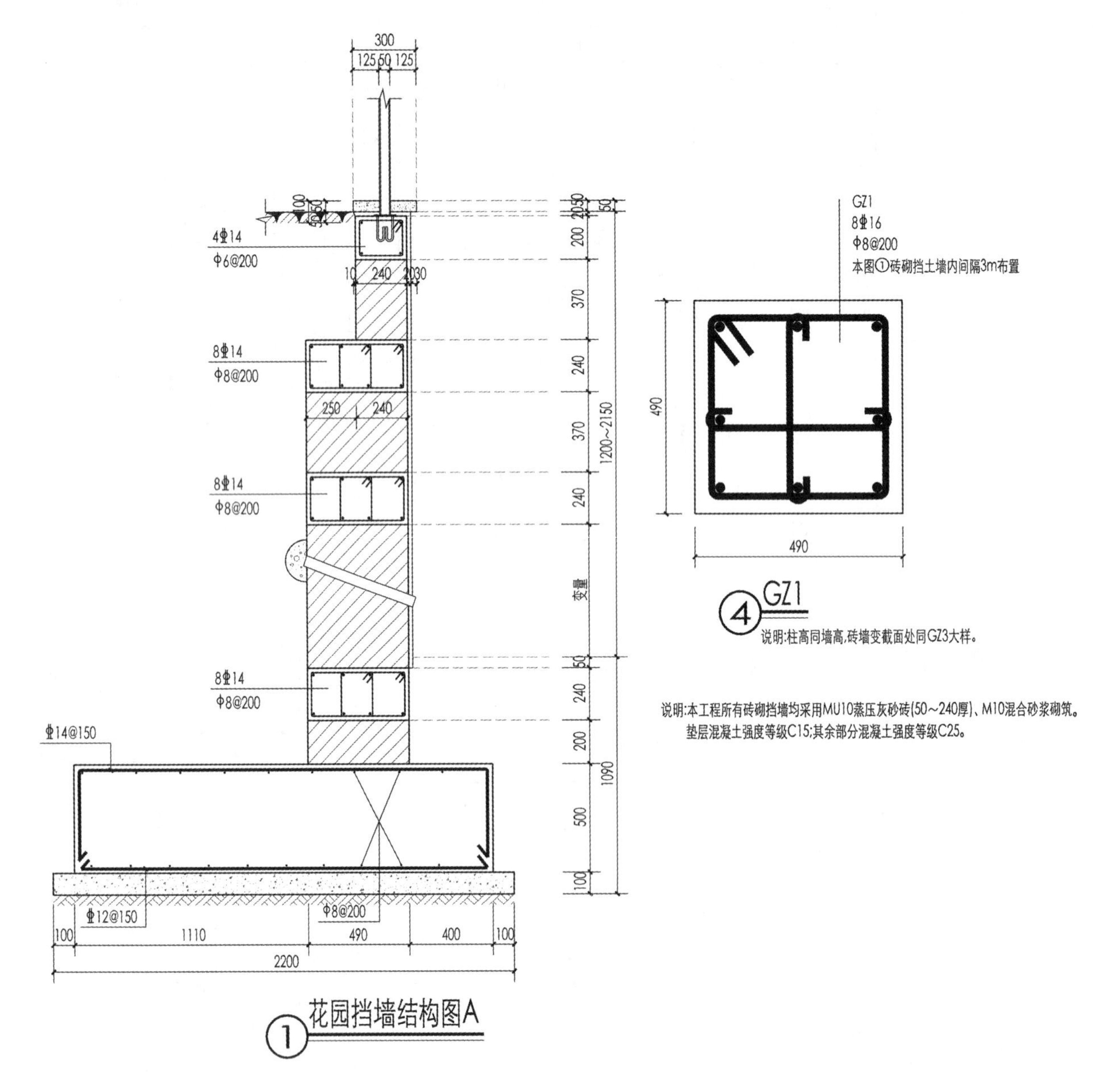

图 5-60　花园挡墙结构图 A

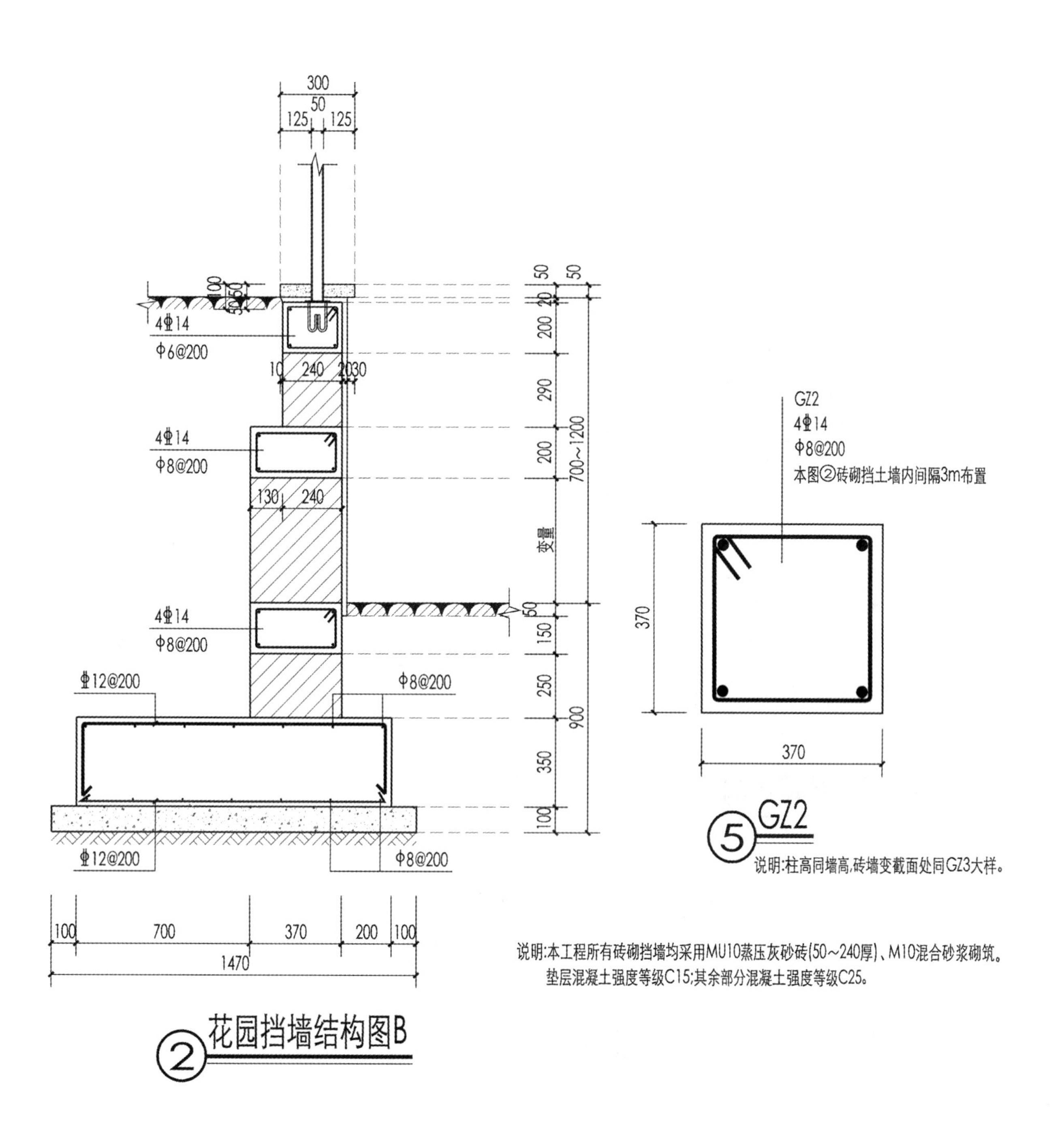

图 5-61 花园挡墙结构图 B

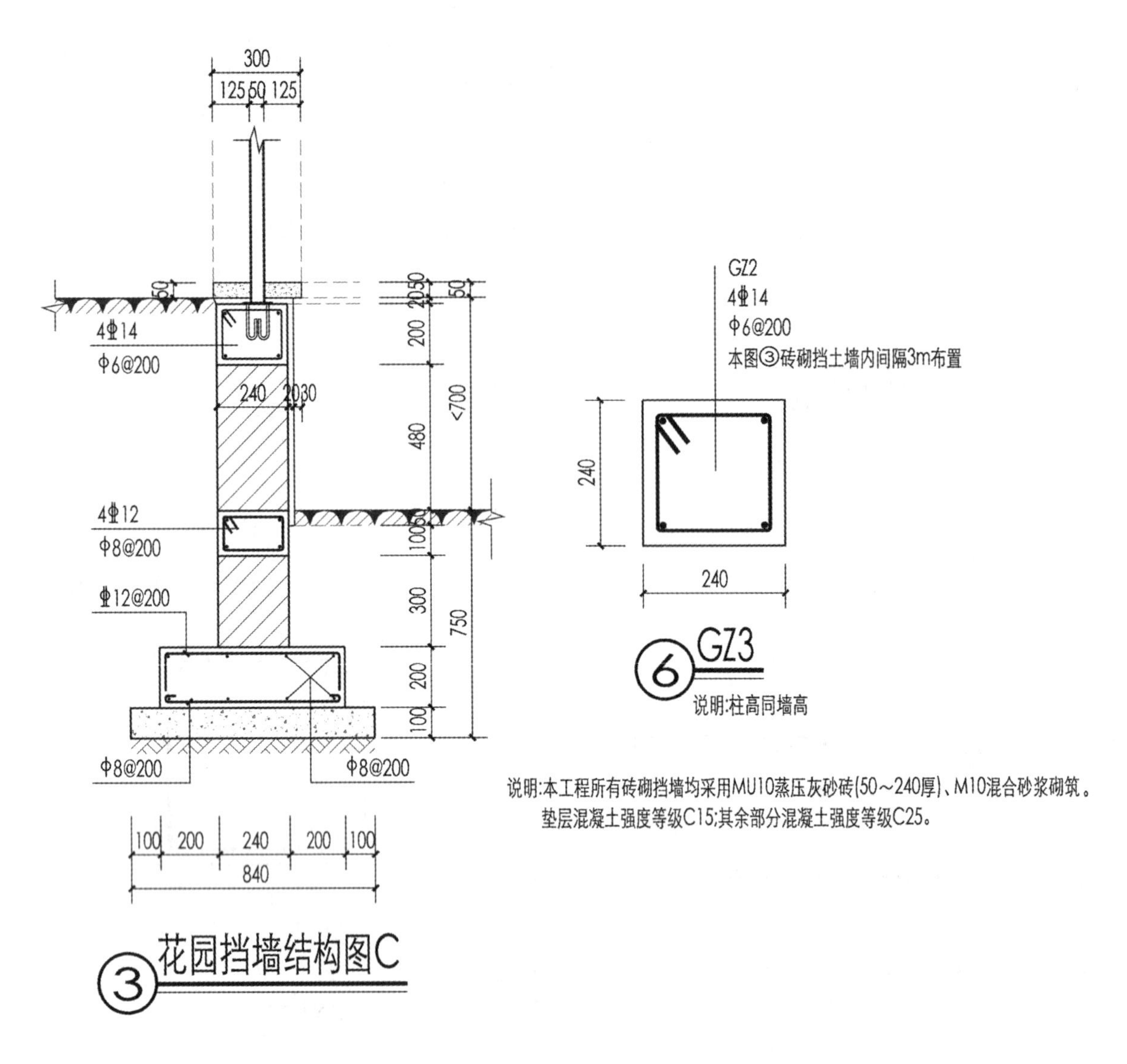

图 5-62 花园挡墙结构图 C

5.5 种植池构造详图

种植池是栽种园林植物的重要景观构筑物，是植物生长所需的最基本空间。种植池不仅有着划分功能空间的作用，也有着保护植物的功能，其设计形式和材料选择多样化，也可与铺装、坐凳等其他构筑物组合搭配，共同形成整体景观效果。

①某小区市政道路铺地树池如图 5-63 所示：道路铺地放大平面图应示意场地基本平面布置形式，并标注基本尺寸、材料规格、索引符号、折断符号等信息。树池剖面详图中应示意基本地形结构，以及铺装与绿植区的衔接关系。树池压顶应高于种植土 30 mm 左右，以防雨水冲刷时种植土污染市政地面。

②小区弧形压顶种植池如图 5-64 所示：种植池弧形压顶大样图应表达清楚种植池的弧形角度及弧长，在剖面图中表现路面与绿植的竖向结构关系，并标注基本尺寸、材料规格及剖切符号等细节。

③此外，列举五种种植池的做法以供参考，详见图 5-65～图 5-69。

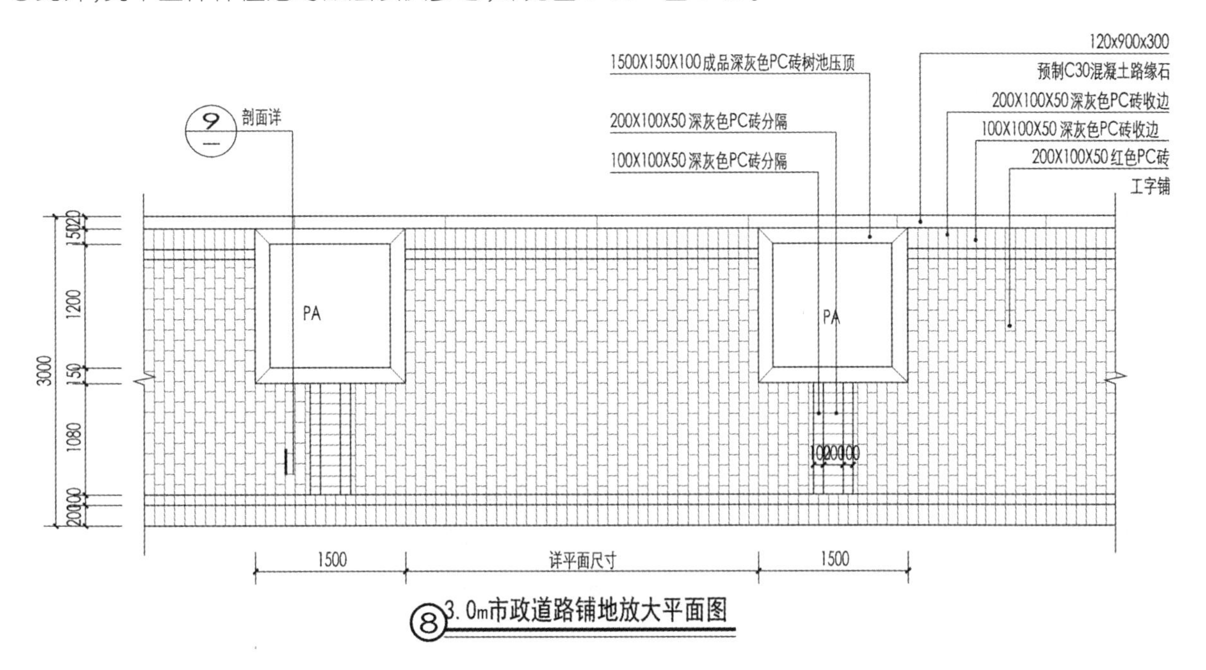

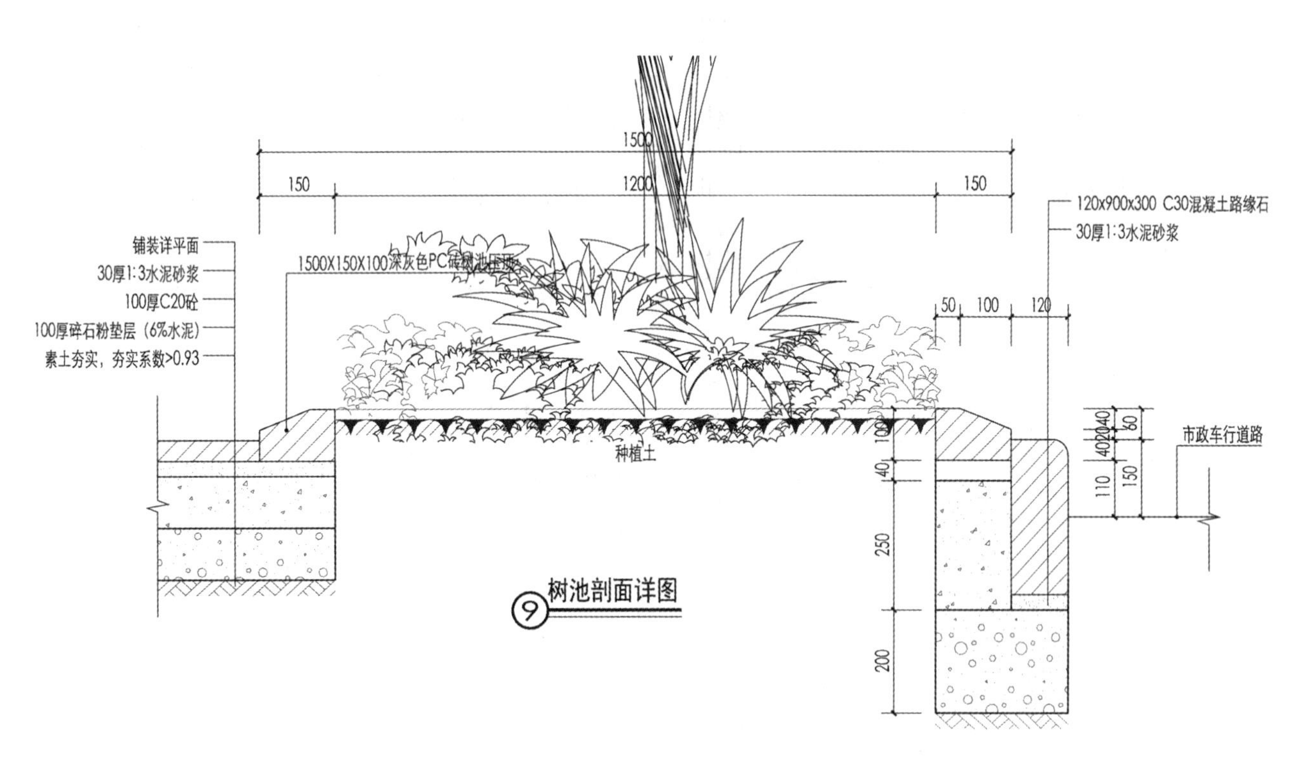

图 5-63　市政道路种植池详图

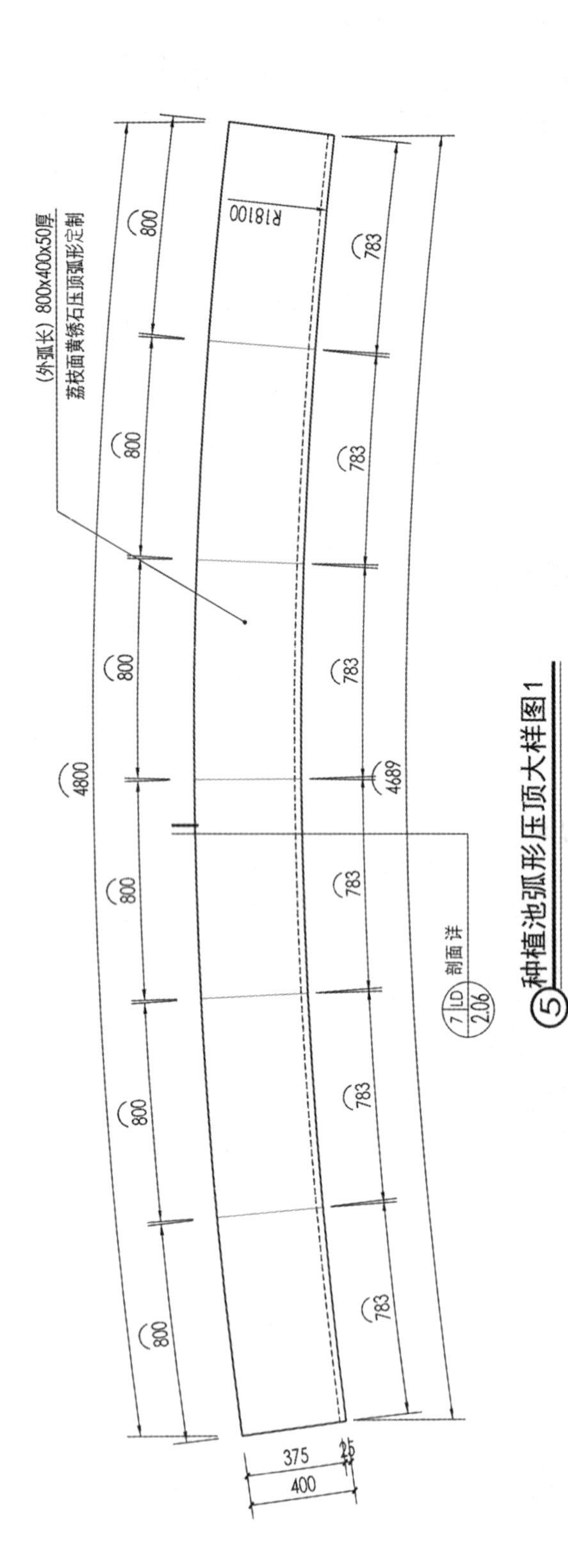

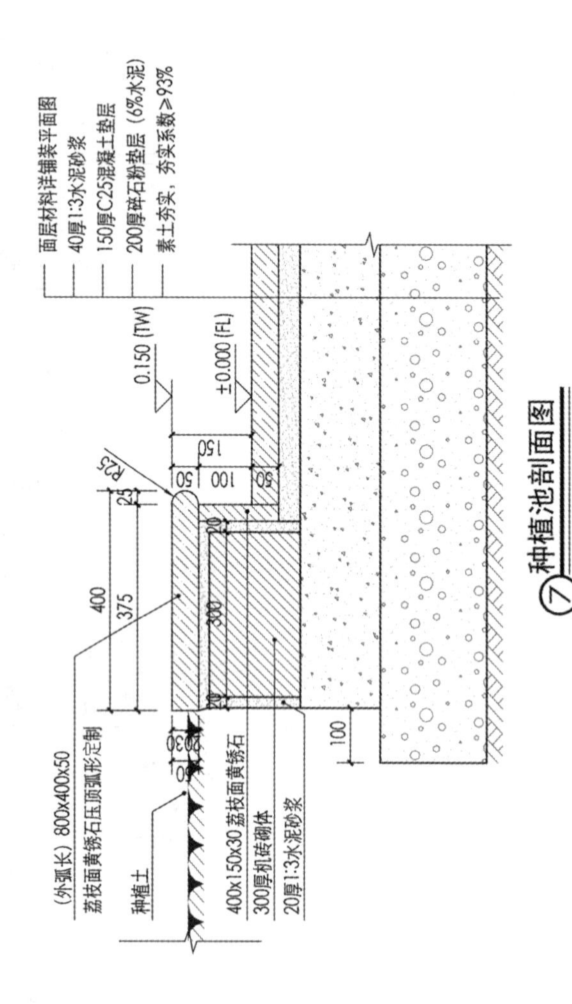

图5-64 弧形压顶种植池详图

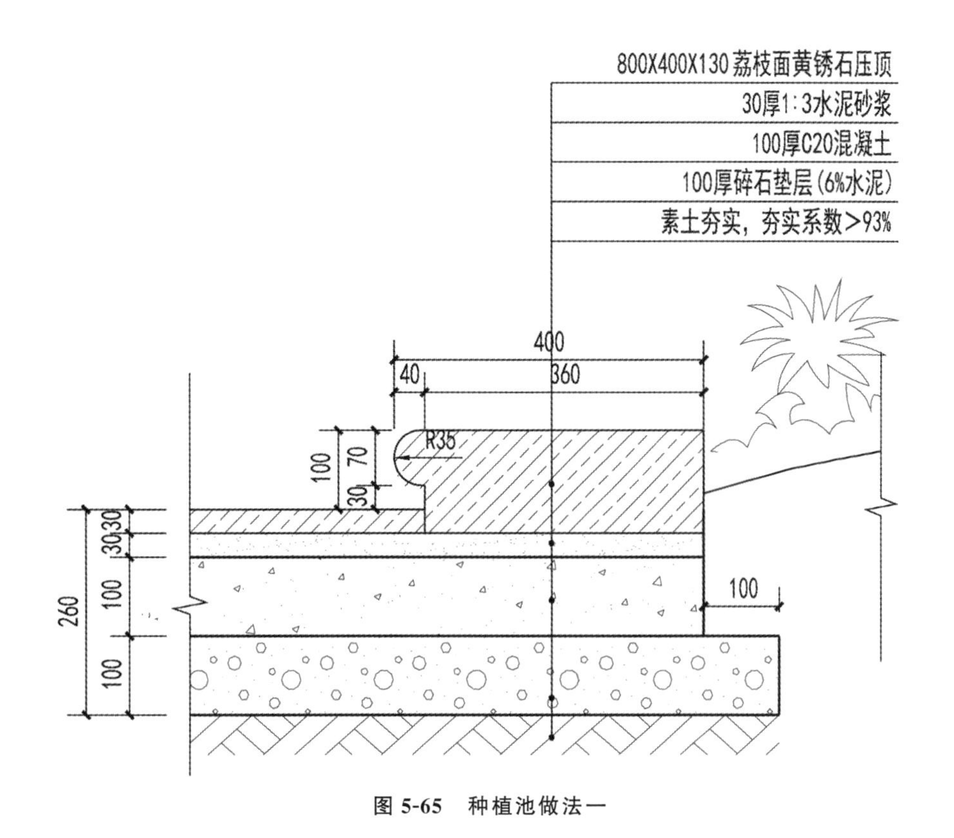

图 5-65 种植池做法一

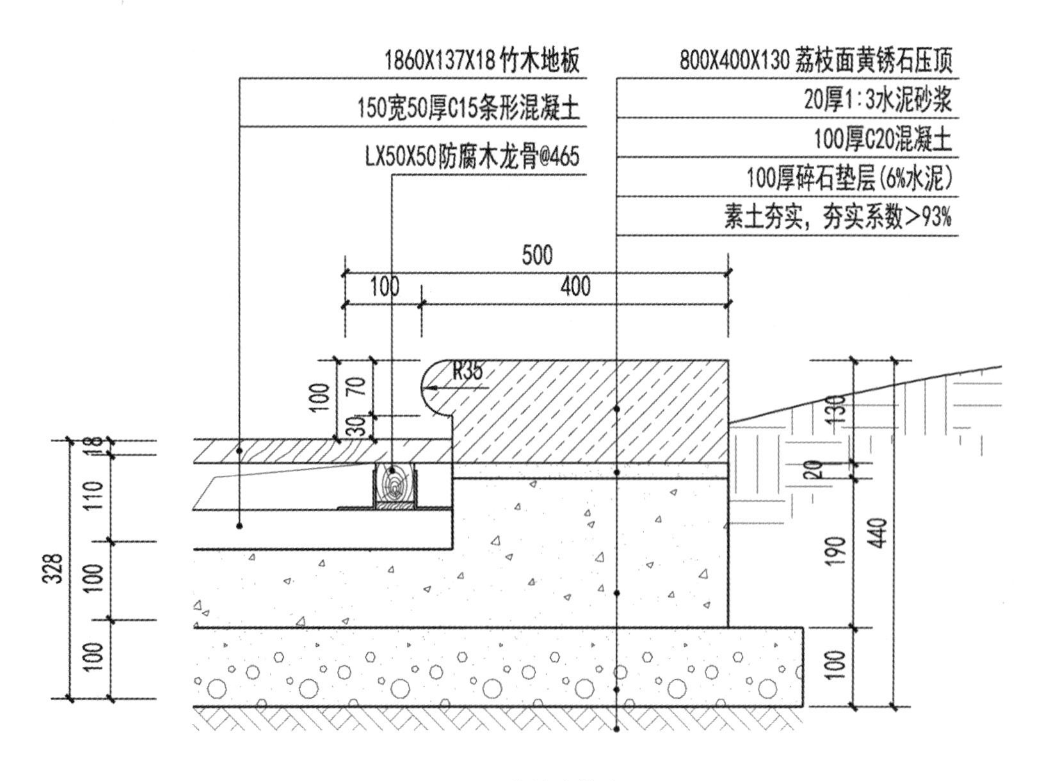

图 5-66 种植池做法二

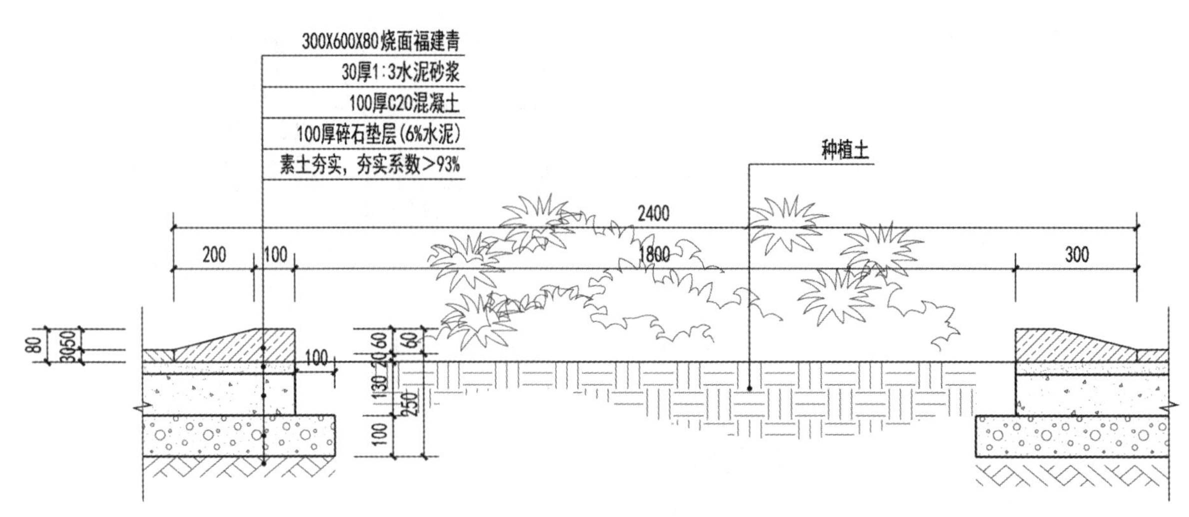

图 5-67 种植池做法三

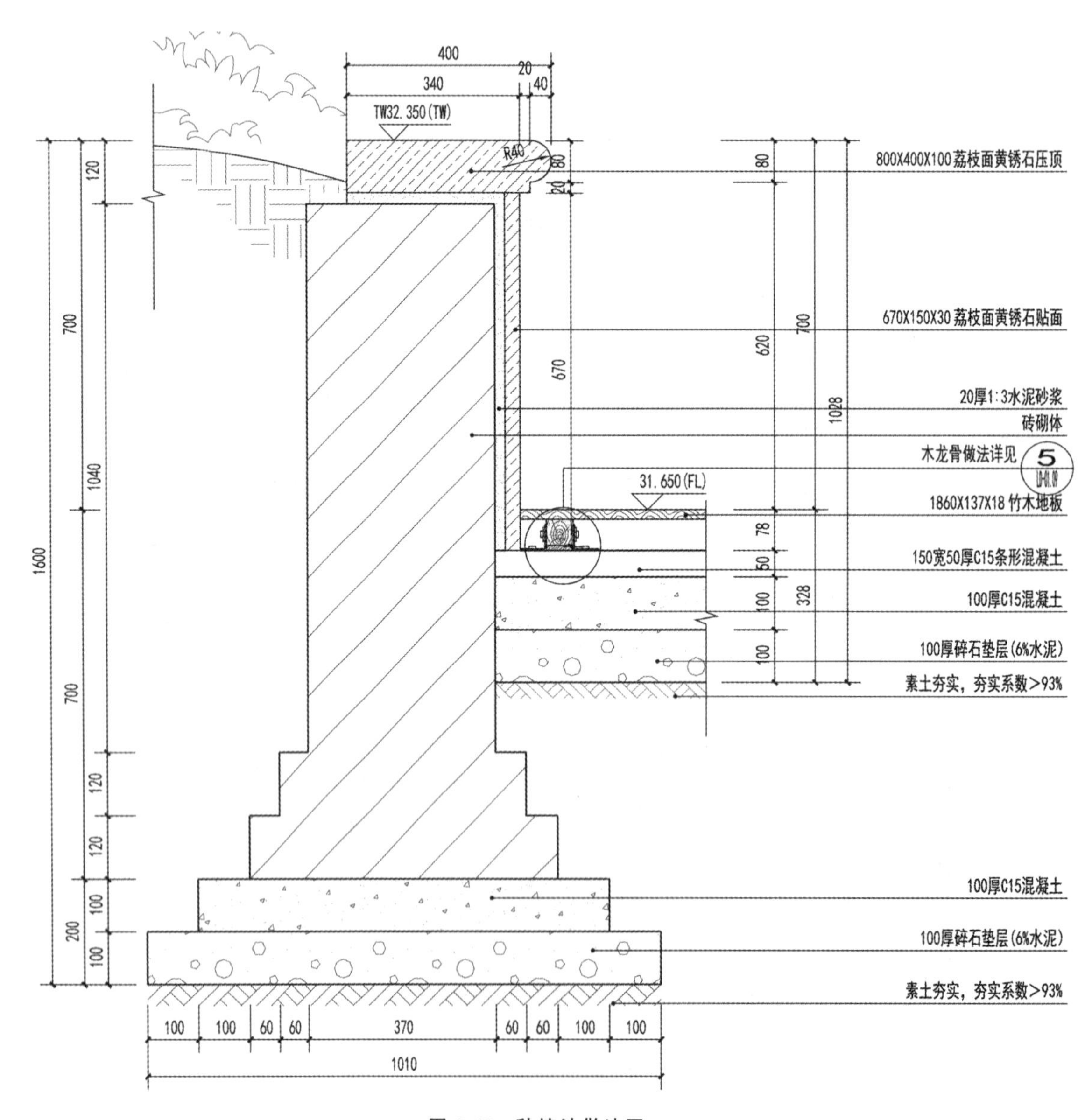

图 5-68 种植池做法四

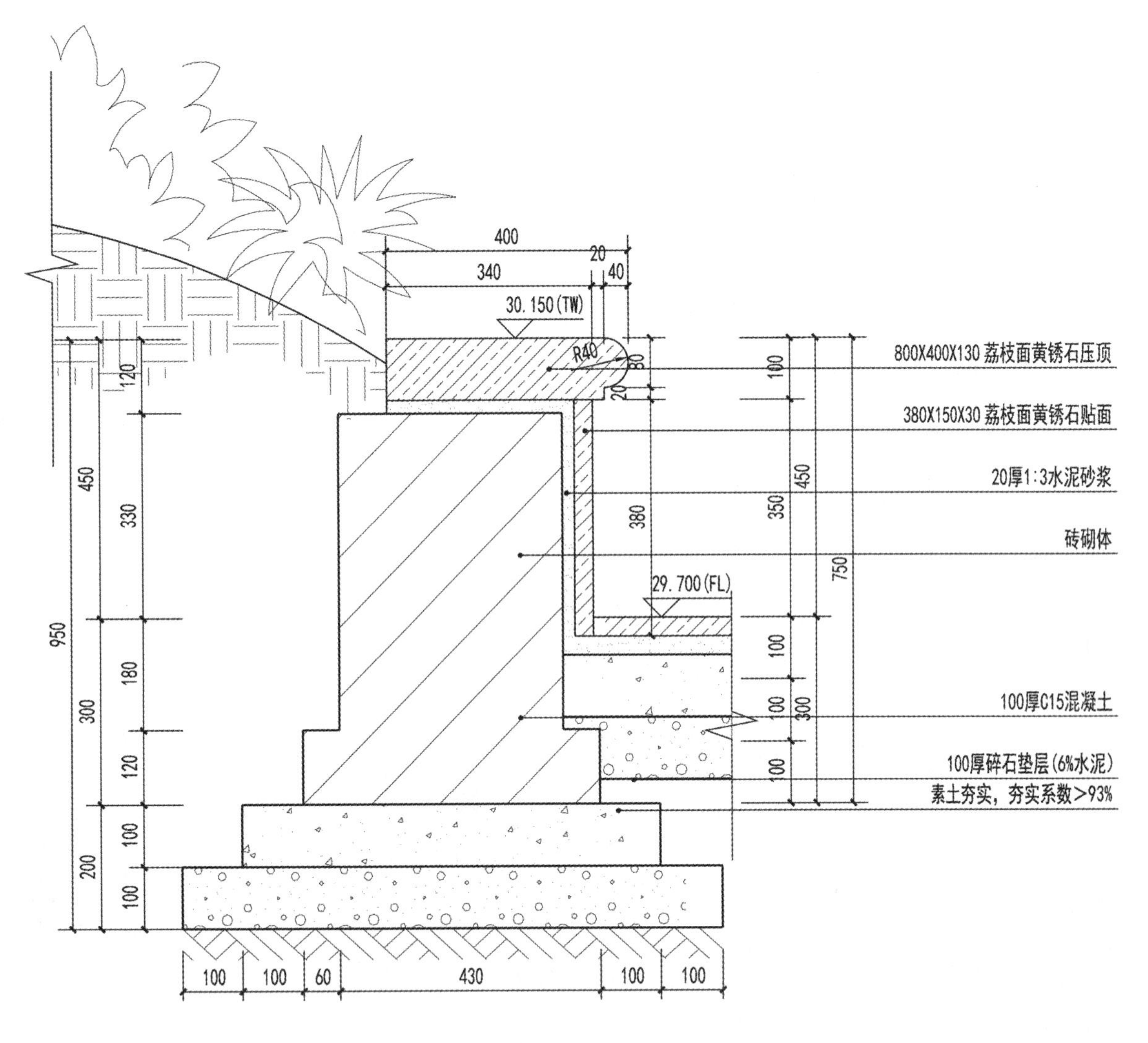

图 5-69　种植池做法五

5.6
坐凳构造详图

坐凳是园林工程中重要的休息设施，其形式丰富多样，有单人座椅、多人座椅、凭靠式座椅以及多种成品座椅，材料也分为木材、石材、混凝土、各种仿石材料、铸铁、钢材、铁管、陶瓷等，设计时要求根据场地情况保证实用、坚固和美观。

①坐凳平面图要示意坐凳的平面形态和座面材料。图 5-70 所示为防腐木材质座椅，木材之间留有 5 mm 缝，用不锈钢螺栓来衔接和固定，为了保证座面的美观和平整度，布置螺栓的位置要用腻子封口，并涂同色饰面漆。在图纸中应标注材料的尺寸、规格、剖切符号和索引符号等细节。

②坐凳立面和剖面图要示意坐凳的立面材料、尺度关系及结构做法。图 5-71 中 FL 意为地面标高，TW 意为墙顶标高即座椅高度，在坐凳砌体结构中可设置排水管孔并接以直径 DN30PVC 排水管，将其接入排水管网中。在图纸中应标注基本尺寸、材料规格、折断符号、标高符号、索引符号等细节。

③图 5-72 为坐凳木龙骨布置平面图及大样图，在平面图中要标注龙骨的布置形式和尺度、排水方向箭头、坡度数值、排水管和排水孔位置等内容。在大样图中要标注龙骨与防腐木、砌体结构的衔接方式，图中使用镀锌角钢以焊接的方式连接钢管龙骨，以金属螺栓来固定砌体结构。

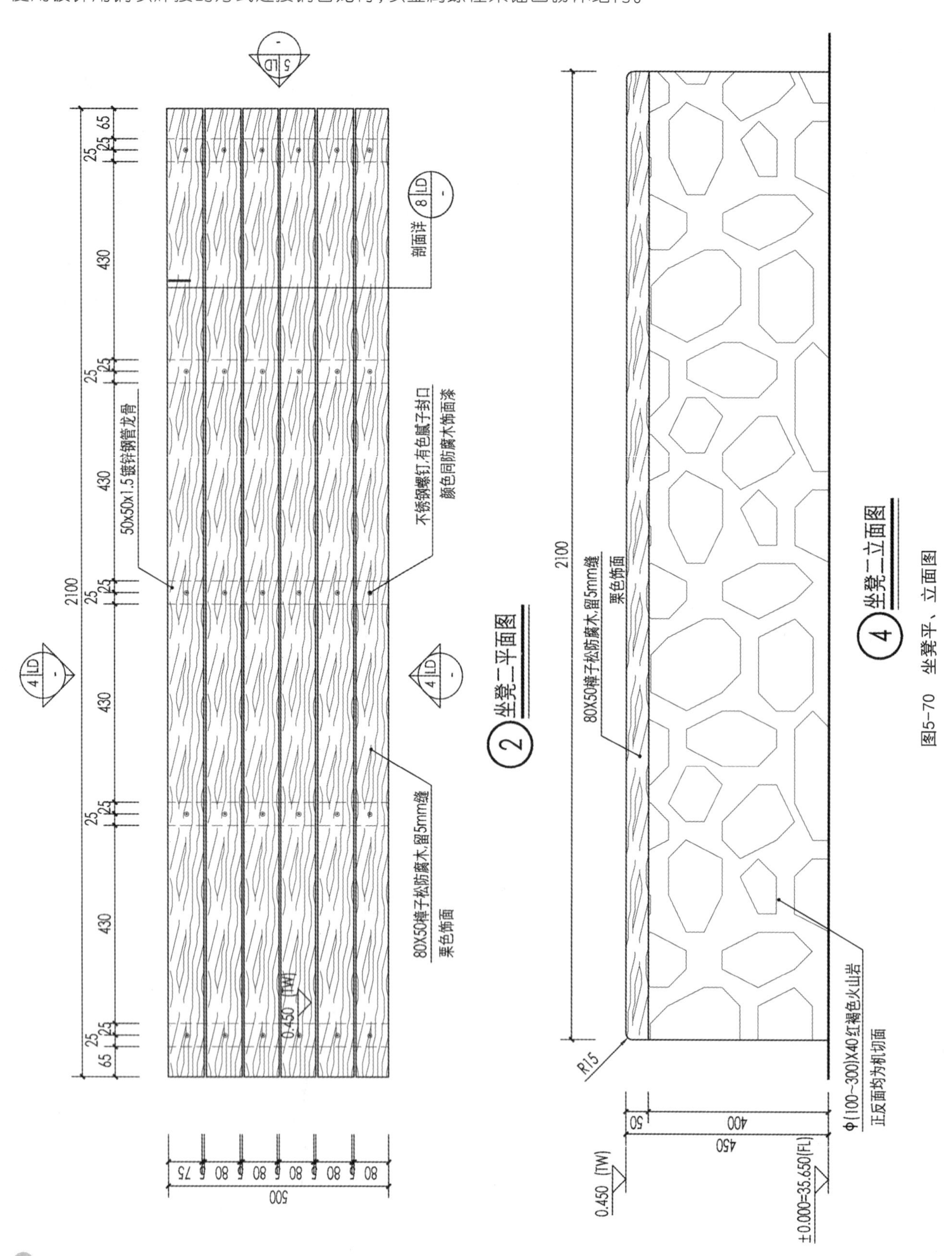

图5-70 坐凳平、立面图

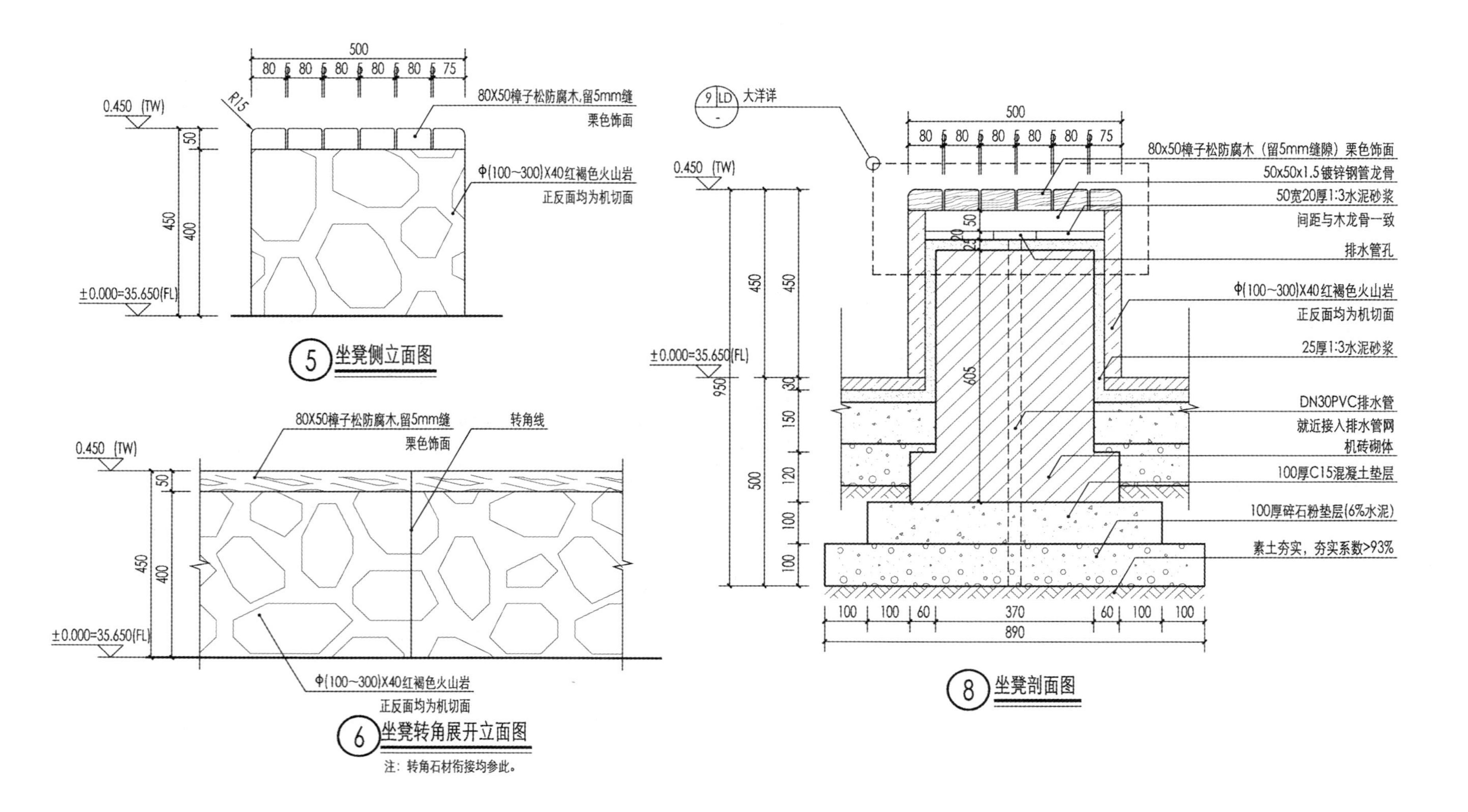

0.450 (TW)
R15
80X50樟子松防腐木,留5mm缝
栗色饰面
Φ(100~300)X40红褐色火山岩
正反面均为机切面
±0.000=35.650(FL)
5 坐凳侧立面图
80X50樟子松防腐木,留5mm缝
栗色饰面
转角线
Φ(100~300)X40红褐色火山岩
正反面均为机切面
6 坐凳转角展开立面图
注：转角石材衔接均参此。
9 LD 大洋详
80x50樟子松防腐木（留5mm缝隙）栗色饰面
50x50x1.5镀锌钢管龙骨
50宽20厚1:3水泥砂浆
间距与木龙骨一致
排水管孔
Φ(100~300)X40红褐色火山岩
正反面均为机切面
25厚1:3水泥砂浆
DN30PVC排水管
就近接入排水管网
机砖砌体
100厚C15混凝土垫层
100厚碎石粉垫层(6%水泥)
素土夯实，夯实系数>93%
8 坐凳剖面图

图5-71　坐凳立、剖面图

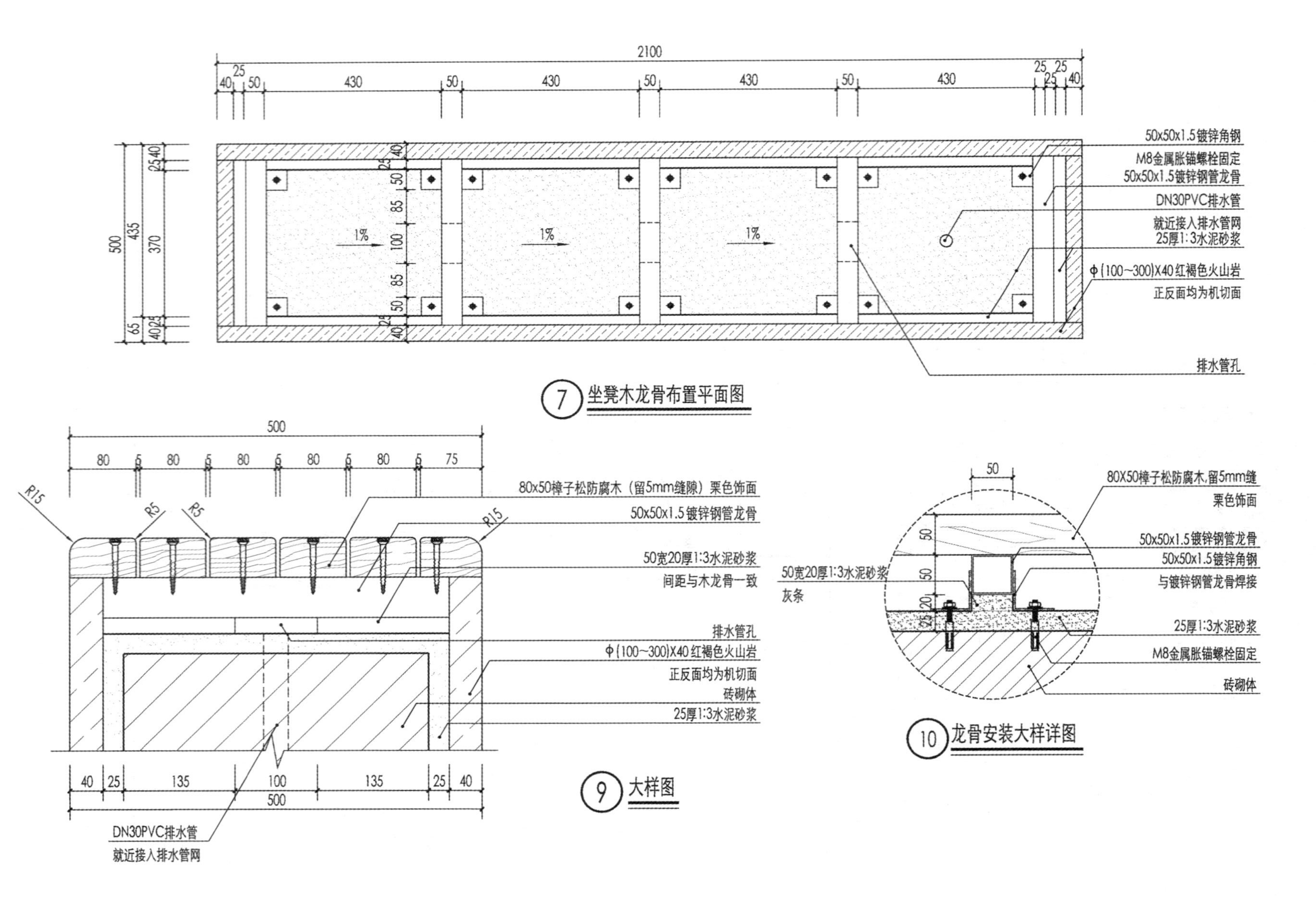

图5-72 坐凳木龙骨布置平面图及大样图

5.7 景观水体构造详图

水是园林艺术中不可缺少的、最富魅力的一种要素。古人称水为园林的“血液”“灵魂”。古今中外的园林，对于水体的运用非常重视。水景可以增加空气湿度，调节气候，减少尘埃，改善环境。水景还有扩大空间、分隔空间、美化空间的作用。动态的水体变幻无穷，动感十足，使得景观具有活力和乐趣。

5.7.1 景观水体结构

根据水的形态，景观水体可以划分为人工水池（静态的水）、人工溪流（动态的水）、山石瀑布（有落差的水）和旱地喷泉与水池喷泉（人工制造的图案美）四种类型。

1. 景观水体的构造技术

景观水体工程构造主要包括底部构造和驳岸构造两个部分。整体结构有三种基本形式：硬质型、近自然型和组合型。硬质型就是底部和驳岸全部以人工钢筋混凝土构建而成；近自然型就是模仿自然水体，以山石、河卵石为材料，做出蜿蜒曲折的自然河体；组合型自然就是以钢筋混凝土和河卵石两者为材质，做出水体的整体结构。

景观水体构造技术要点主要有：

①水体结构——基础结构垫层、找平层、受力结构层、防水层、保护层、饰面层，如图5-73所示。

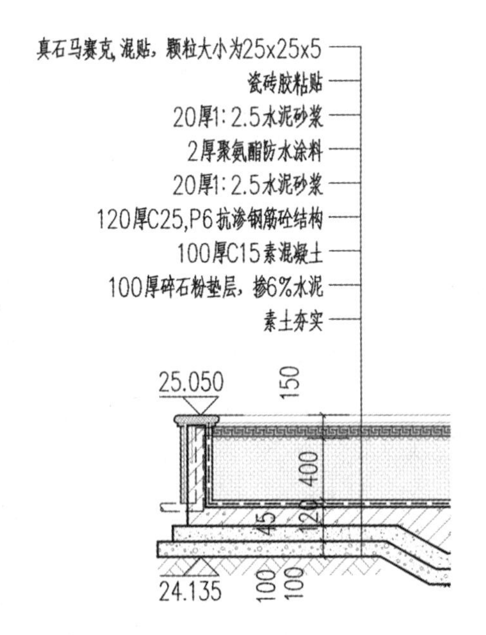

图 5-73 景观水体结构详图

②水体循环——水泵的循环原理，如图5-74所示。

③防水、防渗漏——防水材料的选择。

目前景观工程中大多选用具有抵抗不均匀沉降作用的弹性覆膜材料，如HDPE土工膜、911聚氨酯涂膜类防水材料、膨润土防水毯、多层纤维内增强PVC卷材等。

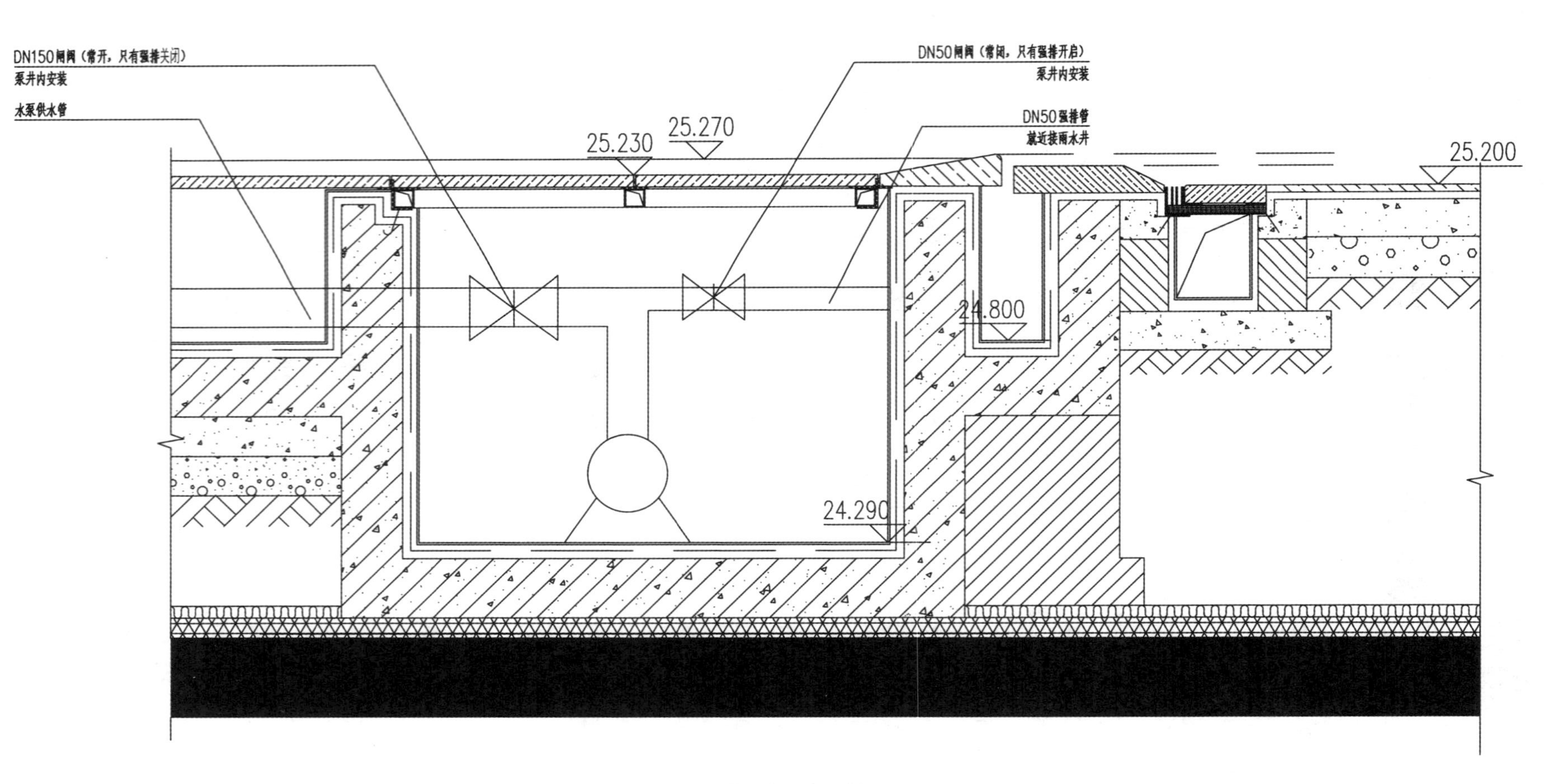

图5-74　景观水体水泵循环图

2. 景观水体驳岸构造

水体驳岸是景观水体边缘与陆地交界处，为稳定岸壁、保护湖岸不被冲刷或水淹所设置的构筑物。景观水体驳岸形式，主要是以重力式结构为主，它主要依靠墙身自重来保证岸壁的稳定，抵抗墙背土的压力。重力式驳岸按其墙身结构分为整体式、方块式、扶壁式，按其所用材料分为浆砌块石、混凝土及钢筋混凝土结构等。

由于景观中驳岸高度一般不超过 2.5 m，可以根据经验数据来确定各部分的构造尺寸。景观驳岸的构造及名称如图 5-75 所示。

①压顶——驳岸之顶端结构，一般向水面有所悬挑。

②墙身——驳岸主体，常用材料为混凝土、毛石、砖等，还可以用木板、毛竹板等材料作为临时性驳岸的材料。

③基础——驳岸的底层结构，作为承重部分，常用厚度为 400 mm，宽度为高度的 0.6～0.8。

④垫层——基础的下层，常用矿渣、碎石、碎砖等材料整平地坪，作用是保证基础与土基的均匀接触。

⑤基础桩——增加驳岸的稳定性，防止驳岸滑移或倒塌的有效措施，同时也兼起加强土基的承载能力的作用。材料可以用木桩、灰土桩等。

⑥沉降缝——由于墙高不等，墙后土压力、地基沉降不均匀等所必须考虑设置的断裂缝。

⑦伸缩缝——避免因温度等的变化引起破裂而设置的缝。一般 10～25 m 设置一道，宽度一般采用 10～20 mm，有时兼做沉降缝用。

5.7.2 景观水体详图

完整的景观水体构造施工图包含平面图、立面图、剖面图、节点大样以及水电图等，图纸一般由图样、尺寸标注及文字标注等组成。在图样中要包括轮廓线、不同材质的边界线、填充线等组成要素。下面通过具体的案例详细说明各图纸的设计要点。

(1)景观水体平面图。

平面图主要是为了表现水景的位置、形态以及材质，图纸中需要清楚表达出水体外轮廓线以及不同材质的分界线，并标注坐标(通常以水体转折点或中心点进行定位)、尺寸、标高以及饰面材料等(见图 5-76、图 5-78)。案例水景造型及材质较为简单，建议在一张平面图上进行表示，方便审图及施工。倘若水景复杂，宜采用多个平面图对以上内容分别进行标注。

(2)景观水体立面图。

立面图是该水景所有设计元素在垂直方向上的正投影图，主要由水景的立面造型、尺寸标注、竖向标高以及材质标注等内容组成。其中尺寸标注以毫米为单位，而竖向标高以米为单位，且标注为绝对高程(见图 5-79)。若水景与场地齐平则无须绘制立面图。

(3)景观水体剖面图。

剖面图中除了表示竖向造型和立面材质外，更重要的是为了表达出基础、池壁以及水位等内在做法。剖面图中至下而上依次为素土、垫层、基础层、池底、找平层、防水层、保护层、黏结层以及面层，其中基础层采用 100 mm 厚 C20 素砼即可，池底与池壁需整体浇筑，宜设计为 120～180 mm 厚 C25 抗渗钢筋砼结构，防水层目前采用最多的为聚氨酯防水涂料，受水景造型影响小，施工方便。

对于池底面层的做法主要有两种，第一种为结合层+面层(见图 5-80)，该方法为传统做法，优点是造价便宜，缺点是容易产生返碱、面层脱落等情况，主要适用于采用马赛克、瓷砖等面层的池底，如泳池；第二种为支撑器+面层(见图 5-77)，该方法目前最为常见，优点是便于施工和后期维修，整体美观性强，且不会出现返碱情况，缺点是造价较高，主要适用于镜面水景，面层宜采用厚度 30 mm 以上石材。

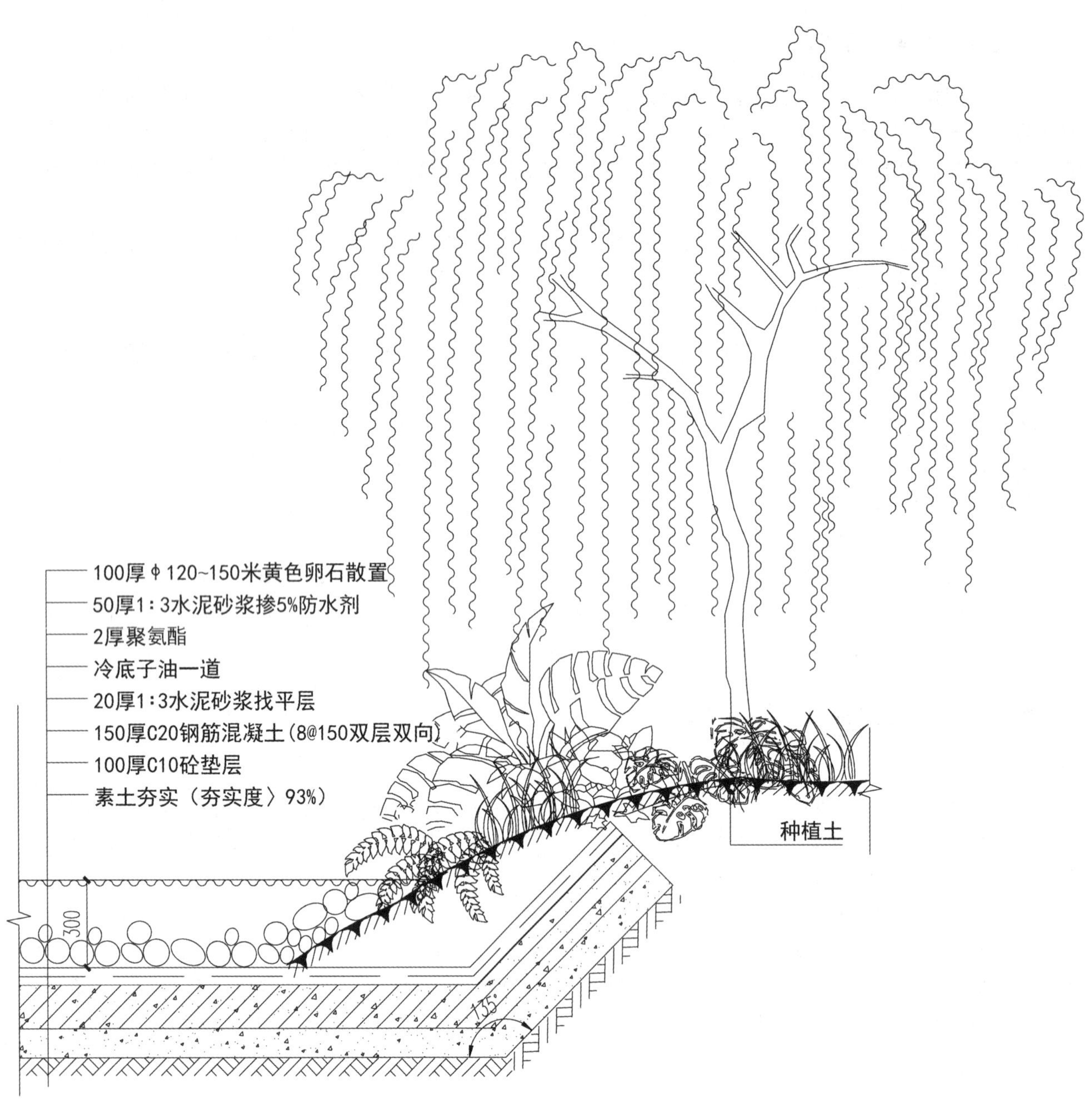

图 5-75　景观驳岸构造详图

(4)景观水体节点大样。

节点大样作为景观水体平、立、剖的补充，主要是为了表达其细部的做法，如压顶、池壁、截水沟以及泵井等，绘图比例宜为 1∶5～1∶20。如图 5-81 为线型排水沟箅子节点大样图，在图纸表达上更为详细，务必用不同填充图案区分不同材质并标注清楚对应材料及规格。为清楚表达异形大样，可采用平面图＋截面图＋轴测图"三合一"方式进行表达(见图 5-82)。

(5)景观水体结构图。

景观水体结构图主要包括结构平面图、基座结构配筋图、池壁结构配筋图、泵井结构配筋图(见图 5-83～图 5-86)。其中结构平面图主要表达各结构节点定位以及索引。各部位结构配筋图主要表达钢筋布置方式以及结构高度，也是结构图中最重要的要素，决定了整个景观水体的稳定性。在表达上结构轮廓采用细实线，钢筋采用粗实线和粗点表示。需要注意的是，结构轮廓线不得与钢筋重叠，需要 30 mm 左右保护层。图纸中"Φ"表示钢筋直径，"@"表示钢筋之间的间距。

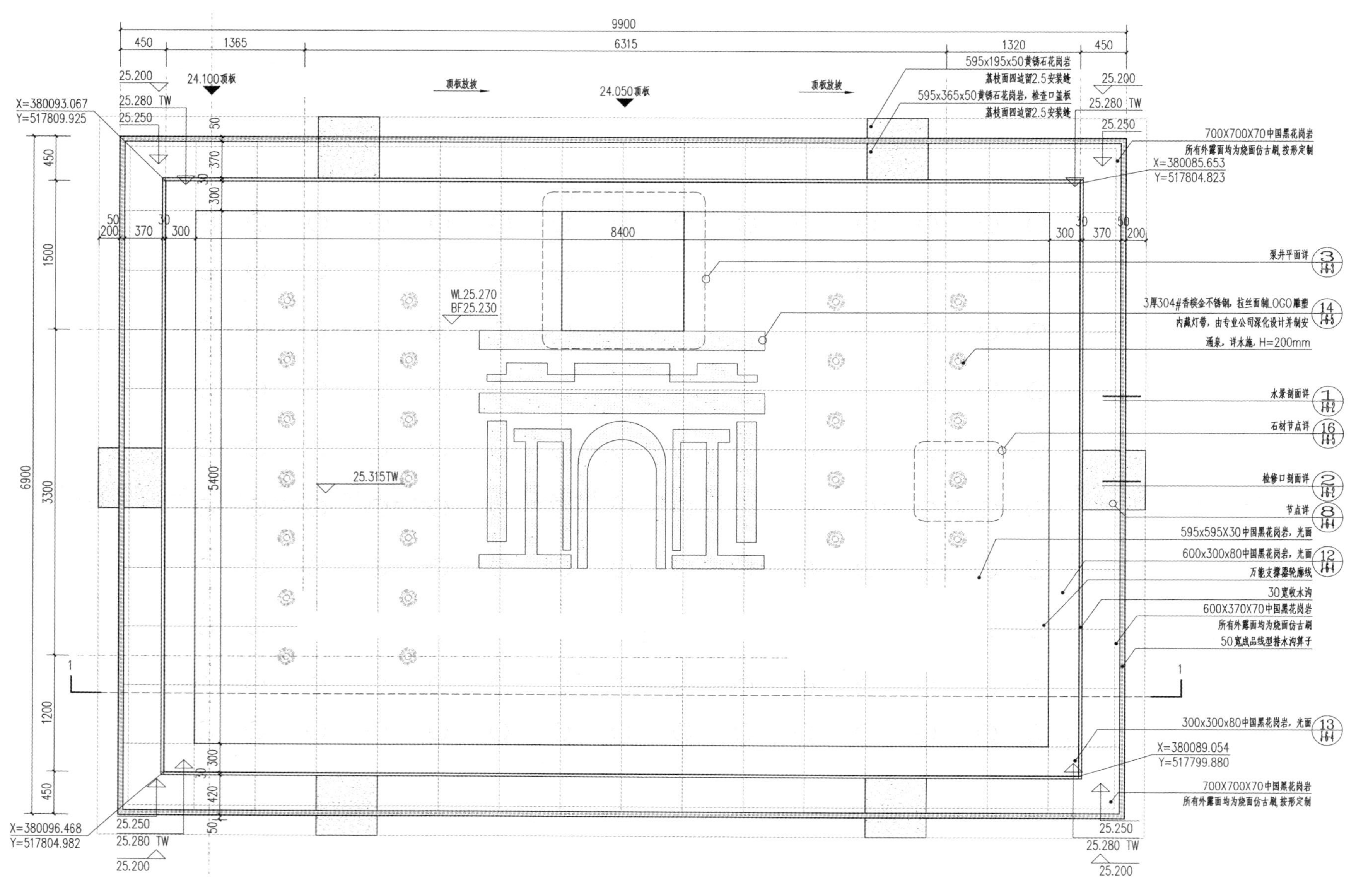

图5-76 景观水体一平面图

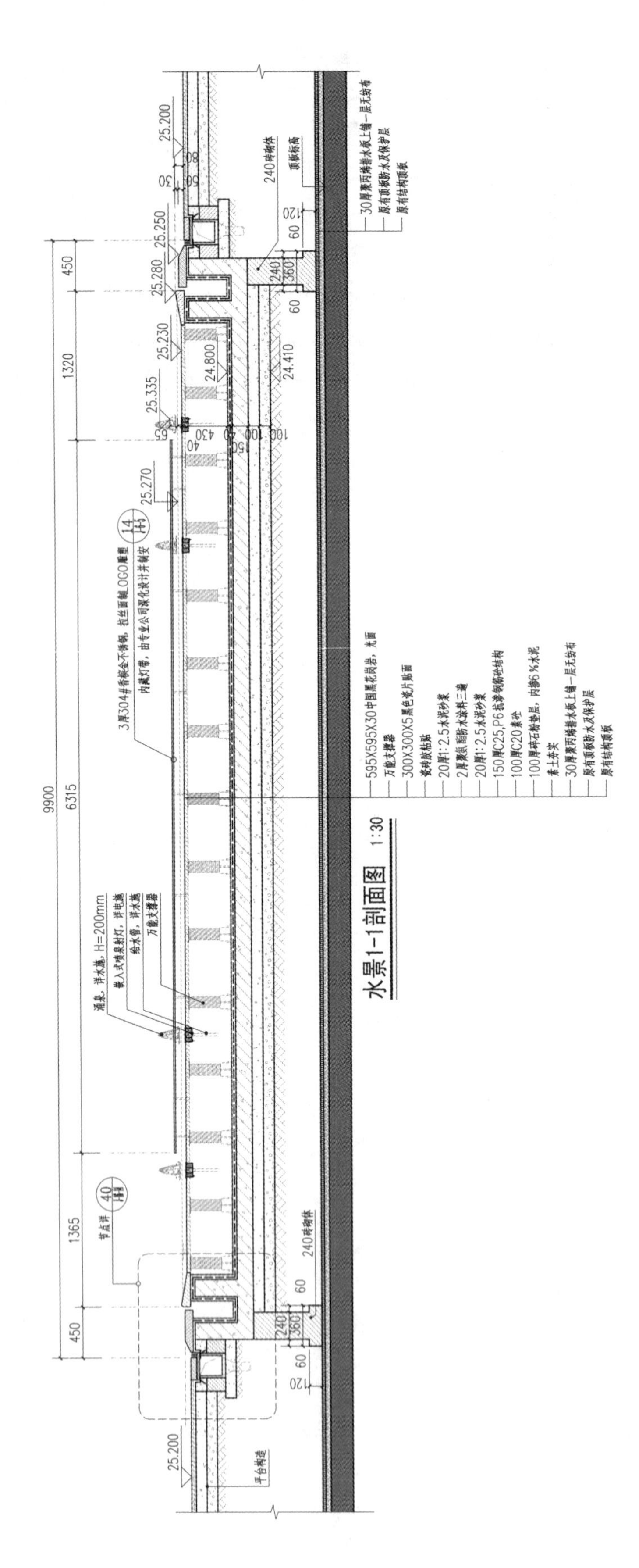

图5-77 景观水体一剖面图

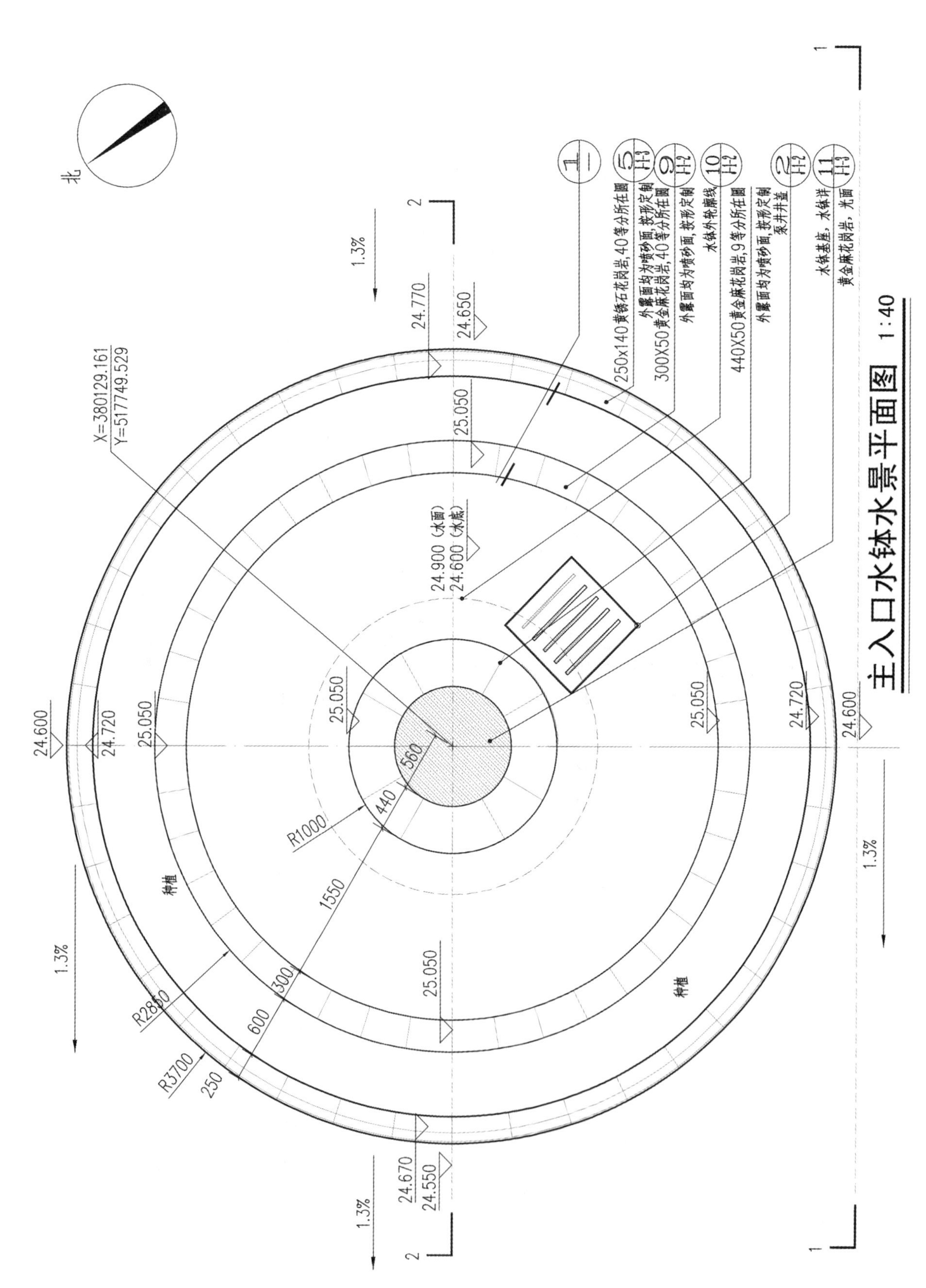

图5-78 景观水体二平面图

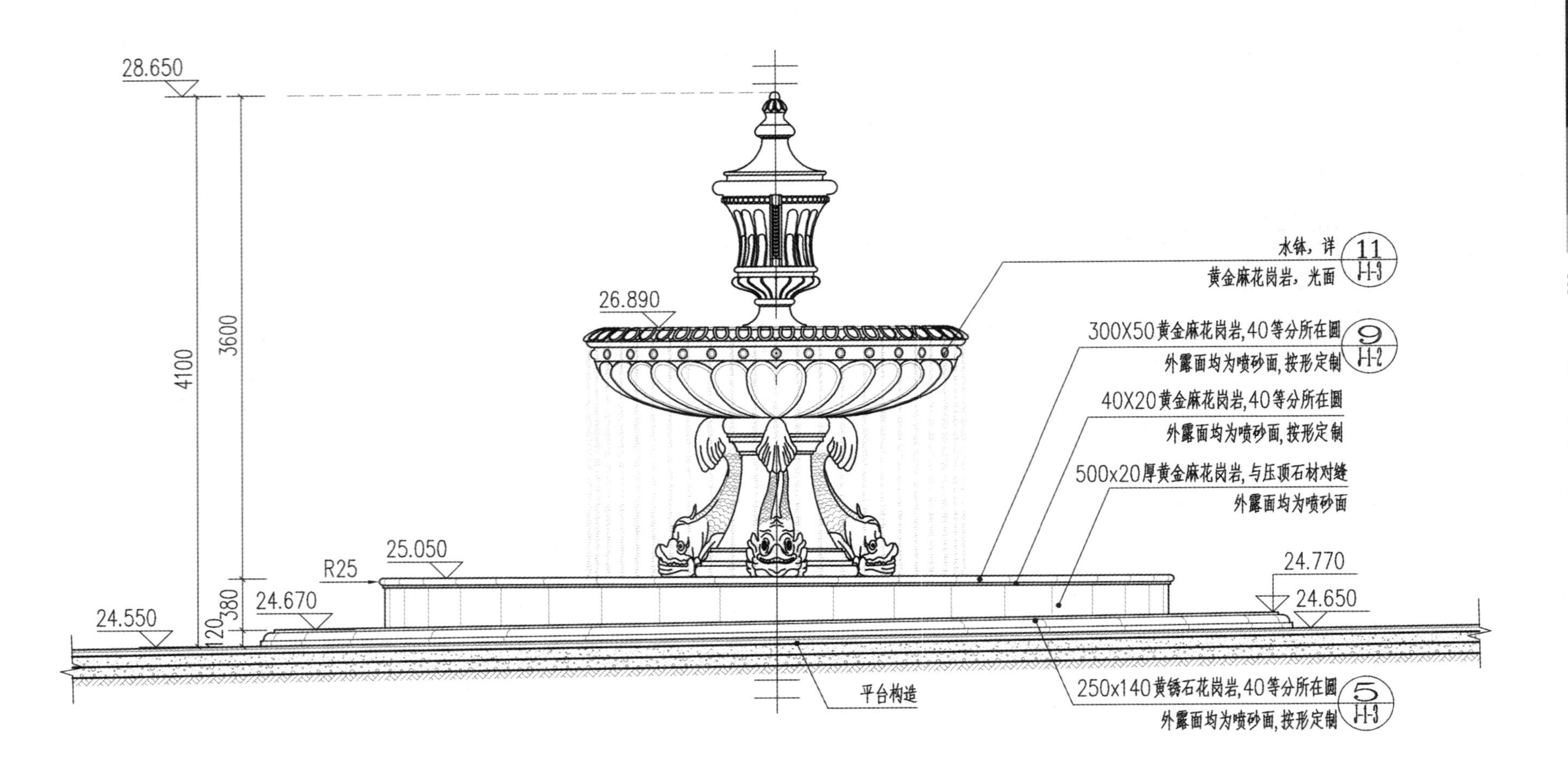

图5-79 景观水体二立面图

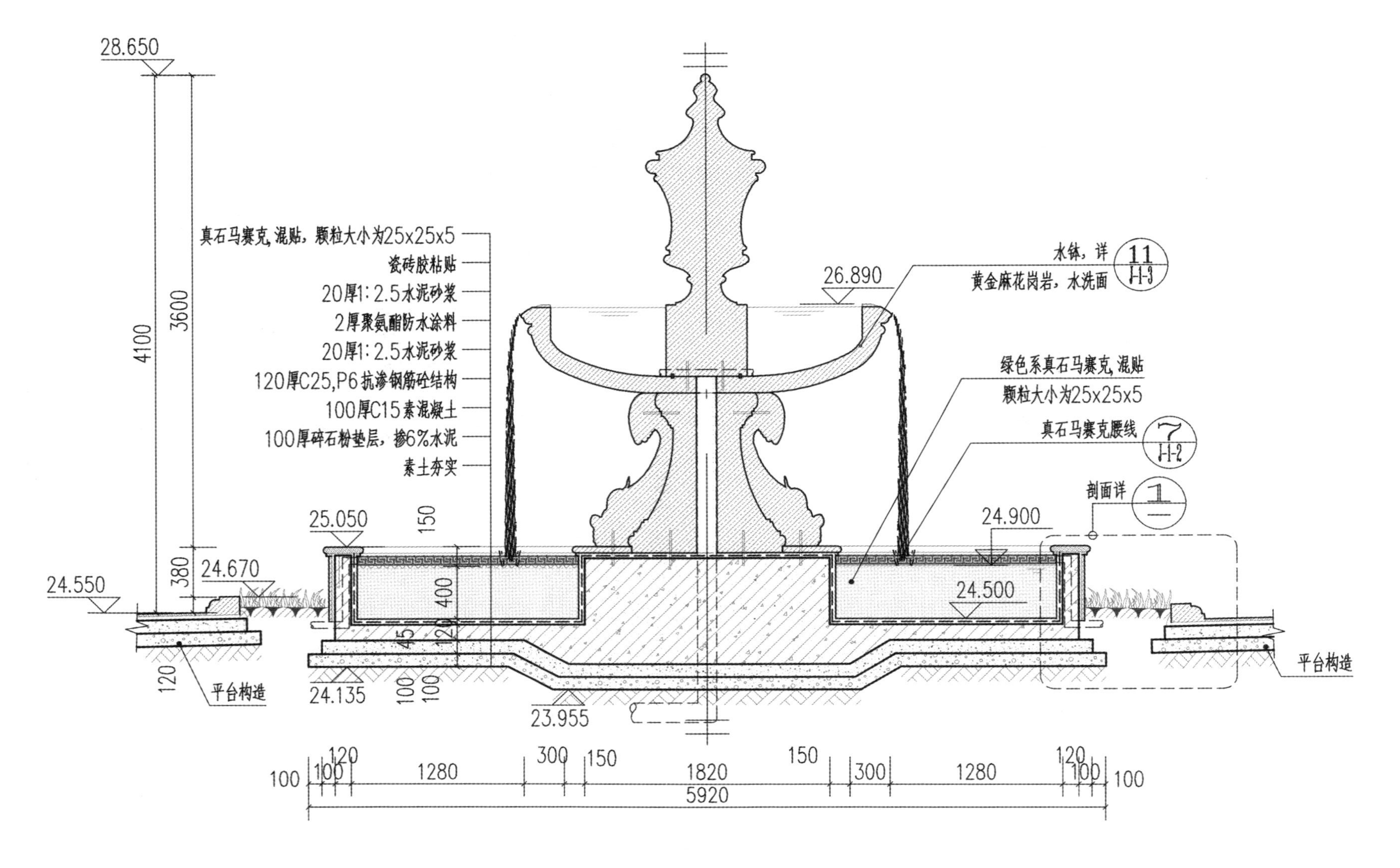

图5-80 景观水体二剖面图

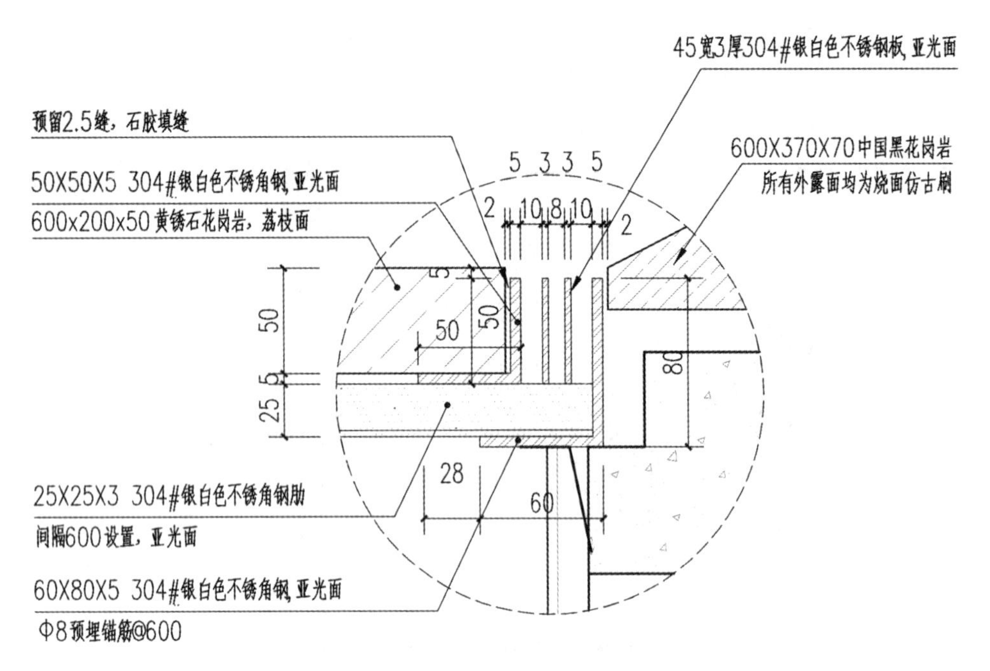

图 5-81　线型排水沟箅子节点大样图

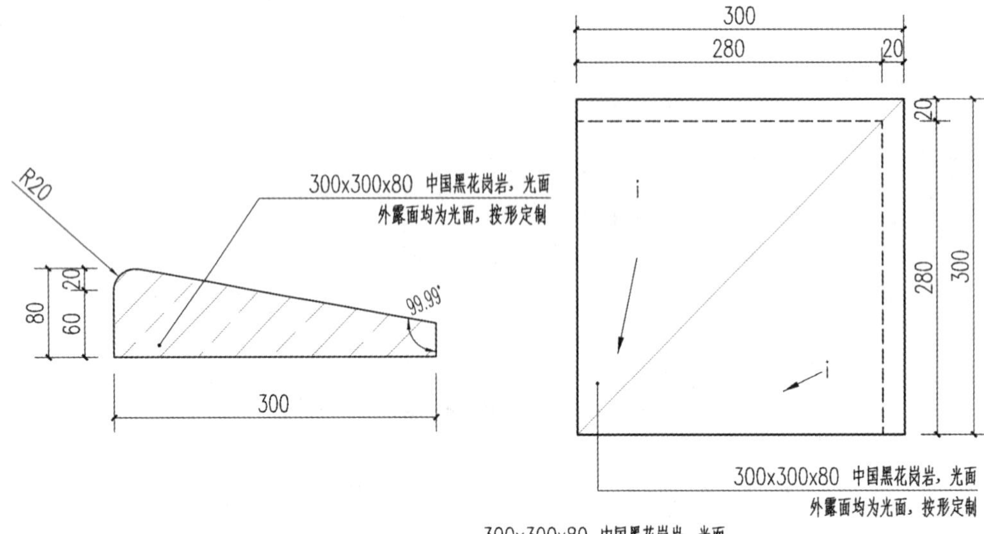

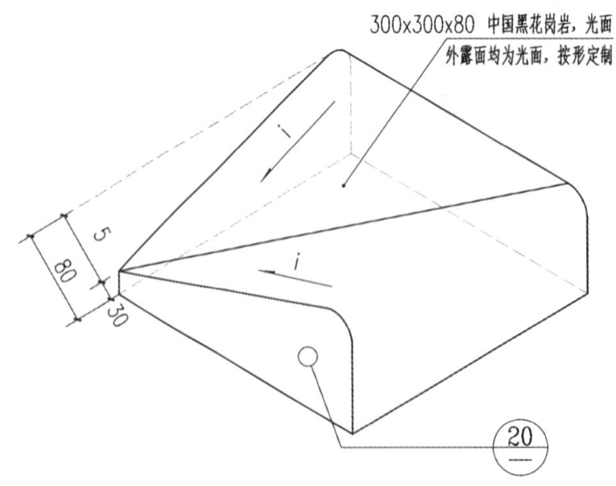

图 5-82　景观水体石材大样

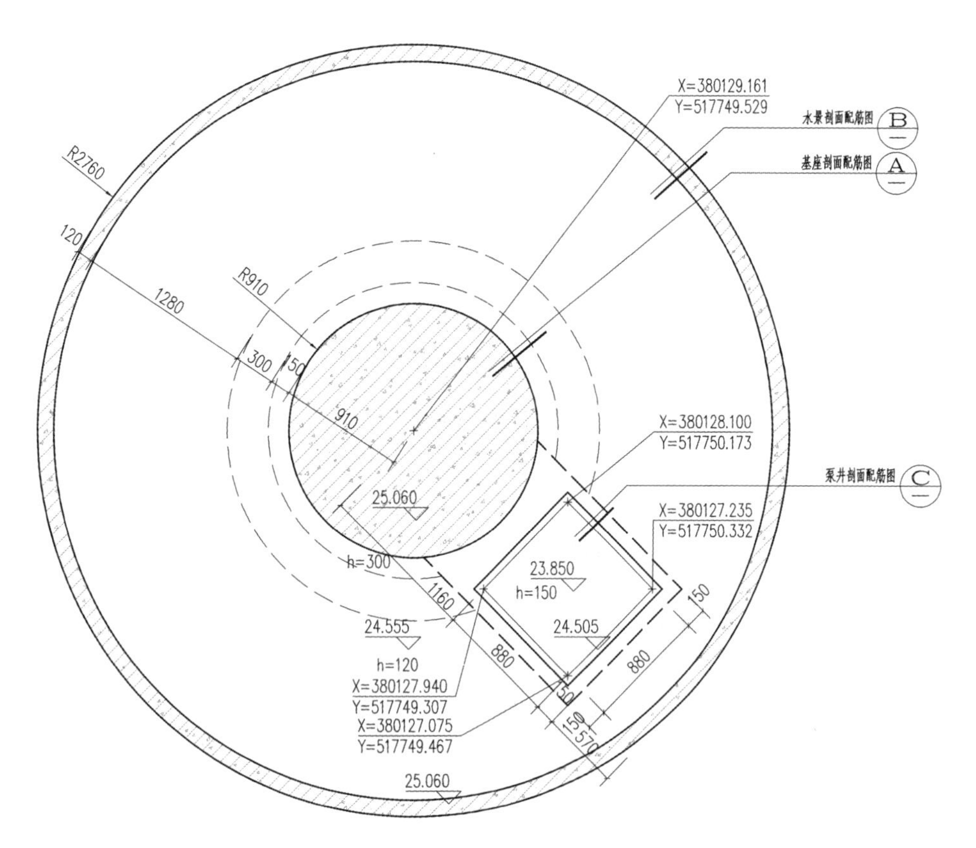

图 5-83 景观水体结构平面图

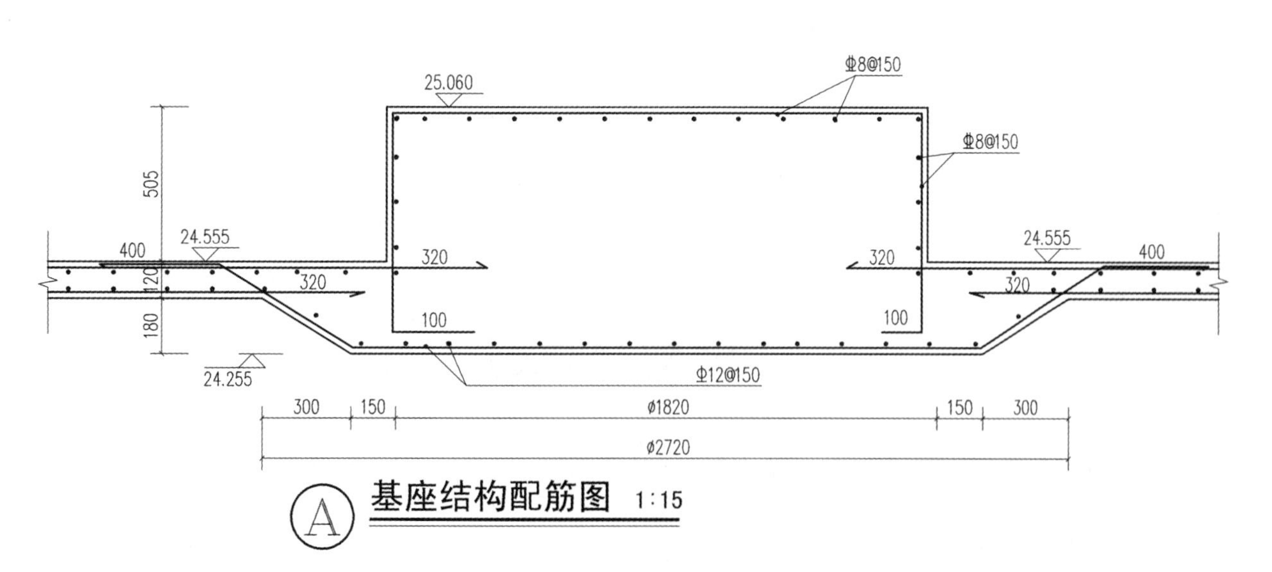

图 5-84 景观水体基座结构配筋图

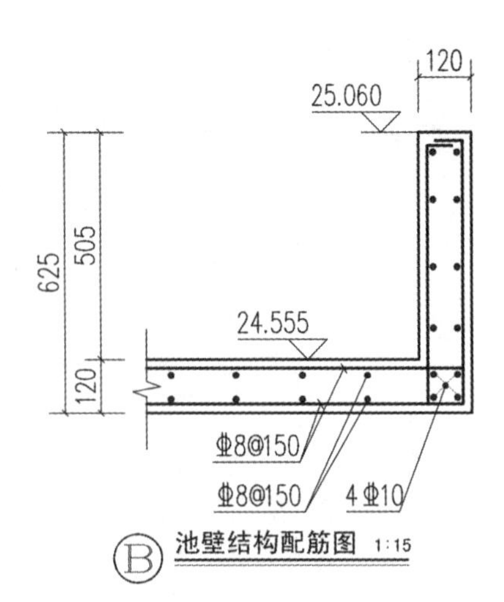

图 5-85　景观水体池壁结构配筋图

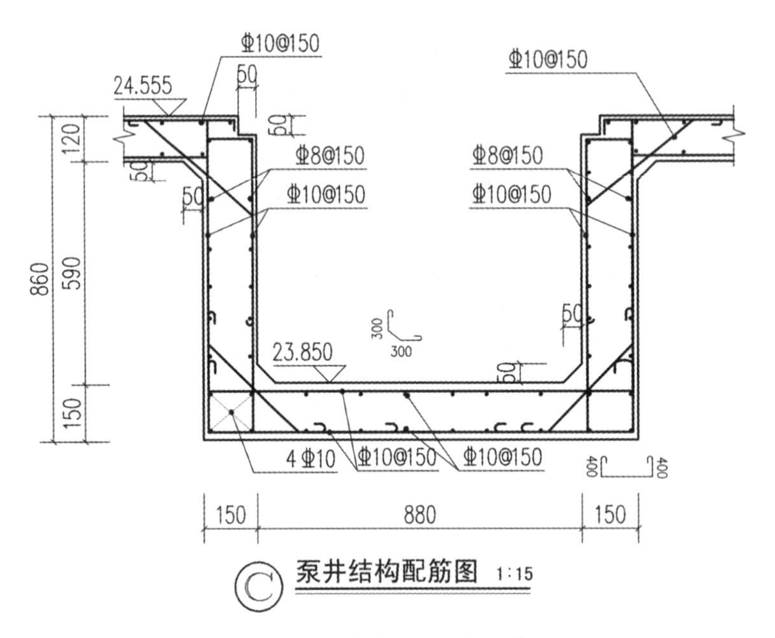

图 5-86　景观水体泵井结构配筋图

5.8 亭廊构造详图

亭，是园林中最简单又最常用的建筑形式。亭的形式很多，如圆形、方形、六角形、三角形、扇形等，一般采用混凝土砌筑，外观形象虽各有特点，但建造方法大同小异。廊，是园林中各个单体建筑之间的联系通道，是园林内游览路线的重要组成部分。它既有遮阴蔽雨、休息、交通联系的功能，又起组织景观、分隔空间、增加风景层次的作用。

在很多景观设计中，常将亭和廊组合在一起，形成综合景观。亭廊的构造较为复杂，施工图主要包含平面图、立面图、剖面图、天花图、天面图以及节点详图等，下面展开说明各图纸的设计要点。

(1)亭廊平面图。

平面图是亭廊施工图中最基本、最主要的图纸，它从整体上表达了全部构件的平面位置。平面图不同于顶视图，它其实是一个高度 1.1 m 处水平方向的剖面图。平面图反映亭廊的平面形状、长宽尺寸、墙柱定位以及门窗位置和大小等情况，是亭廊施工和立、剖面图设计与绘制的依据。

亭廊平面图上所绘制的内容包含图形和符号、尺寸标注、文字说明三大部分。展开来说平面图上需要注明结构坐标定位、横纵轴号、尺寸大小、竖向标高以及剖切符号等，一般绘图比例以 1∶50～1∶100 为宜。其中，横轴号以英文字母表示，纵轴号以阿拉伯数字表示，尺寸标注以毫米为单位，竖向标高以绝对高程表示(单位:米)。

(2)亭廊立面图。

亭廊立面图是其外观立面的投影图，立面图上的内容和尺寸要依据平面图进行设计绘制，其主要反映外观、门窗的形式与位置、高度以及外立面材料、色彩等。立面图和平面图一起组成了亭廊施工图纸的主要部分。

亭廊立面图上所绘制的内容包括立面造型、尺寸标注、高差关系以及主要的立面材料。其中高差关系除基本的尺寸标注外，还需要有相对高差标注以及绝对高程标注，通常相对高差以廊架内平台高度为±0.00(单位:米)。若立面造型复杂，建议用不同的填充图案分别表示材质，方便审图。

(3)亭廊剖面图。

亭廊剖面图是一种垂直方向的剖面图，是用来表达其内部构造的重要图样。剖面图与平面图相结合，共同表现出内部结构关系。剖面图的剖切位置一般选择在能充分表现其内部构造、结构比较复杂的部分。剖面图的数量视设计复杂程度和实际需要而定，简单设计一般两个剖面图即可。

由于剖面图较为复杂，表达的信息较多，需要注意以下几个要点:

①从图名、轴线编号与平面图上剖切符号的位置、轴线编号相对照，可看到剖面图中剖切位置所经之处表示的内容。

②剖面图中，被剖切开的构件或截面应画上材料图例。

③剖面图中，应画出从地面到屋面的内部构造、结构形式、位置及相互关系。

④图上应标注亭、廊的内部尺寸与相对标高。

⑤地面、墙体和屋面的构造材料应用文字加以说明。

⑥倾斜的屋面应用坡度来表示倾斜角度。

⑦有转折的剖面图应在剖面图上画出转折剖切符号，以方便识图。

⑧有需要详图索引的结构部位，应画出详图索引符号。

(4)亭廊天面图。

亭廊天面图是屋面的投影图，主要反映屋面的形式、尺寸、材质等内容。天面图上所绘制的内容包括屋面造型、尺寸标注、竖向标注、轴线编号以及材质说明等。

(5)亭廊天花图。

亭廊天花图是吊顶的投影图，主要反映吊顶的形式、尺寸、材质等内容。天花图上所绘制的内容包括吊顶造型、尺寸标注、竖向标注、轴线编号以及材质说明等，天花图仅在复杂设计中存在，一般简单设计无须绘制此图。

(6)亭廊节点大样图。

节点大样作为亭廊平、立、剖的补充，主要是为了表达其细部的做法，如材料固定方式、各材料交界点处理方式、异形材料形式、配套截水沟等，绘图比例宜为 1∶5～1∶20。

(7)亭廊结构图。

亭廊结构图主要反映基础、柱、梁、板等配筋情况。其中结构平面图主要表达各结构节点定位以及索引。各部位结构配筋图主要表达钢筋布置方式以及结构高度，也是结构图中最重要的要素，决定了整个亭廊的稳定性。在表达上结构轮廓采用细实线，钢筋采用粗实线和粗点表示。需要注意的是，结构轮廓线不得与钢筋重叠，需要 30 mm 左右保护层。图纸中“Φ”表示钢筋直径，“@”表示钢筋之间的间距。

下面展示武汉某小区中轴景观中门楼形式的亭廊完整施工图，详见图 5-87～图 5-104。

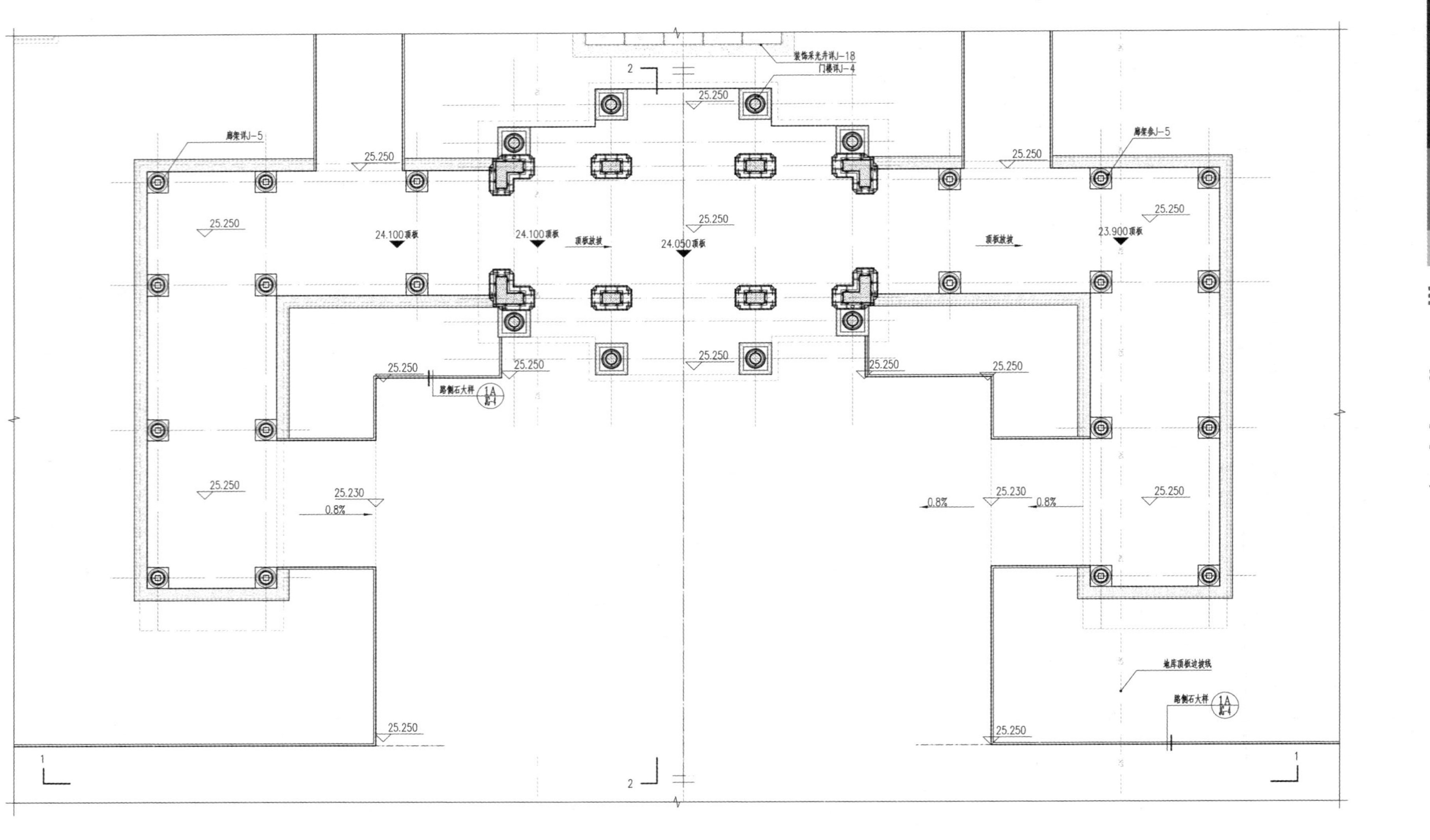

图5-87 门楼形式亭廊标高索引平面图

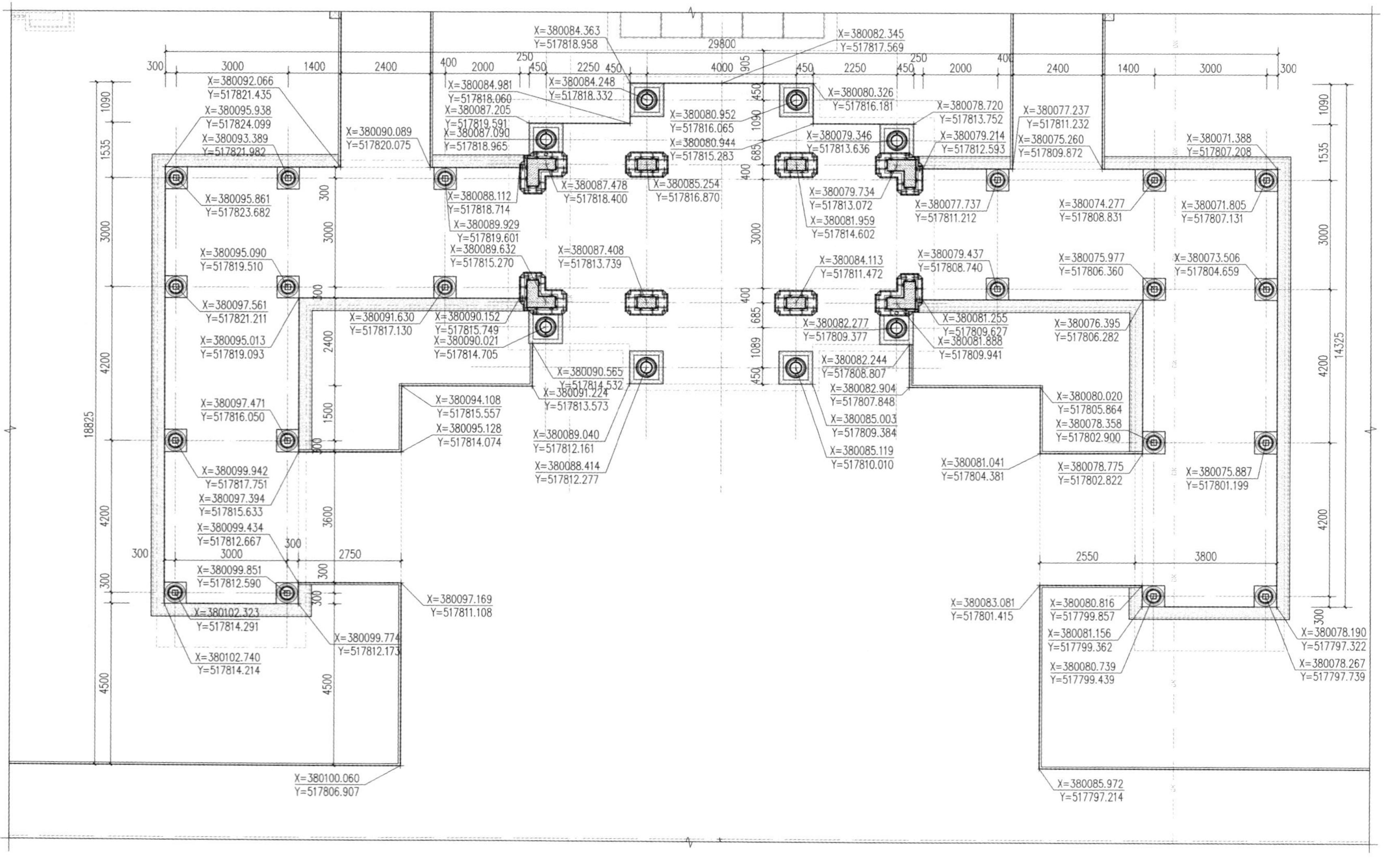

图5-88 门楼形式亭廊平面尺寸坐标平面图

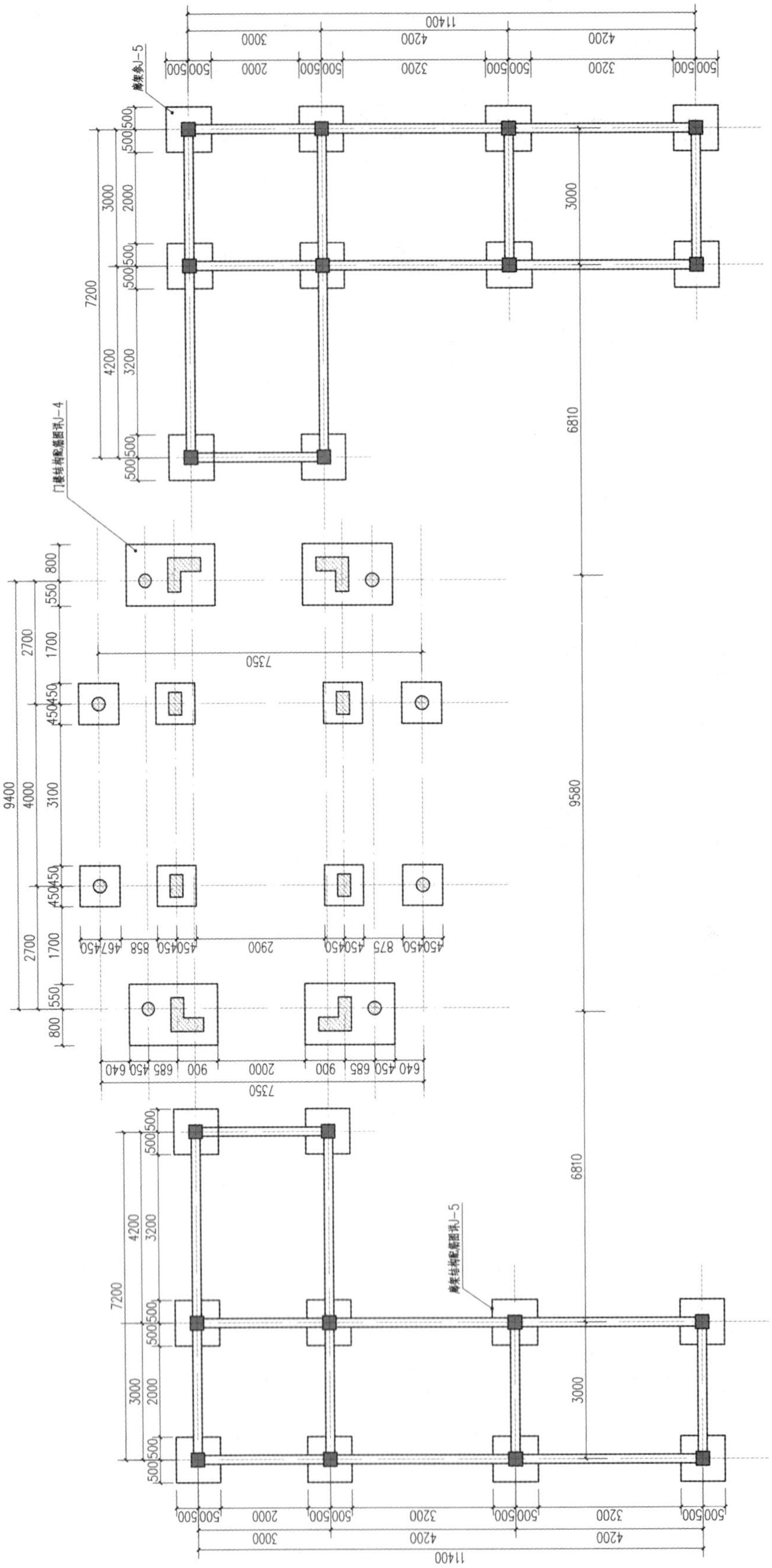

图5-89 门楼形式亭廊结构平面图

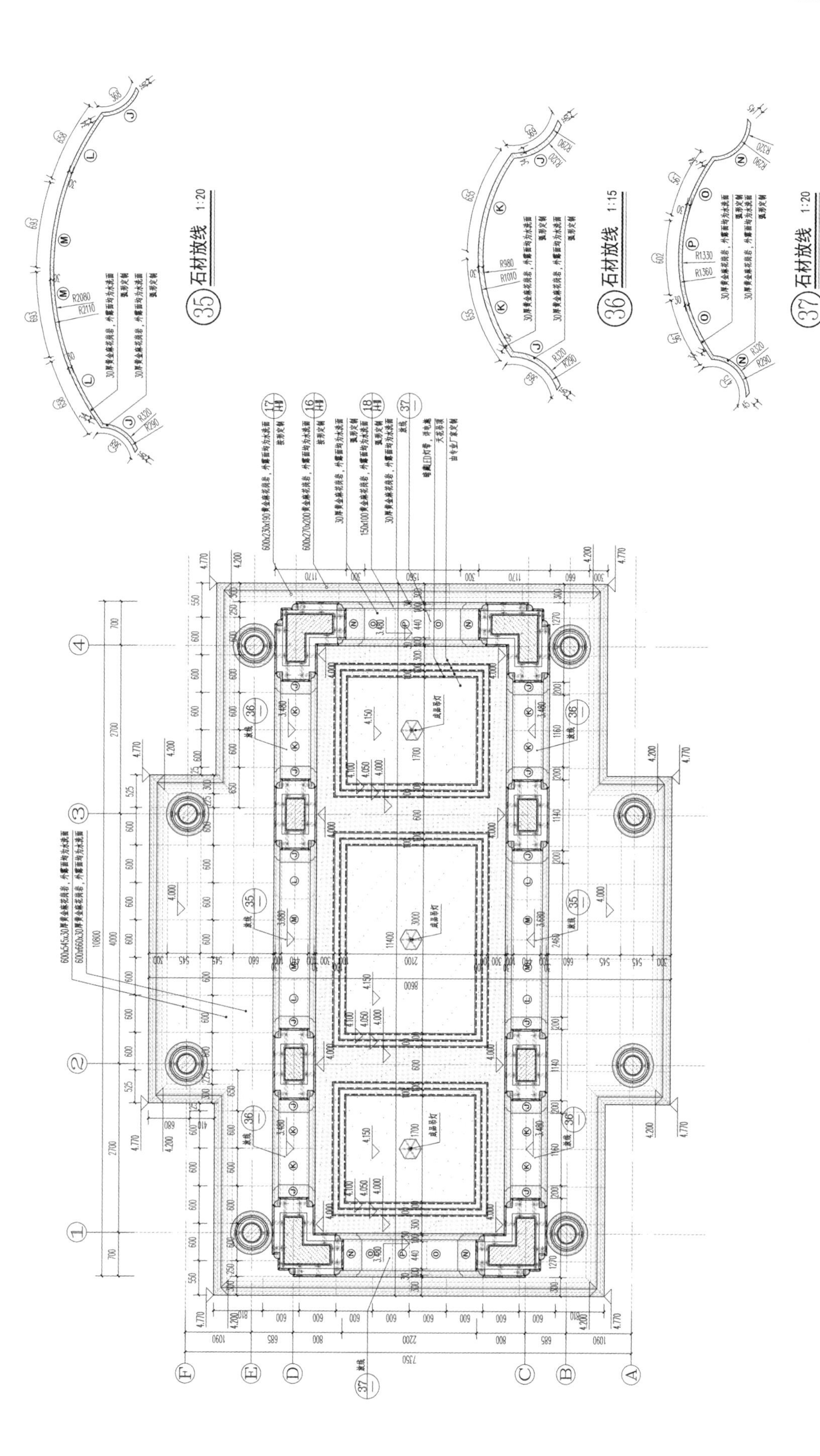

图5-90 门楼天花图

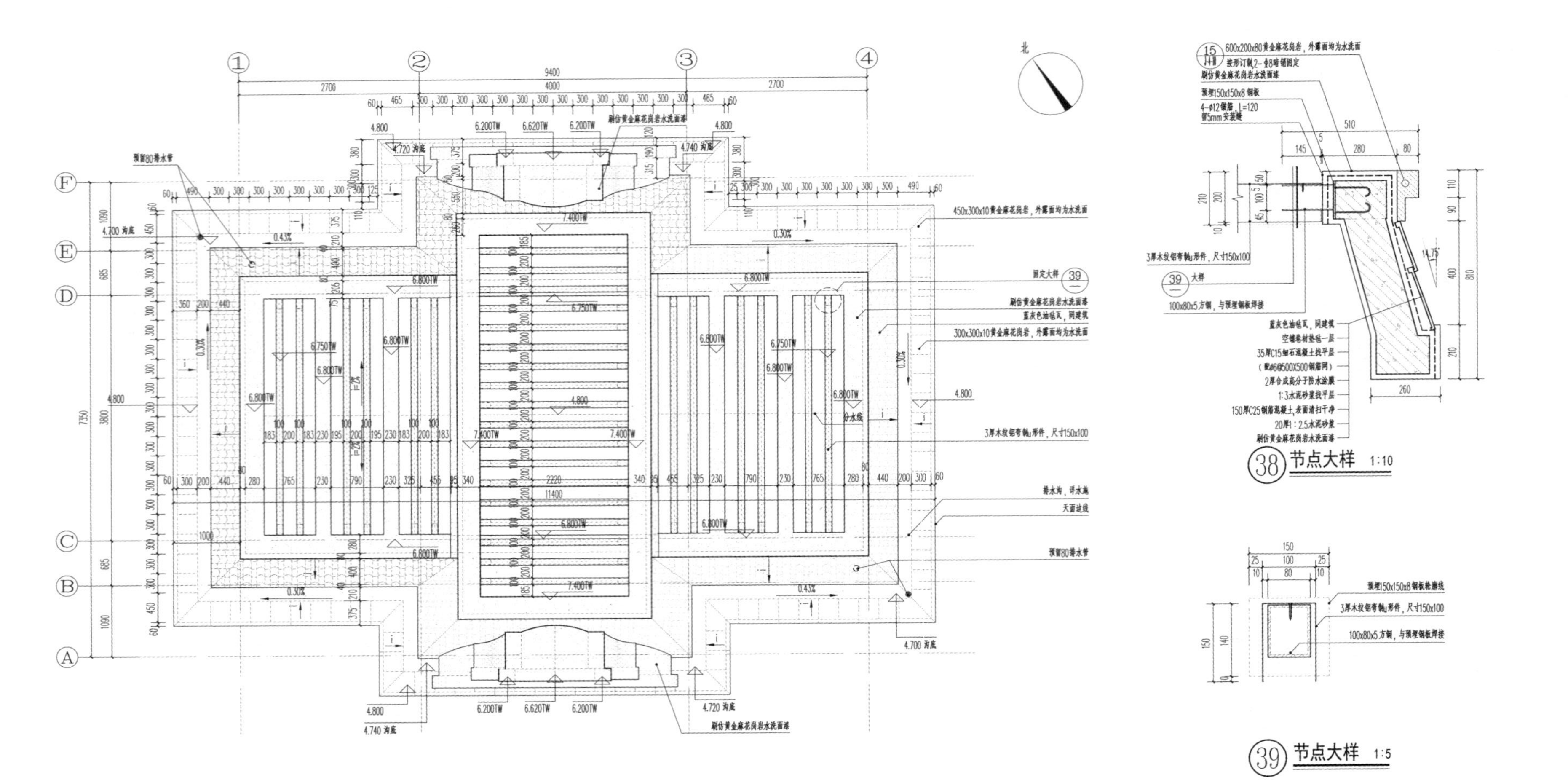
北
450x300x10黄金麻花岗岩，外露面均为水洗面
300x300x10黄金麻花岗岩，外露面均为水洗面
刷仿黄金麻花岗岩水洗面漆
蓝灰色油毡瓦，同建筑
3厚木纹铝寄轴₁形件，尺寸150x100
分水线
排水沟，详水施
天面边线
预留80排水管
固定大样
600x200x80黄金麻花岗岩，外露面均为水洗面
预埋150x150x8钢板
100x80x5方钢，与预埋钢板焊接
蓝灰色油毡瓦，同建筑
空铺卷材垫毡一层
35厚C15细石混凝土找平层
2厚合成高分子防水涂膜
1:3水泥砂浆找平层
150厚C25钢筋混凝土，表面清扫干净
20厚1：2.5水泥砂浆
刷仿黄金麻花岗岩水洗面漆
节点大样 1:10
预埋150x150x8钢板描线
3厚木纹铝寄轴₁形件，尺寸150x100
100x80x5方钢，与预埋钢板焊接
节点大样 1:5

图5-91　门楼天面图

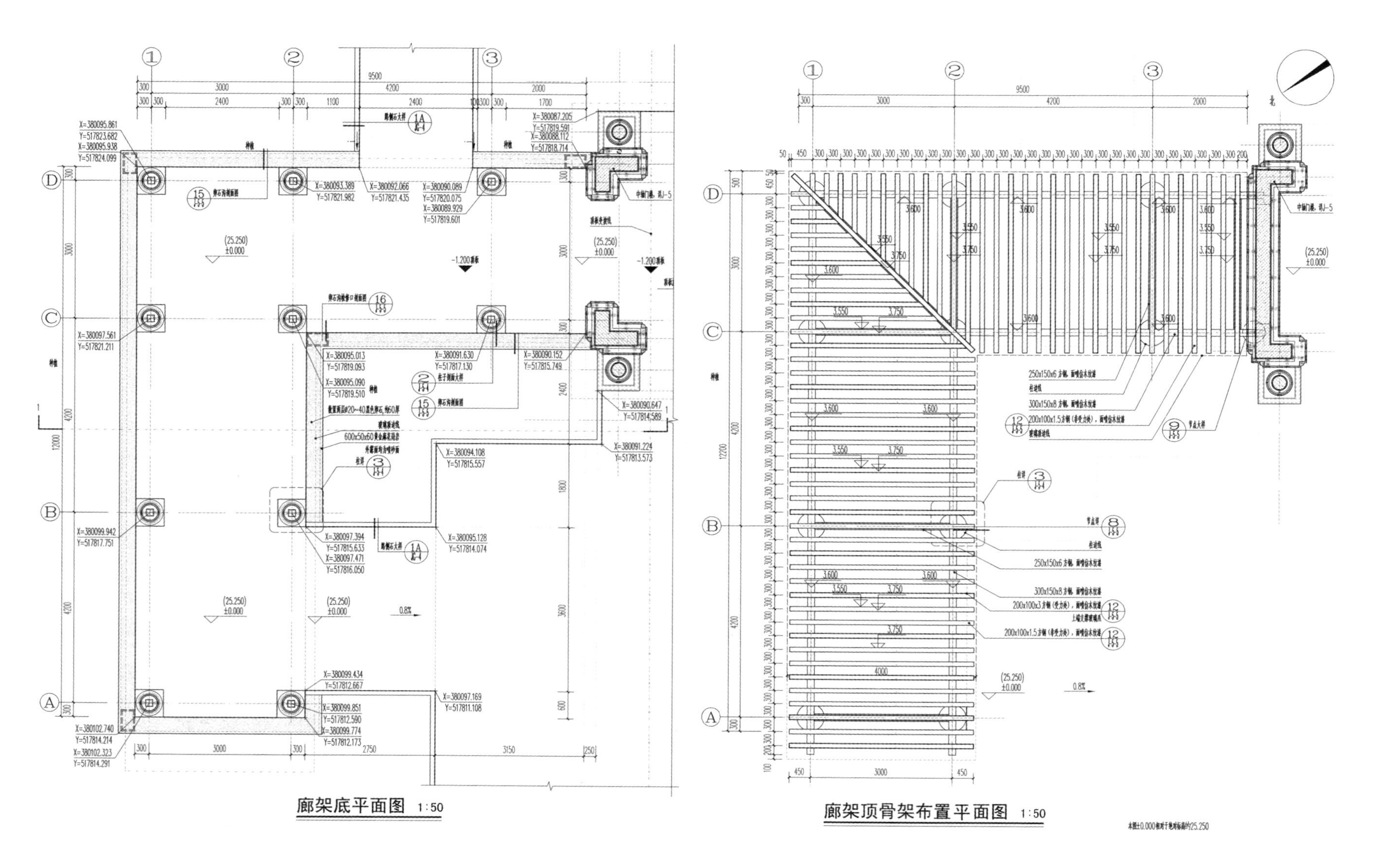

图5-92 廊架平面图一

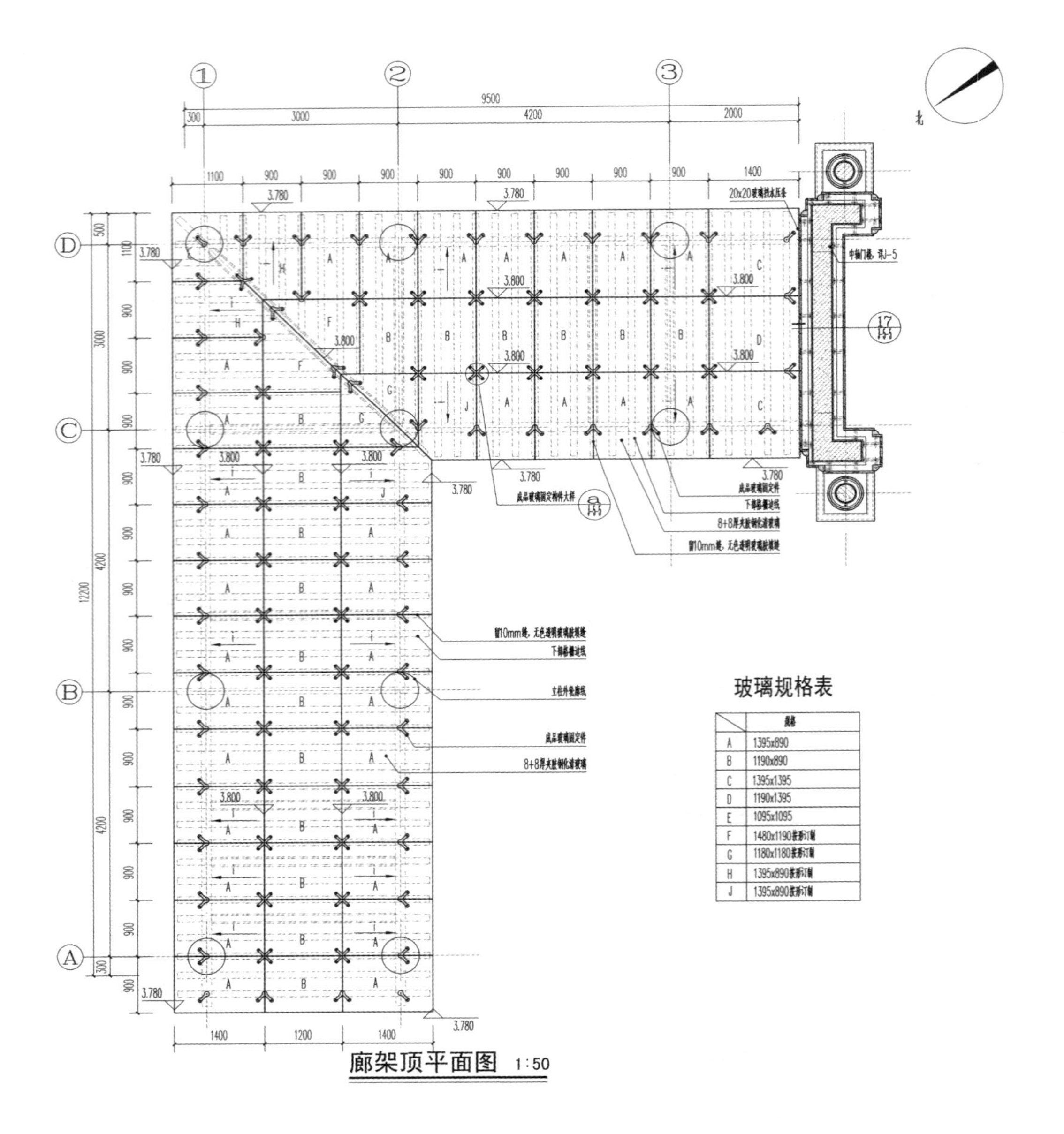

玻璃规格表

	规格
A	1395x890
B	1190x890
C	1395x1395
D	1190x1395
E	1095x1095
F	1480x1190按形订制
G	1180x1180按形订制
H	1395x890按形订制
J	1395x890按形订制

图5-93 廊架平面图二

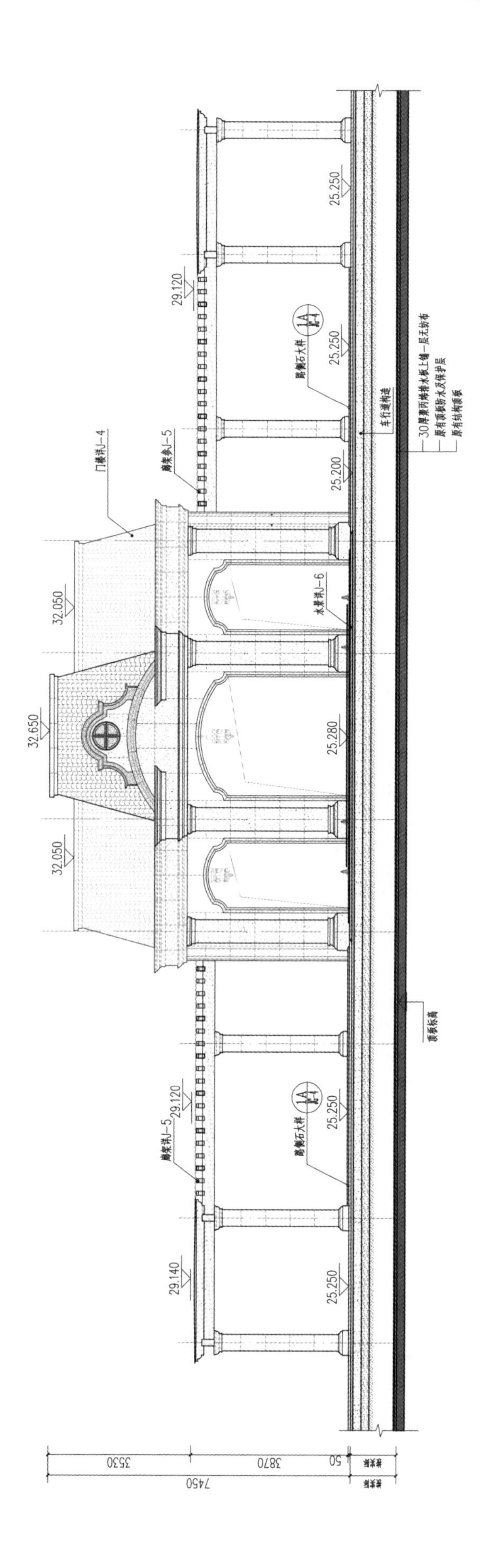

图5-94 门楼形式亭廊立面图

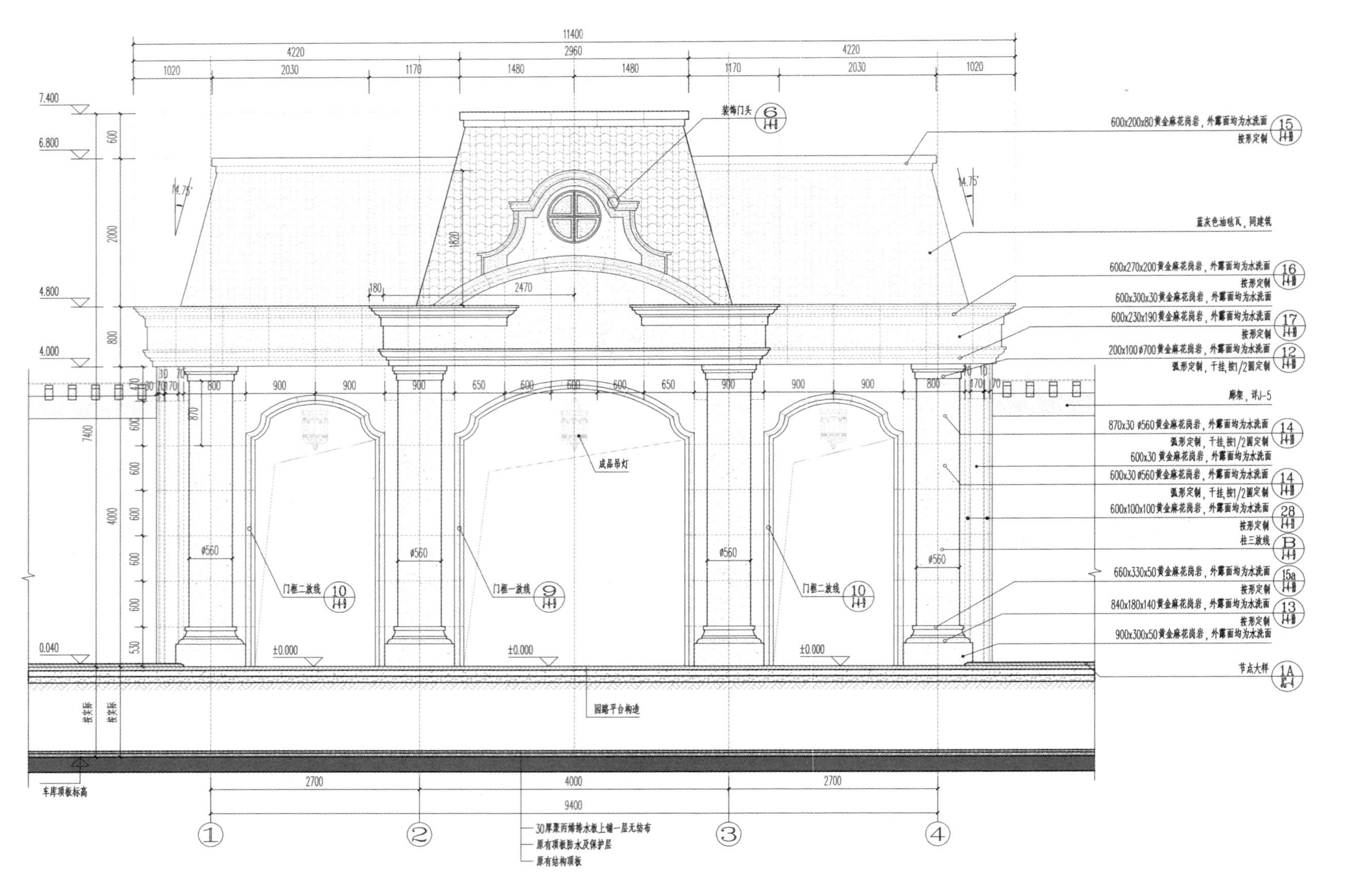
11400
4220
2960
1020
2030
1170
1480
7.400
6.800
4.800
4.000
0.040
装饰门头
600x200x80黄金麻花岗岩，外露面均为水洗面
蓝灰色油毡瓦，同建筑
600x270x200黄金麻花岗岩，外露面均为水洗面
600x300x30黄金麻花岗岩，外露面均为水洗面
600x230x190黄金麻花岗岩，外露面均为水洗面
200x100 ϕ700黄金麻花岗岩，外露面均为水洗面
廊架，详J-5
870x30 ϕ560黄金麻花岗岩，外露面均为水洗面
600x30黄金麻花岗岩，外露面均为水洗面
600x30 ϕ560黄金麻花岗岩，外露面均为水洗面
600x100x100黄金麻花岗岩，外露面均为水洗面
柱三装线
660x330x50黄金麻花岗岩，外露面均为水洗面
840x180x140黄金麻花岗岩，外露面均为水洗面
900x300x50黄金麻花岗岩，外露面均为水洗面
节点大样
成品吊灯
门框二装线
门框一装线
ϕ560
±0.000
园路平台构造
车库顶板标高
2700
4000
9400
30厚聚丙烯排水板上铺一层无纺布
原有顶板防水及保护层
原有结构顶板

图5-95　门楼剖面图一

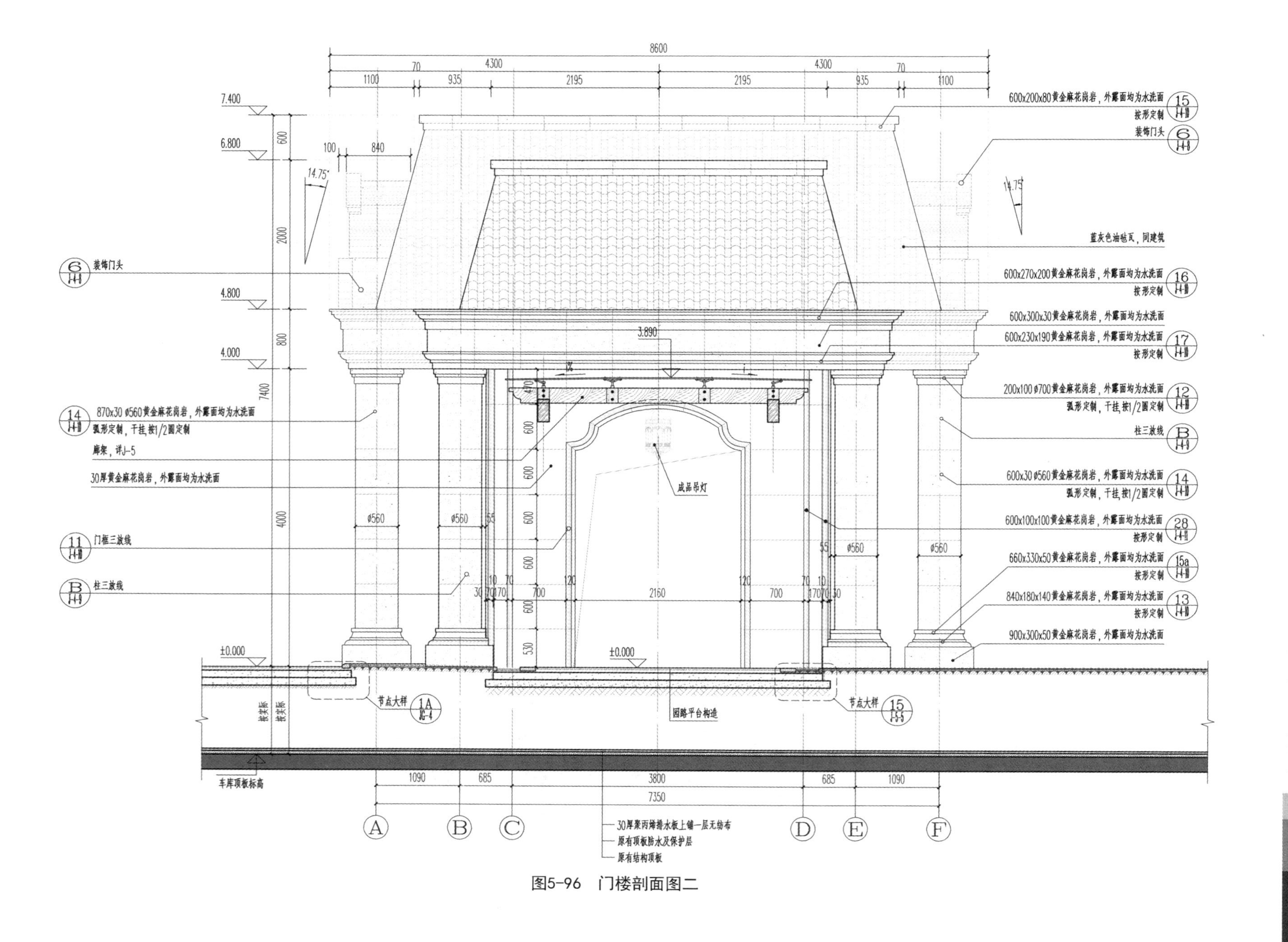

600x200x80黄金麻花岗岩，外露面均为水洗面
按形定制
装饰门头
蓝灰色油毡瓦，同建筑
600x270x200黄金麻花岗岩，外露面均为水洗面
按形定制
600x300x30黄金麻花岗岩，外露面均为水洗面
600x230x190黄金麻花岗岩，外露面均为水洗面
按形定制
200x100 ø700黄金麻花岗岩，外露面均为水洗面
弧形定制，干挂，按1/2圆定制
柱三放线
600x30 ø560黄金麻花岗岩，外露面均为水洗面
弧形定制，干挂，按1/2圆定制
600x100x100黄金麻花岗岩，外露面均为水洗面
按形定制
660x330x50黄金麻花岗岩，外露面均为水洗面
按形定制
840x180x140黄金麻花岗岩，外露面均为水洗面
按形定制
900x300x50黄金麻花岗岩，外露面均为水洗面
装饰门头
870x30 ø560黄金麻花岗岩，外露面均为水洗面
弧形定制，干挂，按1/2圆定制
廊架，详J-5
30厚黄金麻花岗岩，外露面均为水洗面
门框三放线
柱三放线
成品吊灯
节点大样
园路平台构造
车库顶板标高
30厚聚丙烯排水板上铺一层无纺布
原有顶板防水及保护层
原有结构顶板

图5-96 门楼剖面图二

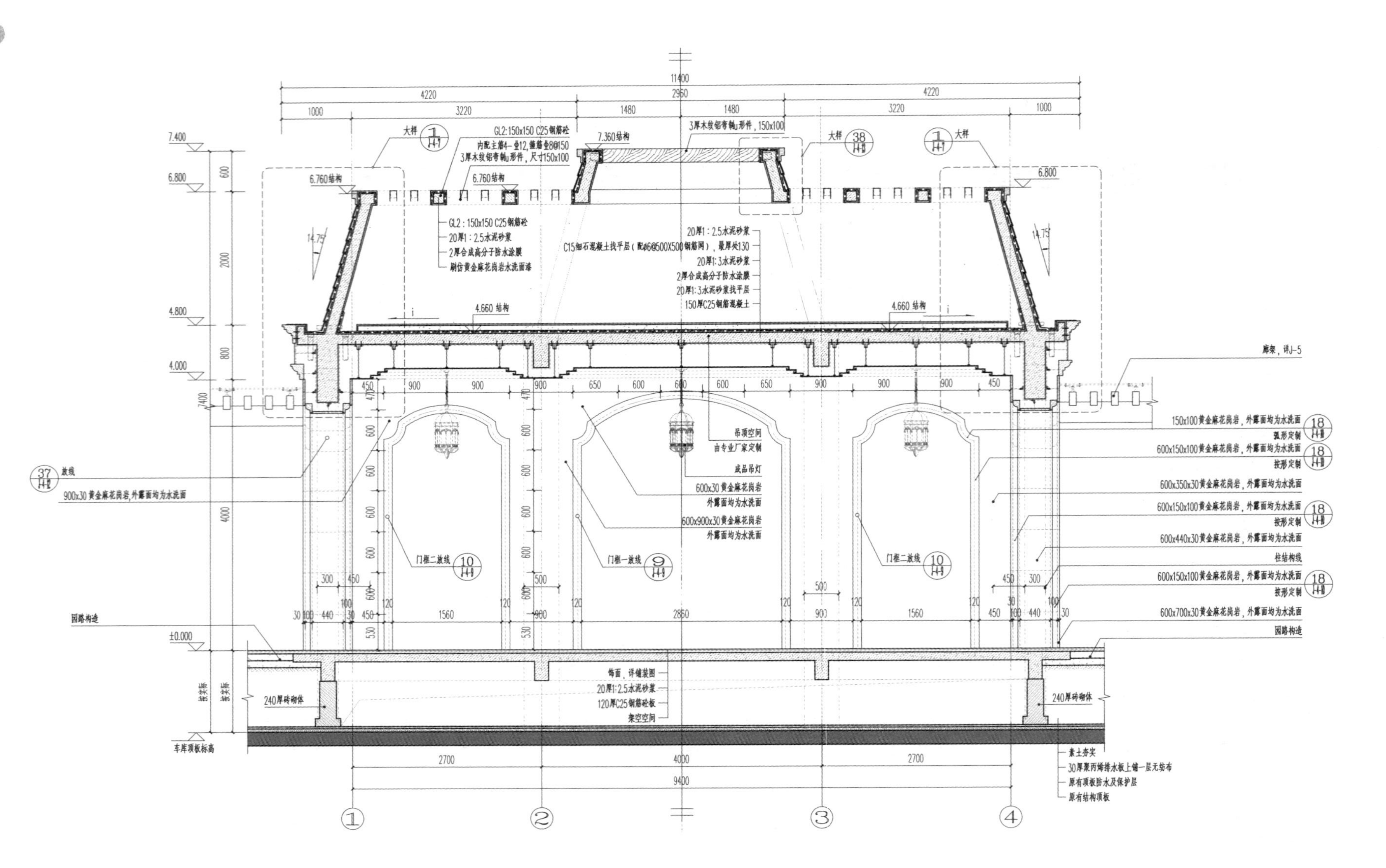

大样
GL2:150x150 C25钢筋砼
内配主筋4-⌀12,箍筋⌀8@150
3厚木纹铝骨轴,形件,尺寸150x100
7.360结构
3厚木纹铝骨轴,形件,150x100
6.760结构
6.800
GL2:150x150 C25钢筋砼
20厚1:2.5水泥砂浆
2厚合成高分子防水涂膜
刷仿黄金麻花岗岩水洗面漆
20厚1:2.5水泥砂浆
C15细石混凝土找平层（配⌀6@500X500钢筋网），最厚处130
20厚1:3水泥砂浆
2厚合成高分子防水涂膜
20厚1:3水泥砂浆找平层
150厚C25钢筋混凝土
4.660 结构
廊架，详J-5
吊顶空间
由专业厂家定制
成品吊灯
600x30黄金麻花岗岩
外露面均为水洗面
600x900x30黄金麻花岗岩
外露面均为水洗面
放线
900x30黄金麻花岗岩,外露面均为水洗面
门框二放线
门框一放线
150x100黄金麻花岗岩，外露面均为水洗面
弧形定制
600x150x100黄金麻花岗岩，外露面均为水洗面
按形定制
600x350x30黄金麻花岗岩，外露面均为水洗面
600x440x30黄金麻花岗岩，外露面均为水洗面
柱结构线
600x700x30黄金麻花岗岩，外露面均为水洗面
园路构造
±0.000
饰面，详铺装图
20厚1:2.5水泥砂浆
120厚C25钢筋砼板
架空空间
240厚砖砌体
车库顶板标高
素土夯实
30厚聚丙烯排水板上铺一层无纺布
原有顶板防水及保护层
原有结构顶板

图5-97　门楼剖面图三

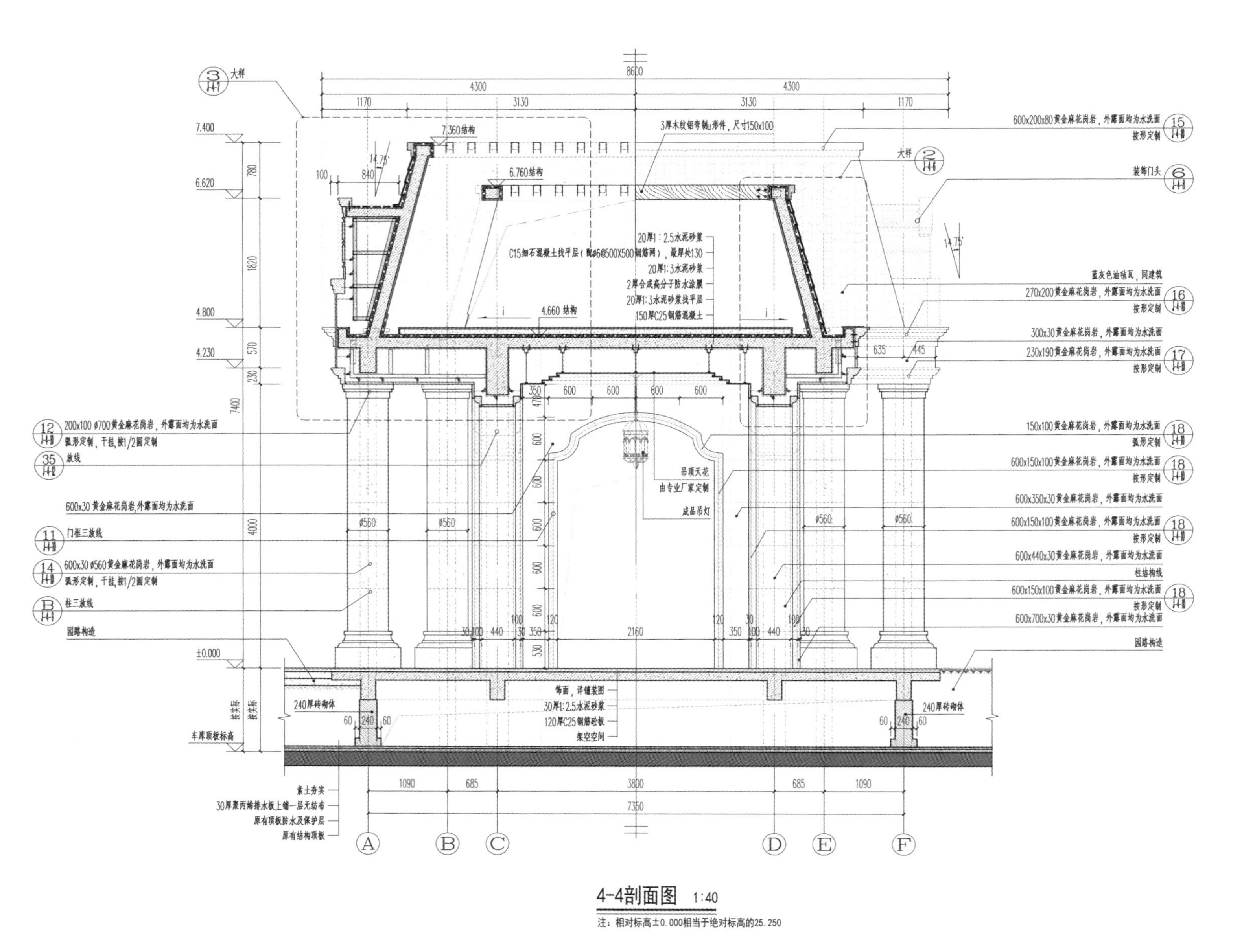
大样
600x200x80黄金麻花岗岩，外露面均为水洗面
按形定制
装饰门头
蓝灰色油毡瓦，同建筑
270x200黄金麻花岗岩，外露面均为水洗面
按形定制
300x30黄金麻花岗岩，外露面均为水洗面
230x190黄金麻花岗岩，外露面均为水洗面
按形定制
150x100黄金麻花岗岩，外露面均为水洗面
弧形定制
600x150x100黄金麻花岗岩，外露面均为水洗面
按形定制
600x350x30黄金麻花岗岩，外露面均为水洗面
600x440x30黄金麻花岗岩，外露面均为水洗面
柱结构线
600x700x30黄金麻花岗岩，外露面均为水洗面
园路构造
3厚木纹铝夸帆形件，尺寸150x100
7.360结构
6.760结构
4.660结构
20厚1：2.5水泥砂浆
20厚1：3水泥砂浆
2厚合成高分子防水涂膜
20厚1：3水泥砂浆找平层
150厚C25钢筋混凝土
吊顶天花
由专业厂家定制
成品吊灯
200x100 ø700黄金麻花岗岩，外露面均为水洗面
弧形定制，干挂，按1/2圆定制
放线
600x30黄金麻花岗岩，外露面均为水洗面
门框三放线
600x30 ø560黄金麻花岗岩，外露面均为水洗面
柱三放线
饰面，详铺装图
30厚1：2.5水泥砂浆
120厚C25钢筋砼板
架空空间
240厚砖砌体
车库顶板标高
素土夯实
30厚聚丙烯排水板上铺一层无纺布
原有顶板防水及保护层
原有结构顶板
7.400
6.620
4.800
4.230
±0.000
8600
4300
1170
3130
7350
3800
1090
685
A
B
C
D
E
F
4-4剖面图 1:40
注：相对标高±0.000相当于绝对标高的25.250

图5-98 门楼剖面图四

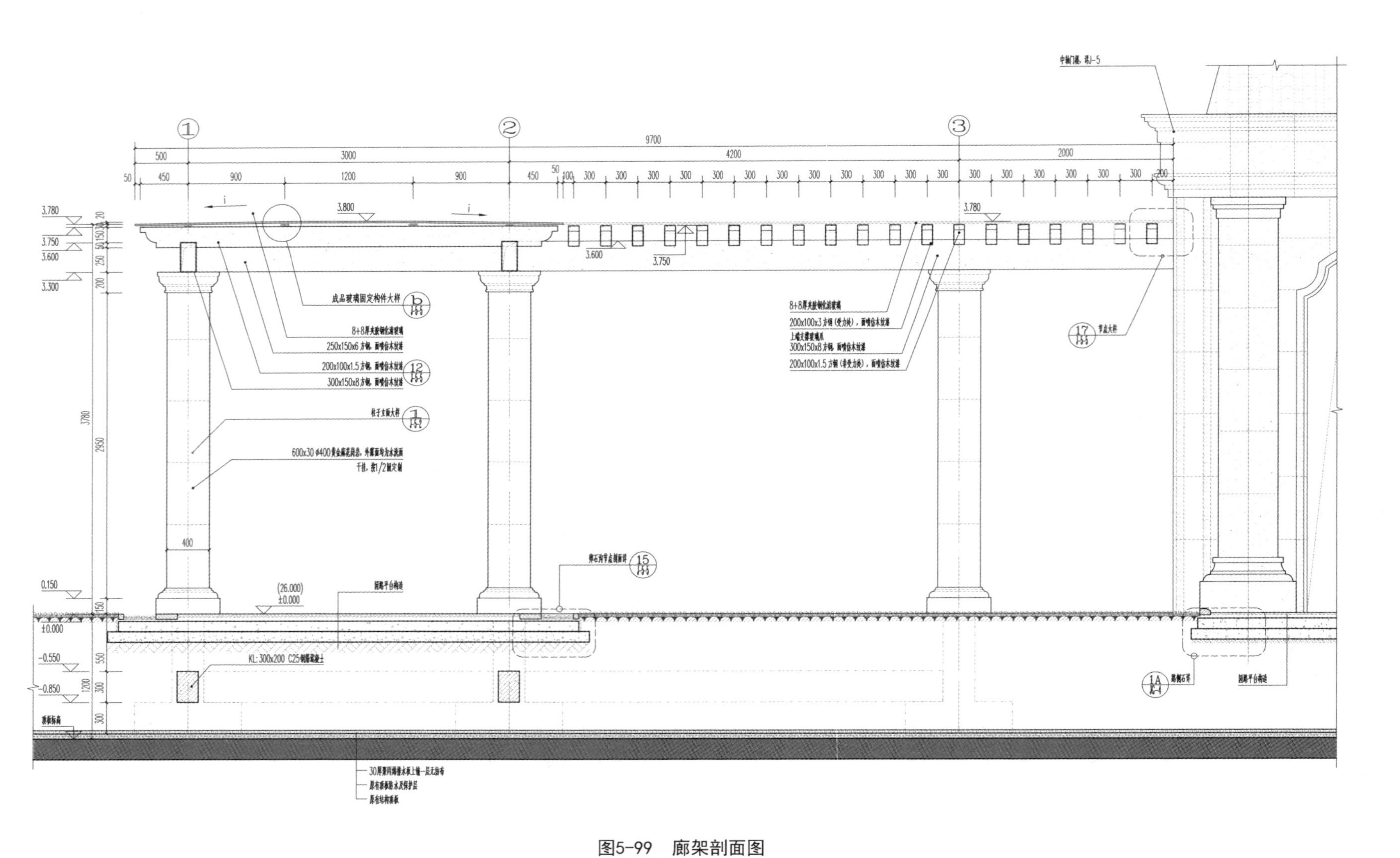
9700
500
3000
4200
2000
3.780
3.750
3.600
3.300
3.800
3.750
3.600
3.780
成品玻璃固定构件大样
8+8厚夹胶钢化玻璃
250x150x6 方钢，面喷仿木纹漆
200x100x1.5 方钢，面喷仿木纹漆
300x150x8 方钢，面喷仿木纹漆
柱子立面大样
8+8厚夹胶钢化玻璃
200x100x3 方钢（受力梁），面喷仿木纹漆
300x150x8 方钢，面喷仿木纹漆
200x100x1.5 方钢（非受力梁），面喷仿木纹漆
节点大样
(26.000)
±0.000
0.150
±0.000
-0.550
-0.850
KL: 300x200 C25钢筋混凝土
30厚聚丙烯塑水板上铺一层无纺布
3780
2950
400

图5-99　廊架剖面图

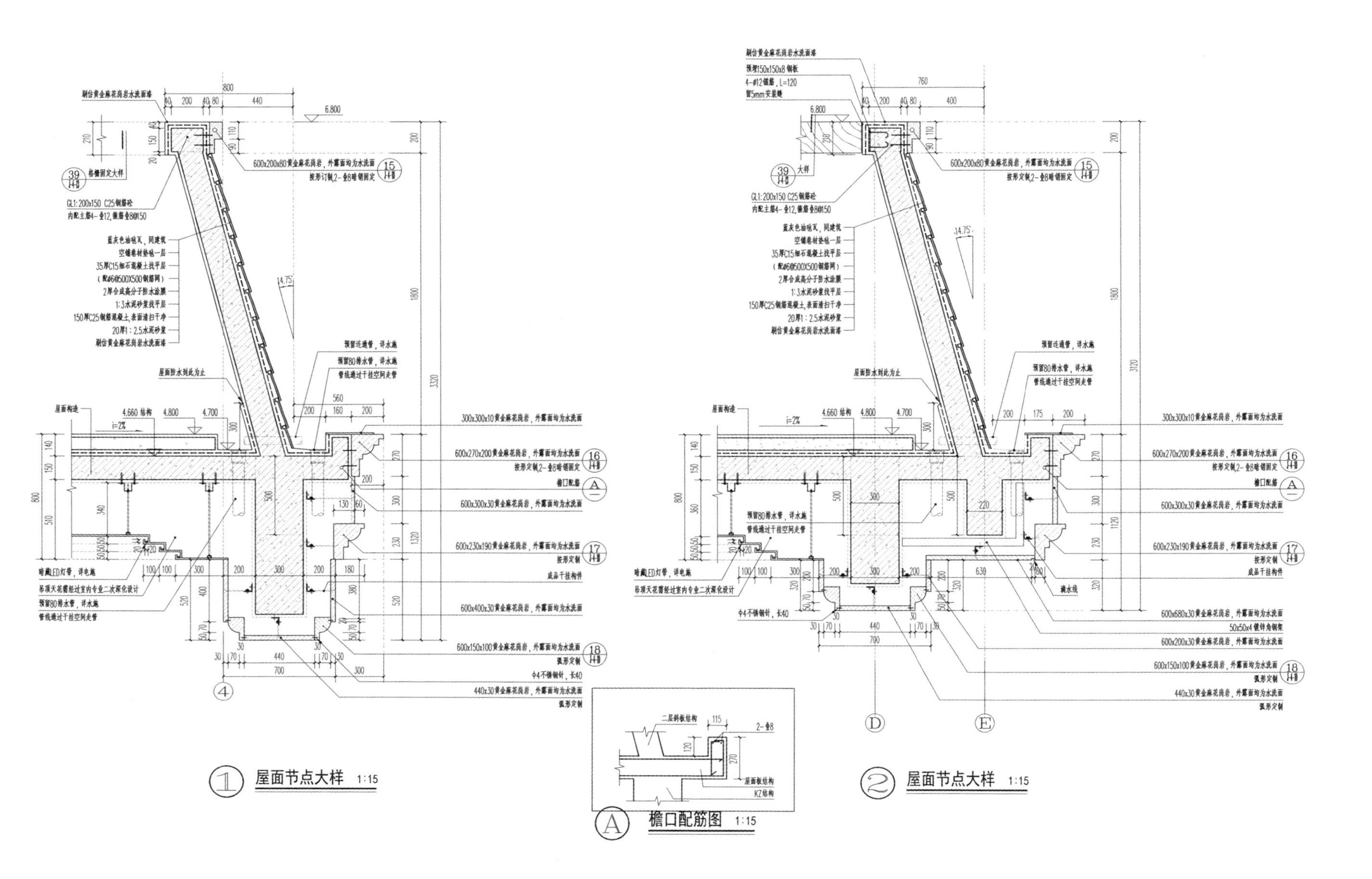

图5-100 门楼形式亭廊节点大样图一

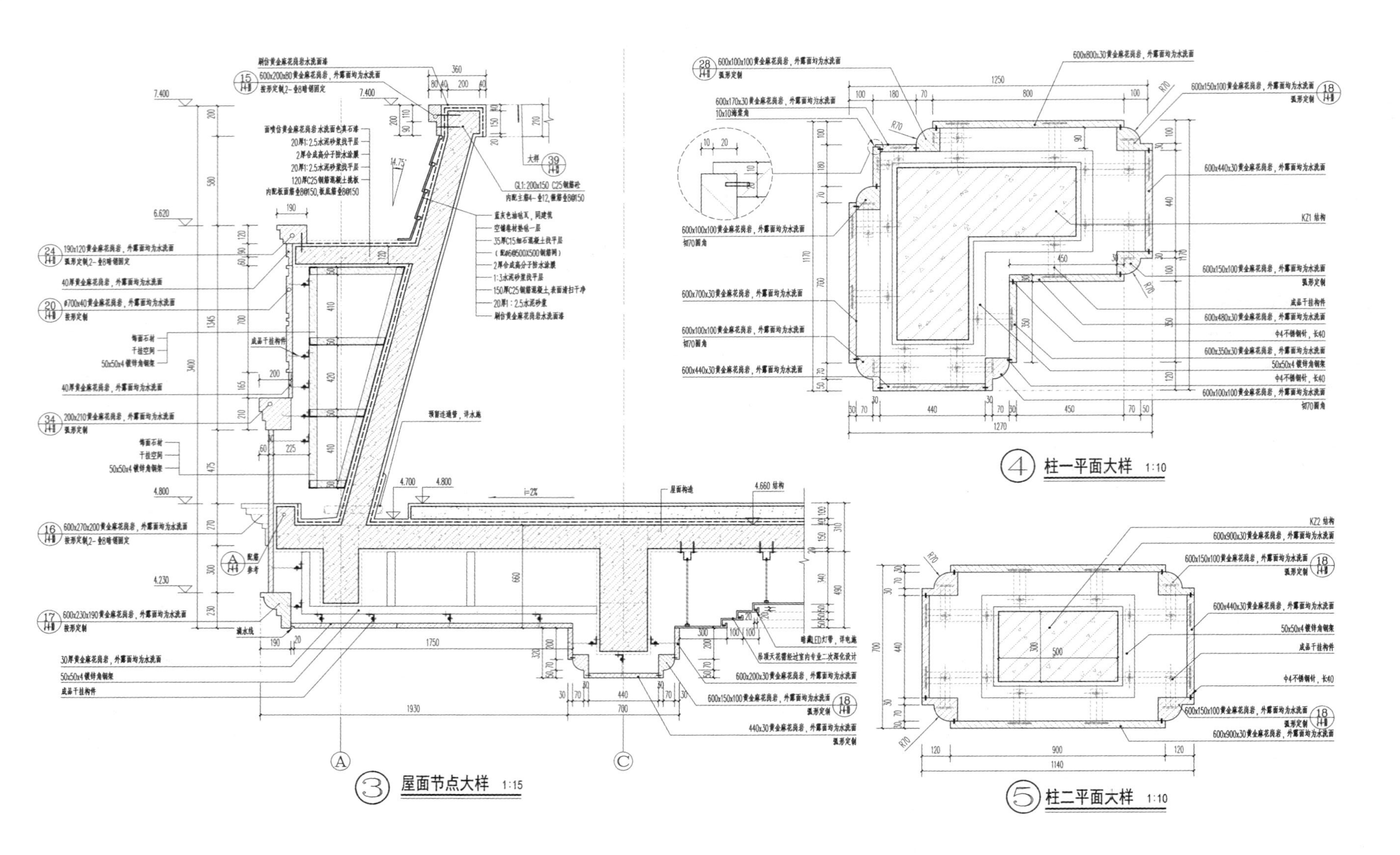

图5-101 门楼形式亭廊节点大样图二

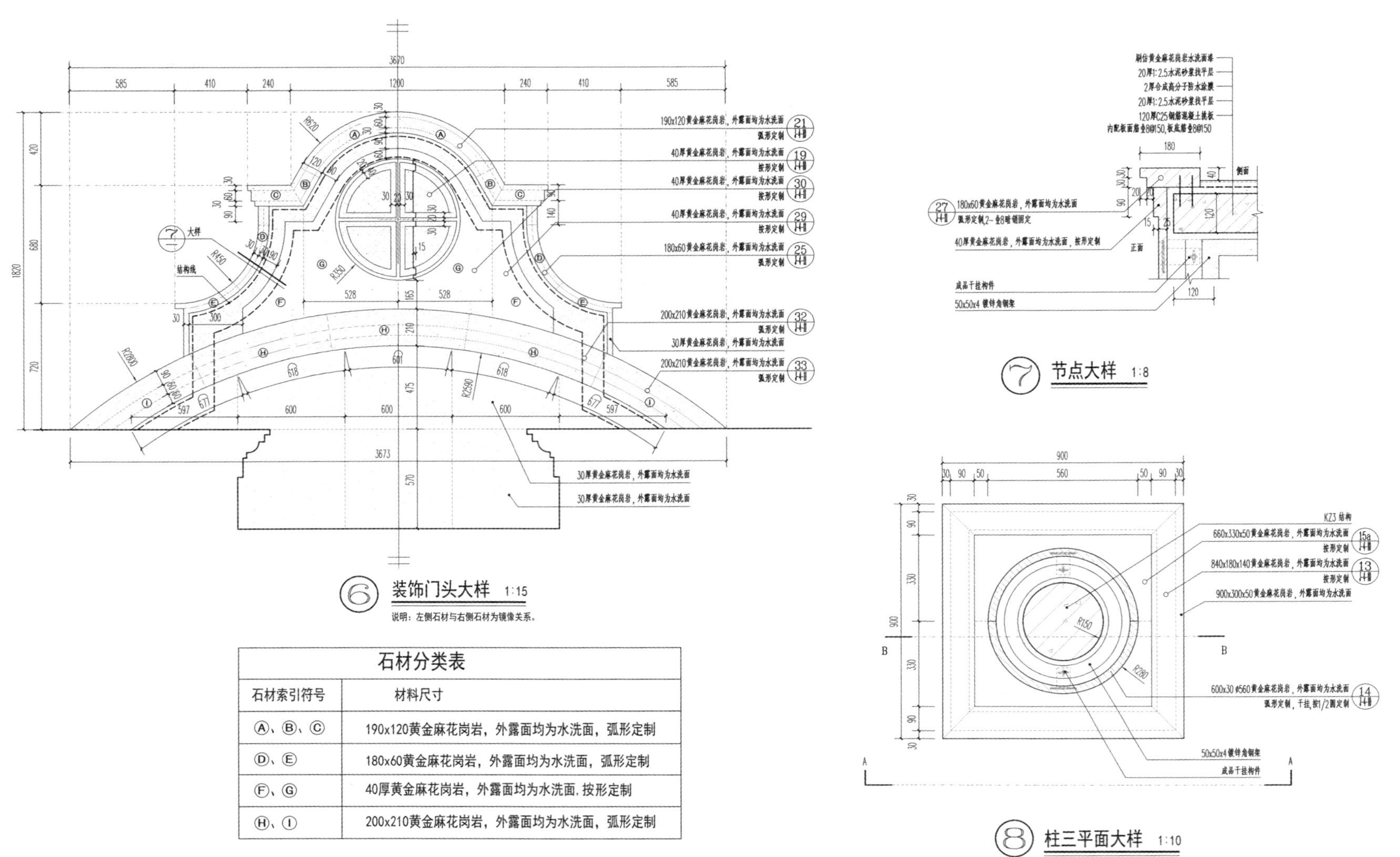

石材分类表

石材索引符号	材料尺寸
Ⓐ、Ⓑ、Ⓒ	190x120黄金麻花岗岩，外露面均为水洗面，弧形定制
Ⓓ、Ⓔ	180x60黄金麻花岗岩，外露面均为水洗面，弧形定制
Ⓕ、Ⓖ	40厚黄金麻花岗岩，外露面均为水洗面，按形定制
Ⓗ、Ⓘ	200x210黄金麻花岗岩，外露面均为水洗面，弧形定制

图5-102 门楼形式亭廊节点大样图三

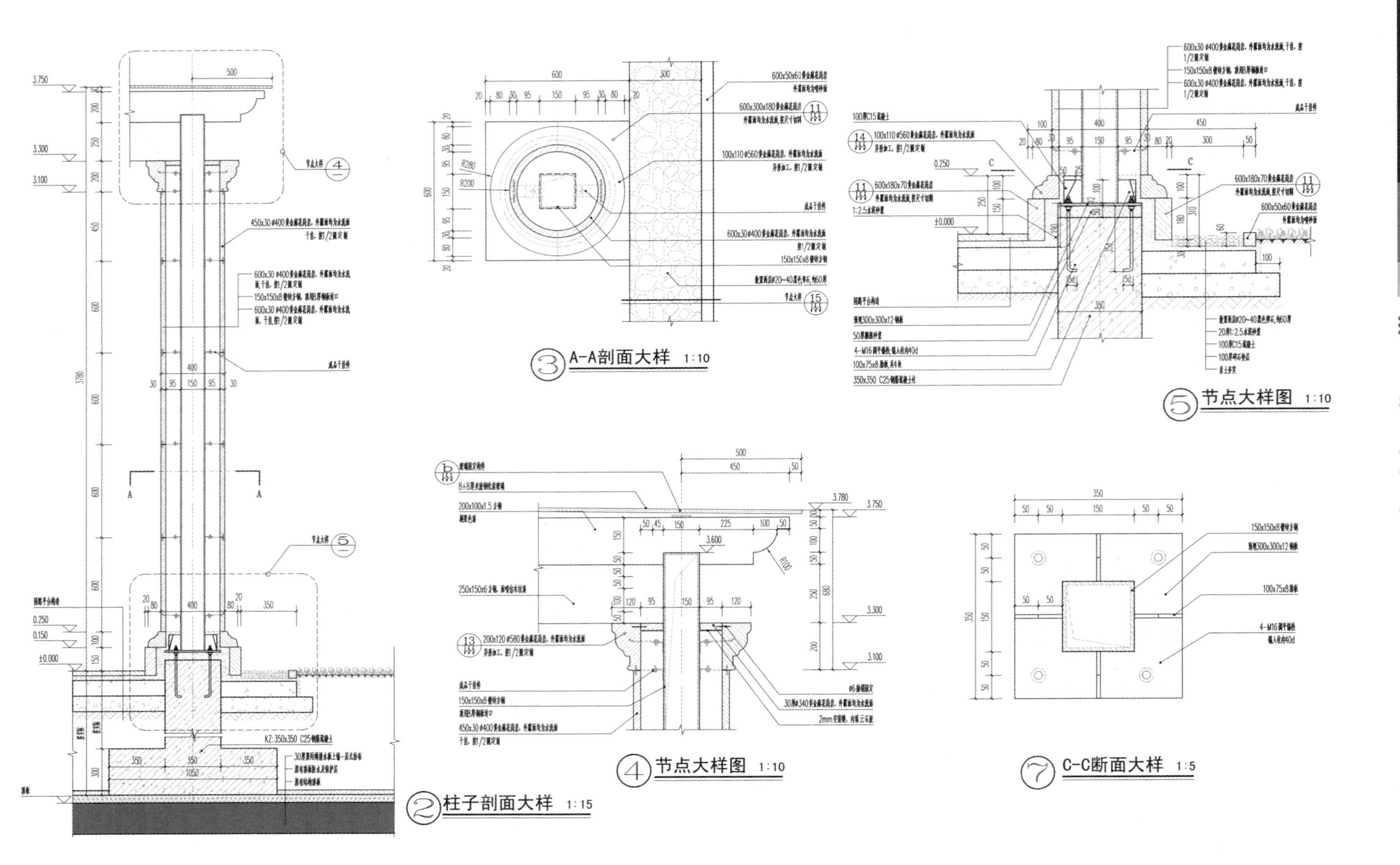

图5-103 门楼形式亭廊节点大样图四

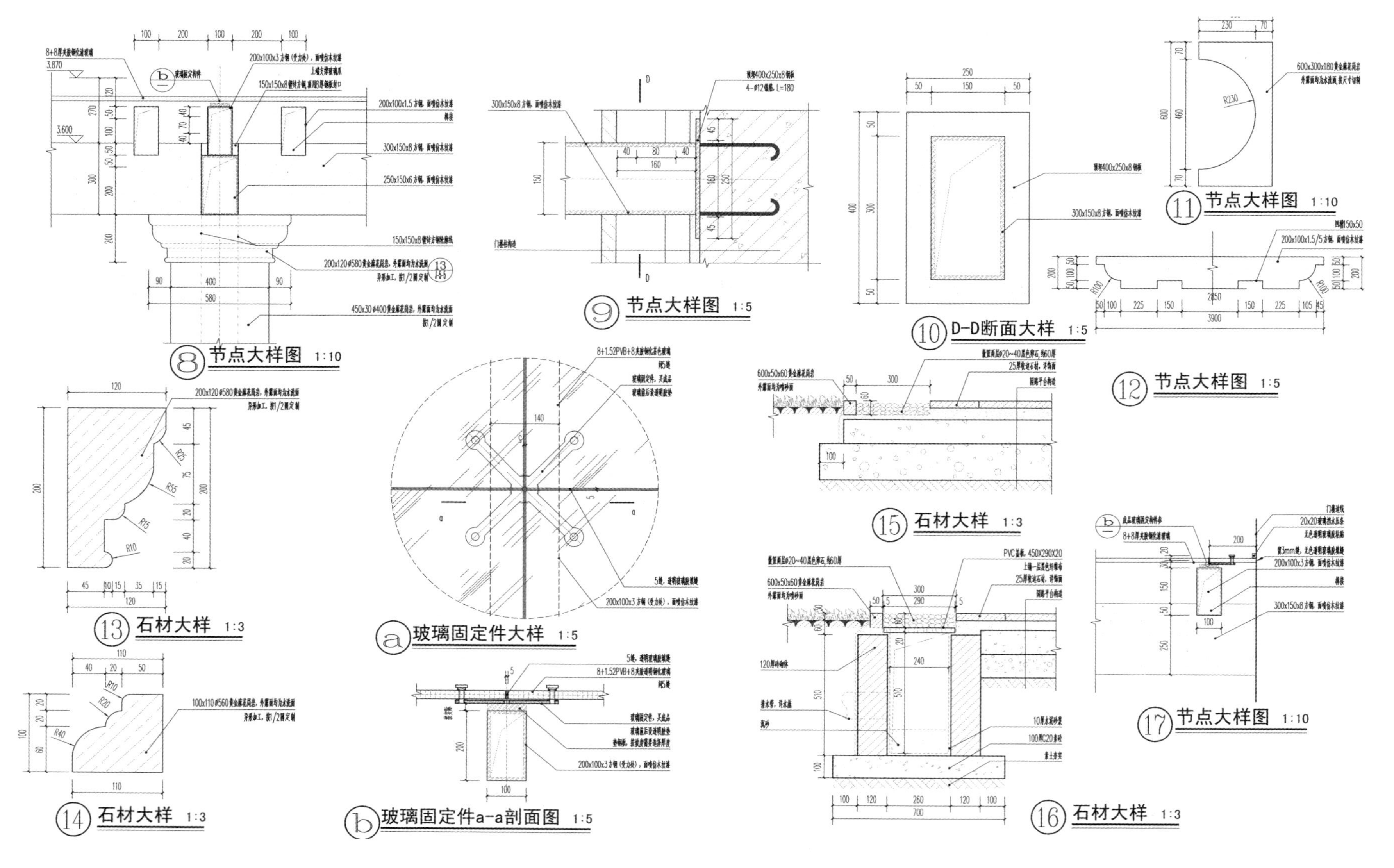

图5-104 门楼形式亭廊节点大样图五

第 6 章

植物种植施工图设计

植物种植施工图设计需要综合考虑植物形态、植物生理、场地空间、建筑采光、地上地下综合管网等多种因素，还需满足相关规范要求的绿化覆盖率、乔灌比等技术指标，同时还是控制造价的重要因素。植物种植施工图通常包括植物种植设计说明、植物种植平面图（上层乔木种植平面图、中层灌木及小乔木种植平面图和下层地被种植平面图）、植物种植规格表和植物种植大样图。

6.1 常见工程苗木介绍

6.1.1 常绿乔木

（1）雪松 *Cedrus deodara*。

松科雪松属。北京、大连、青岛、上海、杭州、武汉、长沙、昆明等地广泛栽培作庭园树。高达 50 米；树皮深灰色，裂成不规则的鳞状块片；叶在长枝上辐射伸展，短枝簇生状，针形，坚硬，淡绿色或深绿色；球果卵圆形或宽椭圆形。应用：树体高大，树形优美，最适宜孤植于草坪中央、建筑前庭之中心、广场中心或主要建筑物的两旁及园门的入口等处，其主干下部的大枝自近地面处平展，长年不枯，能形成繁茂雄伟的树冠；此外，列植于园路的两旁，形成甬道，亦极为壮观。

（2）香樟 *Cinnamomum camphora*。

樟科樟属，别名芳樟、油樟。南方及西南各省区，常有栽培。高可达 30 米；树冠广卵形；枝、叶及木材均有樟脑气味；树皮黄褐色，有不规则的纵裂；叶互生，卵状椭圆形；圆锥花序腋生，花绿白或带黄色；果卵球形或近球形，紫黑色；花期 4—5 月，果期 8—11 月。习性：喜温暖湿润气候，耐寒性不强；较耐水湿，不耐干旱、瘠薄和盐碱土；耐修剪，生长速度中等偏慢；主根发达，深根性，能抗风。应用：樟树枝叶茂密，冠大荫浓，树姿雄伟，早春嫩叶红褐，多孤植作庭荫树，在草地中丛植、群植作为背景树，或种植为行道树、风景树等。

（3）石楠 *Photinia serrulata*。

蔷薇科石楠属，别名千年红。原产于陕西、河南、安徽、江西、湖北、广东等地。高 4～6 米，有时可达 12 米；叶片革质，长椭圆形、长倒卵形或倒卵状椭圆形，先端尾尖，基部圆形或宽楔形；复伞房花序顶生；果实球形，红色，后成褐紫色；花期 4—5 月，果期 10 月。习性：喜光，稍耐阴；喜温暖湿润气候，较耐寒；忌水渍和排水不良的黏土；耐修剪，生长较慢；对有毒气体抗性强。应用：树形整齐，枝叶浓密，春天嫩叶鲜红，夏季白花满树，秋冬红果累累，是美丽的观赏树种。园林中孤植、丛植及基础栽植都甚为合适，亦可作园路树或密植成绿墙。

（4）乐昌含笑 *Michelia chapensis*。

木兰科含笑属，别名南方白兰花。原产于江西、湖南、广东、广西局部。高 15～30 米；树皮灰色至深褐色；叶薄革质，倒卵形、狭倒卵形或长圆状倒卵形，先端骤狭短渐尖，或短渐尖，尖头钝，基部楔形或阔楔形；花被片淡黄色，芳香；花期 3—4 月，果期 8—9 月。应用：树干通直，树冠圆锥状塔形，四季深绿，花期长，花白色，既多又芳香，在城镇庭园中单植、列植或群植均有良好的景观效果；在广东各地，经多年栽培，生长良好，可作为木本花卉、风景树及行道树推广应用。

（5）广玉兰 *Magnolia grandiflora*。

木兰科木兰属，别名荷花玉兰、洋玉兰。我国长江流域以南各城市有栽培。高 20～30 米；树冠阔圆锥形；树皮淡褐色或灰色，薄鳞片状开裂；叶互生，椭圆形或倒卵状长圆形，革质，表面深绿色，有光泽，背面淡绿色，有锈色细毛；花大，呈杯状，白色，芳香；花期 5—6 月，果期 9—10 月。习性：喜光，幼时稍耐阴；喜温暖湿润气候,抗寒能力差;适生于肥沃、湿润与排水良好的微酸性或中性土壤;对烟尘及二氧化硫气体有较强的抗性;根系深广,抗风力强。应用:花大,白色,状如荷花,芳香,为美丽的庭园绿化观赏树种。

(6)女贞 *Ligustrum lucidum*。

木樨科女贞属,别名青蜡树、大叶蜡树、白蜡树、蜡树。产于长江以南至华南、西南各省区,向西北分布至陕西、甘肃。高可达25米;树皮灰色,平滑;单叶对生,叶卵形、宽卵形至卵状披针形,先端渐尖,基部宽楔形或近圆形,全缘,革质;顶生圆锥花序,花小,白色;果肾形,蓝紫色,被白粉;花期5—7月,果期7月至翌年5月。习性:喜光,稍耐阴;喜温暖、湿润气候,稍耐寒;耐修剪,生长快速;抗污染性较强。应用:女贞树冠圆整端庄,终年常绿,浓郁苍翠,夏日细花繁茂,是绿化中常用的树种,常用作行道树,亦可作高篱、绿墙。

6.1.2 落叶乔木

(1)银杏 *Ginkgo biloba*。

银杏科银杏属,别名白果、鸭掌树。原产于我国浙江天目山,现各地多有栽培。高达40米;大树皮呈灰褐色,深纵裂,粗糙;幼年及壮年树冠圆锥形,老则广卵形;枝近轮生,叶扇形,秋季落叶前变为黄色;种子具长梗,下垂,常为椭圆形、长倒卵形、卵圆形或近圆球形,熟时黄色或橙黄色,外被白粉;花期3—4月,果期9—10月。习性:喜光,耐寒;耐干旱,不耐水涝;对气候、土壤的适应性较广;对大气污染有一定抗性;深根性;生长速度慢,寿命长。应用:树形优美,春夏季叶色嫩绿,秋季变成黄色,颇为美观,可作庭园树及行道树。

(2)栾树 *Koelreuteria paniculata*。

无患子科栾树属,别名木栾、栾华等。各地均有栽培。树皮厚,灰褐色至灰黑色,老时纵裂;叶对生或互生,纸质,一回、不完全二回或偶有二回羽状复叶;聚伞圆锥花序,花淡黄色,稍芬芳;蒴果圆锥形,顶端渐尖;花期6—8月,果期9—10月。习性:喜光,稍耐半阴;深根性;萌蘖力强,生长速度中等。应用:春季嫩叶多为红叶,夏季黄花满树,入秋叶色变黄,果实紫红,形似灯笼,十分美丽。栾树适应性强、季相明显,是理想的绿化、观叶树种,宜作庭荫树、行道树及园景树,栾树也是工业污染区配置的好树种。

(3)玉兰 *Magnolia denudata*。

木兰科木兰属,别名白玉兰、应春花等。原产于江西、浙江、湖南、贵州,现全国各大城市园林广泛栽培。高达25米,枝广展形成宽阔的树冠;树皮深灰色,粗糙开裂;叶纸质,倒卵形、宽倒卵形或倒卵状椭圆形;花先叶开放,直立,芳香,白色,基部常带粉红色;花期2—3月,果期8—9月。习性:喜光,稍耐阴;较耐寒;喜肥沃、排水良好而带微酸性的砂质土壤,在弱碱性的土壤上亦可生长;忌低湿,栽植地渍水易烂根;对有害气体的抗性较强;生长较慢。应用:玉兰花朵硕大,洁白如玉,花形美丽,芳香宜人,是早春重要的观赏花木。宜列植堂前、点缀中庭,或丛植于草坪或常绿树丛之前,形成春光明媚的景象,或配置在纪念性的建筑前,有象征品格高尚的含义。

(4)无患子 *Sapindus mukorossi*。

无患子科无患子属,别名木患子、油患子等。原产于我国长江流域以南各地。高可达20余米,树皮灰褐色或黑褐色;嫩枝绿色,无毛;叶片薄纸质,通常近对生,长椭圆状披针形或稍呈镰形,顶端短尖或短渐尖,基部楔形;花序顶生,圆锥形;核果球形,熟时黄色或棕黄色;花期6—7月。果期9—10月。应用:树干通直,枝叶广展,绿荫稠密;到了冬季,满树叶色金黄,故又名黄金树;到了10月,果实累累,橙黄美观,是绿化的优良观叶、观果树种。对二氧化硫抗性较强,是工业城市生态绿化的首选树种。

(5)水杉 *Metasequoia glyptostroboides*。

杉科水杉属,别名梳子杉。高达35米;树干基部常膨大;树皮灰色、灰褐色或暗灰色;枝斜展,小枝下垂,幼树树冠尖塔形,老树树冠广圆形,枝叶稀疏;叶条形,叶在侧生小枝上排成两列,羽状,冬季与枝一同脱落；球果下垂，近四棱状球形或矩圆状球形；花期 2 月下旬，球果 11 月成熟。应用：在园林中最适于列植，也可丛植、片植，可用于堤岸、湖滨、池畔、庭园等绿化，也可成片栽植营造风景林，并适配常绿地被植物；还可栽于建筑物前或用作行道树，是秋叶观赏树种；水杉对二氧化硫有一定的抵抗能力，是工矿区绿化的优良树种。

（6）鹅掌楸 *Liriodendron chinense*。

木兰科鹅掌楸属，别名马褂木。原产于陕西、安徽、浙江、江西、福建、湖北、湖南、广西、四川、贵州、云南。高可达 40 米；树冠圆锥形；叶马褂形，背面粉白色；花杯状似百合花，淡绿色，内面近基部淡黄色；花期 5 月，果期 9—10 月。习性：喜光，稍耐阴；喜温暖湿润气候，稍耐寒；在深厚、肥沃、湿润的酸性土上生长良好；不耐水湿，在积水地带生长不良；生长较快。应用：树姿雄伟，叶形奇特美观，秋叶黄色，为优良的观赏树种；可作庭荫树和行道树，或植于园中开阔草坪上，是城镇绿化的珍贵观赏树种。

（7）合欢 *Albizia julibrissin*。

豆科合欢属，别名绒花树、马缨花。原产于我国东北至华南及西南部各省区。高可达 16 米，树冠开展；小枝有棱角，嫩枝、花序和叶轴被绒毛或短柔毛；二回羽状复叶；头状花序于枝顶排成圆锥花序，花粉红色；荚果带状；花期 6—7 月，果期 8—10 月。习性：喜光，树皮忌暴晒；较耐寒，耐干旱瘠薄，不耐水涝。应用：可用作园景树、行道树、风景区造景树、滨水绿化树、工厂绿化树和生态保护树等，对二氧化硫、氯化氢等有害气体有较强的抗性。

（8）乌桕 *Sapium sebiferum*。

大戟科乌桕属，别名腊子树、桕子树、木子树。高可达 15 米许，树皮暗灰色，有纵裂纹；枝广展，具皮孔；叶互生，纸质，叶片菱形、菱状卵形或稀有菱状倒卵形，基部阔楔形或钝，全缘；花聚集成顶生总状花序；蒴果梨状球形，成熟时黑色；花期 4—8 月。应用：树冠整齐，叶形秀丽，春秋季叶色红艳夺目，十分美观。在城市园林中，乌桕可作行道树，可栽植于道路景观带，可孤植、丛植于草坪和湖畔、池边，也可栽植于广场、公园、庭园中，或成片栽植于景区、森林公园中，能产生良好的造景效果。

（9）枫杨 *Pterocarya stenoptera*。

胡桃科枫杨属，别名白杨、麻柳等。原产于我国陕西、河南、山东、江苏、江西、福建、广东、湖北、四川等地。高达 30 米，幼树树皮平滑，浅灰色，老时则深纵裂；叶多为偶数或稀奇数羽状复叶，小叶无小叶柄，对生或稀近对生；果序下垂，坚果两侧具翅；花期 4—5 月，果熟期 8—9 月。习性：喜光，稍耐阴；喜温暖、湿润环境，较耐寒；耐水湿；萌蘖力强，深根性；对二氧化硫及氯气的抗性较弱；适应性强，寿命长。应用：树冠广展，枝叶茂密，生长快速，为河床两岸低洼湿地的良好绿化树种，还可防治水土流失。可作为庭荫树及行道树，或作水边护岸固堤及防风林树种，也适合用作工厂绿化。

（10）刺槐 *Robinia pseudoacacia*。

豆科刺槐属，别名洋槐。现全国各地广泛栽植。高 10～25 米；树冠椭圆状倒卵形；树皮灰褐色，深纵裂；枝具托叶刺；奇数羽状复叶互生，小叶椭圆形；花白色，芳香，总状花序腋生，下垂；荚果扁平，条状；花期 5 月，果期 10—11 月。习性：喜光，耐寒；对土壤适应性强，耐干旱瘠薄；根系浅，易风倒；抗烟尘力强；速生，寿命短。应用：可作庭荫树、行道树，也可栽植成林作防护林，但不宜种植于强风口处。

（11）梧桐 *Firmiana platanifolia*。

梧桐科梧桐属，别名青桐。高达 16 米；树干挺直，树冠卵圆形；树皮青绿色，平滑；叶心形，掌状分裂，裂片三角形，顶端渐尖，基部心形，全缘；圆锥花序顶生，花淡黄绿色；花期 6 月。习性：喜光，喜温暖气候，不耐寒；适生于肥沃、湿润的砂质土壤；根肉质，不耐水淹；对多种有毒气体都有较强抗性。应用：梧桐叶翠枝青，亭亭玉立，是优美的观姿、观干树种，在我国传统园林中应用历史悠久，民间有“家有梧桐树，招得金凤凰”之吉语，颇受群众喜欢。宜植于草坪、庭园及各类绿地中；对二氧化硫和氟化氢有较强的抗性，是工厂绿化的良好树种，也可作行道树。

6.1.3 常绿小乔木及灌木

(1)桂花 *Osmanthus fragrans*。

木樨科木樨属,别名木樨,为常绿小乔木或灌木。原产于我国西南部。高 3～5 米,最高可达 18 米;树皮灰褐色;叶片革质,椭圆形、长椭圆形或椭圆状披针形,先端渐尖,基部渐狭呈楔形或宽楔形,全缘或通常上半部具细锯齿;聚伞花序簇生于叶腋,花极芳香;果歪斜,椭圆形,呈紫黑色;花期 9—10 月上旬,果期翌年 3 月。习性:喜光,稍耐阴;喜温暖湿润气候和通风良好的环境,具有一定的抗寒能力;以肥沃、湿润和排水良好的中性或微酸性土壤为宜,忌水涝。应用:终年常绿,枝繁叶茂,秋季开花,芳香四溢,在园林中应用普遍,常作园景树,有孤植、对植,也有成林栽种;对有害气体二氧化硫、氟化氢有一定的抗性,也是工矿区绿化的好花木。

(2)枇杷 *Eriobotrya japonica*。

蔷薇科枇杷属,别名卢桔,为常绿小乔木。各地广泛栽培。高 6～10 米;小枝粗壮,黄褐色,密生锈色或灰棕色绒毛;叶片革质,披针形、倒披针形、倒卵形或椭圆长圆形;圆锥花序顶生,具多花;果实球形或长圆形,黄色或橘黄色,外有锈色柔毛,不久脱落;花期 10—12 月,果期 5—6 月。习性:喜光,稍耐阴;喜温暖湿润气候,不耐寒;喜肥沃、湿润而排水良好的中性或酸性土壤。应用:枇杷树形宽大整齐,叶大荫浓,冬日白花盛开,宜孤植或丛植于庭园、草地或作园路树,是美丽的观赏树木和果树。

(3)红花檵木 *Loropetalum chinense* var. *rubrum*。

金缕梅科檵木属,别名红檵木,为常绿灌木或小乔木。原产于我国中部、南部及西南各省。高 4～10 米;叶革质,卵形,先端尖锐,基部钝,不等侧;花簇生在总梗上呈顶生头状花序,紫红色;花期 3—4 月,果期 8 月。习性:适应性较强,稍耐半阴,耐旱,耐瘠薄;萌芽力强,耐修剪。应用:叶暗紫色,花淡紫红色,适宜庭园观赏,是优良的常绿异色叶树种,亦可丛植、群植,尤因其耐修剪而常用作球形、色带色块等规则式景观。

(4)海桐 *Pittosporum tobira*。

海桐科海桐花属,为常绿灌木或小乔木。原产于长江以南滨海各省。高达 6 米,嫩枝被褐色柔毛,有皮孔;叶聚生于枝顶,革质,倒卵形或倒卵状披针形,先端圆形或钝,常微凹入或为微心形;伞形花序或伞房状伞形花序顶生或近顶生,密被黄褐色柔毛;蒴果圆球形,有棱或呈三角形;花期 3—5 月,果熟期 9—10 月。习性:喜光,亦较耐阴,耐寒性不强;对土壤要求不严;耐修剪。应用:海桐四季常青,株形整齐,叶色油绿并具有光泽,花色素雅且香气袭人,秋季蒴果开裂露出鲜红种子,晶莹可爱,常用作基础种植和绿篱材料,可孤植、丛植于草坪边缘、林缘。

(5)夹竹桃 *Nerium indicum*。

夹竹桃科夹竹桃属,别名柳叶桃树、红花夹竹桃、洋桃、叫出冬等,为常绿灌木或小乔木。全国各省区有栽培,尤以南方为多。高可达 5 米;分枝多而软;叶对生或三枚轮生,狭披针形,硬革质,表面深绿色,叶缘略反卷;聚伞花序顶生,花粉红色,漏斗状,单瓣或重瓣,微有香气;花期几乎全年,夏秋最盛。习性:喜温暖湿润和阳光充足的环境,不耐寒;喜光;对土壤要求不严,耐干旱,亦耐水湿;抗性强,抗烟尘及有毒气体。应用:夹竹桃植株柔美,花色娇艳,花期长久,生性强健,抗性强,是城市绿化的优良树种;有白花、粉花、红花及各色重瓣和斑叶栽培品种,常植于道路旁、公园、街头及庭园等处,景观效果甚好;在高速公路、工矿区等环境条件差的地区亦是良好的绿化树种。

(6)日本珊瑚树 *Viburnum odoratissimum* var. *awabuki*。

忍冬科荚蒾属,别名法国冬青,为常绿小乔木或灌木。产于福建东南部、湖南南部、广东、海南和广西,现多地均有栽培。高 2～10 米;树冠倒卵形,枝干挺直;叶对生,长椭圆形或倒披针形,先端钝尖,表面暗绿色,背面淡绿色;圆锥状伞房花序顶生,花冠白色,钟状,有芳香;果实先红色后变黑色;花期 4—6 月,果期 7—9 月。习性:喜温暖,不耐寒;喜光,稍耐阴;在潮湿、肥沃的中性壤土中生长迅速而旺盛;根系发达,耐修剪，易整形。应用：在规则式园林中常整修为绿墙、绿门、绿廊，红果绚丽可爱；在自然式园林中多孤植、丛植装饰墙角，用于遮挡。

(7)金边黄杨 *Euonymus japonicus var. aurea-marginatus*。

卫矛科卫矛属，别名金边冬青卫矛、正木，为常绿灌木。我国南北各省区均有栽培。高可达 3 米；小枝四棱，具细微皱突；叶革质，有光泽，倒卵形或椭圆形，先端圆阔或急尖，基部楔形，边缘具有浅细钝齿；聚伞花序，花白绿色；蒴果近球状，淡红色；花期 6—7 月，果熟期 9—10 月。应用：观叶植物，叶色光泽，嫩叶鲜绿，尤为美观，而且极耐修剪，为庭园中常见的绿篱树种或作为灌木球，可经整形环植于门道边或于花坛中心栽植。

6.1.4 落叶小乔木及灌木

(1)垂丝海棠 *Malus halliana*。

蔷薇科苹果属，为落叶小乔木。原产于江苏、浙江、安徽、陕西、四川、云南。高达 5 米，树冠开展；叶片卵形或椭圆形至长椭圆形，先端长渐尖，基部楔形至近圆形，边缘有圆钝细锯齿；伞房花序，花粉红色；果实梨形或倒卵形；花期 3—4 月，果期 9—10 月。应用：树形多样，叶茂花繁，丰盈娇艳，若在观花树丛中作主体树种，其下配置春花灌木，其后以常绿树为背景，则尤绰约多姿，显得漂亮；若在草坪边缘、水边湖畔成片群植，或在公园游步道两侧列植或丛植，亦具特色；冬末春初，庭园中有几株挂满红色小果的海棠，可为园林冬景增色；海棠对二氧化硫有较强的抗性，故也适用于城市街道绿化和厂矿区绿化。

(2)紫叶李 *Prunus cerasifera* f. *atropurpurea*。

蔷薇科李属，别名红叶李，为落叶灌木或小乔木。原产于新疆，中国华北及其以南地区广为种植。高可达 8 米；多分枝，枝条细长，开展，小枝暗红色；叶片椭圆形、卵形或倒卵形，先端急尖，基部楔形或近圆形，边缘有圆钝锯齿，有时混有重锯齿；花瓣白色；核果黄色、红色或黑色；花期 4 月，果期 8 月。应用：整个生长季节都为紫红色，宜于建筑物前及园路旁或草坪角隅处栽植。

(3)紫薇 *Lagerstroe mia indica*。

千屈菜科紫薇属，别名痒痒树、紫金花，为落叶灌木或小乔木。多地均有生长或栽培。高可达 7 米；树皮平滑，灰色或灰褐色；叶互生或有时对生，纸质，椭圆形、阔矩圆形或倒卵形，顶端短尖或钝形，有时微凹，基部阔楔形或近圆形；花淡红色或紫色、白色，常组成顶生圆锥花序；蒴果椭圆状球形或阔椭圆形，成熟时或干燥时呈紫黑色；花期 6—9 月，果期 9—12 月。应用：花色鲜艳美丽，花期长，寿命长，树龄有达 200 年的，现已广泛栽培为庭园观赏树，有时亦作盆景，具有较强的抗污染能力，对二氧化硫、氟化氢及氯气的抗性较强。

(4)梅 *Armeniaca mume*。

蔷薇科杏属，为落叶小乔木，稀灌木。我国各地均有栽培，但以长江流域以南各省最多。高 4～10 米；树皮浅灰色或带绿色，平滑；小枝绿色，光滑无毛；叶片卵形或椭圆形，先端尾尖，基部宽楔形至圆形，叶边常具小锐锯齿；花单生或有时 2 朵同生于 1 芽内，香味浓，先于叶开放，白色至粉红色；果实近球形，黄色或绿白色，被柔毛，味酸。花期冬春季，果期 5—6 月。

(5)蜡梅 *Chimonanthus praecox*。

蜡梅科蜡梅属，别名腊梅、金梅、蜡花、黄梅花等，为落叶灌木。原产于山东、江苏、安徽、浙江、福建、江西、湖南、湖北、河南等省；广西、广东等省区均有栽培。高达 4 米；叶纸质至近革质，对生，卵圆形、椭圆形、宽椭圆形至卵状椭圆形，有时长圆状披针形，顶端急尖至渐尖，有时具尾尖，基部急尖至圆形；花着生于第二年生枝条叶腋内，先花后叶，芳香；花期 11 月至翌年 3 月，果期 4—11 月。应用：花芳香美丽，是良好的观花园林绿化植物。

(6)碧桃 *Amygdalus persica* var. *persica* f. *duplex*。

蔷薇科桃属，为落叶小乔木。我国各省区广泛栽培。高 3～8 米；树冠宽广而平展；树皮暗红褐色，老时粗糙呈鳞片状；小枝细长，无毛，有光泽，绿色，向阳处转变成红色，具大量小皮孔；叶片长圆披针形、椭圆披针形或倒卵状披针形，先端渐尖，基部宽楔形，叶边具细锯齿或粗锯齿；花单生，先于叶开放，粉红色，罕为白色；花期3—4月，果实成熟期因品种而异，通常为8—9月。应用：可列植、片植、孤植，碧桃是园林绿化中常用的彩色苗木之一。

(7)石榴 *Punica granatum*。

石榴科石榴属，别名安石榴、山力叶等，为落叶灌木或小乔木。全世界的温带和热带都有种植。高通常3～5米，稀达10米；枝顶常成尖锐长刺，幼枝具棱角，老枝近圆柱形；叶通常对生，纸质，矩圆状披针形，顶端短尖、钝尖或微凹，基部短尖至稍钝形；花大，生枝顶，红色、黄色或白色；果石榴花期5—6月，榴花似火，果期9—10月；花石榴花期5—10月。应用：树姿优美，枝叶秀丽，初春嫩叶抽绿，婀娜多姿；盛夏繁花似锦，色彩鲜艳；秋季累果悬挂，或孤植或丛植于庭园、游园之角，对植于门庭之出处，列植于小道、溪流、坡地、建筑物之旁。

(8)木芙蓉 *Hibiscus mutabilis*。

锦葵科木槿属，别名芙蓉花、酒醉芙蓉，为落叶灌木或小乔木。原产于我国湖南，现多地均有栽培。高2～5米；叶宽卵形至圆卵形或心形，裂片三角形，先端渐尖，具钝圆锯齿，上面疏被星状细毛和点，下面密被星状细绒毛；花初开时白色或淡红色，后变深红色；蒴果扁球形，被淡黄色刚毛和棉毛，花期8—10月。应用：花大色丽，为我国久经栽培的园林观赏植物。

(9)紫荆 *Cercis chinensis*。

豆科紫荆属，为丛生或单生落叶灌木。原产于我国东南部，现多地栽培。高2～5米；树皮和小枝灰白色；叶纸质，近圆形或三角状圆形，宽与长相若或略短于长，先端急尖，基部浅至深心形；花紫红色或粉红色，簇生于老枝和主干上，通常先于叶开放，但嫩枝或幼株上的花则与叶同时开放；花期3—4月，果期8—10月。应用：宜栽于庭园、草坪、岩石及建筑物前，用于小区的园林绿化，具有较好的观赏效果。

(10)木槿 *Hibiscus syriacus*。

锦葵科木槿属，别名木棉、荆条，为落叶灌木。原产于福建、广东、四川、云南、湖北、江西、江苏等省区。高3～4米，小枝密被黄色星状绒毛；叶菱形至三角状卵形，先端钝，基部楔形，边缘具不整齐齿缺；花单生于枝端叶腋间，花钟形，淡紫色；花期7—10月。应用：木槿是夏、秋季的重要观花灌木，南方多作花篱、绿篱；北方作庭园点缀及室内盆栽；木槿对二氧化硫与氯化物等有害气体具有很强的抗性，同时还具有很强的滞尘功能，是有污染工厂的主要绿化树种。

(11)杜鹃 *Rhododendron simsii*。

杜鹃花科杜鹃属，别名映山红、山石榴，为落叶灌木。原产于江苏、安徽、江西、福建、湖北、湖南、广东和云南等省。高2～5米；叶革质，常集生枝端，卵形、椭圆状卵形或倒卵形或倒卵形至倒披针形，先端短渐尖，基部楔形或宽楔形，边缘微反卷，具细齿；花簇生枝顶，玫瑰色、鲜红色或暗红色；花期4—5月，果期6—8月。应用：为我国中南及西南典型的酸性土指示植物，是良好的园林观花植物，可单独栽植或成片栽植。

6.1.5 块状灌木及地被植物

(1)南天竹 *Nandina do mestica*。

小檗科南天竹属，别名南天竺、红杷子，为常绿小灌木。原产于福建、浙江、山东、湖北、贵州、陕西、河南等省。高1～3米；茎常丛生而少分枝，光滑无毛，幼枝常为红色，老后呈灰色；叶互生，集生于茎的上部，三回羽状复叶，二至三回羽片对生；小叶薄革质，椭圆形或椭圆状披针形，顶端渐尖，基部楔形，全缘，上面深绿色，冬季变红色；圆锥花序直立，花小，白色，具芳香，花瓣长圆形，先端圆钝；浆果球形，熟时鲜红色，稀橙红色；花期3—6月，果期5—11月。应用：在园林中常作为地被成片种植，有良好的观叶、观花和观果效果。

(2)金丝桃 *Hypericum monogynum*。

藤黄科金丝桃属，别名狗胡花、金线蝴蝶、过路黄等，为落叶灌木。原产于河北、陕西、浙江、河南、湖北、四川、贵州等多省区。高 0.5～1.3 米，丛状或通常有疏生的开张枝条；茎红色，圆柱形，皮层橙褐色；叶对生，叶片倒披针形或椭圆形至长圆形，先端锐尖至圆形，基部楔形至圆形或上部有时截形至心形，边缘平坦，坚纸质；花序疏松近伞房状，花星状，花瓣金黄色至柠檬黄色，开张；花期 5—8 月，果期 8—9 月。应用：花叶秀丽，是庭园常用观赏花木，可成片植于林荫树下或者庭园角隅等。

(3)小叶栀子 *Gardenia jasminoides*。

茜草科栀子属，别名雀舌栀子、小花栀子、雀舌花，为常绿灌木。多地均有栽培。高 0.3～3 米；叶对生，革质，稀为纸质，叶形多样；花芳香，通常单朵生于枝顶，花冠白色或乳黄色；花期 3—7 月，果期 5 月至翌年 2 月。应用：叶色四季常绿，花芳香素雅，绿叶白花，格外清丽可爱，适于阶前、池畔和路旁配置，也可用于地被、花篱和盆栽观赏。

(4)八仙花 *Hydrangea macrophylla*。

虎耳草科绣球属，别名绣球，为落叶灌木。多地均有野生或栽培。高 1～4 米；茎常于基部发出多数放射枝而形成一圆形灌丛；枝圆柱形，粗壮，紫灰色至淡灰色；叶纸质或近革质，倒卵形或阔椭圆形，先端骤尖，基部钝圆或阔楔形；伞房状聚伞花序近球形，花密集，多数不育，粉红色、淡蓝色或白色；花期 6—8 月。应用：作为园林中良好的观花植物，可成片地被栽植。

(5)洒金桃叶珊瑚 *Ancuba japonica* var. *variegata*。

山茱萸科桃叶珊瑚属，别名花叶青木、洒金东瀛珊瑚，为常绿灌木。原产于浙江南部及台湾。高约 3 米；枝、叶对生，叶革质，长椭圆形、卵状长椭圆形，稀阔披针形，先端渐尖，基部近于圆形或阔楔形；圆锥花序顶生，花瓣暗紫色；花期 3—4 月，果期至翌年 4 月。应用：十分优良的耐阴树种，叶片黄绿相映，十分美丽，宜栽植于园林的庇荫处或树林下；在华北多见盆栽供室内布置厅堂、会场用，是园林观赏、环境绿化和抗污染树种，尤其对烟尘和大气污染抗性强。

(6)粉花绣线菊 *Spiraea japonica*。

蔷薇科绣线菊属，别名蚂蟥梢、火烧尖、日本绣线菊，为直立落叶灌木。我国各地栽培供观赏。高达 1.5 米；枝条细长，开展，小枝近圆柱形，无毛或幼时被短柔毛；叶片卵形至卵状椭圆形，先端急尖至短渐尖，基部楔形，边缘有缺刻状重锯齿或单锯齿；复伞房花序生于当年生的直立新枝顶端，花朵密集，花瓣粉红色；花期 6—7 月，果期 8—9 月。应用：可作花坛、花境，或植于草坪及园路角隅等处构成夏日佳景，亦可作基础种植；花色妖艳，甚为醒目，且花期正值少花的春末夏初，应大力推广应用；可成片配置于草坪、路边、花坛、花径，或丛植于庭园一隅，亦可作绿篱，盛开时宛若锦带。

(7)大花萱草 *Hemerocallis hybrida*。

百合科萱草属，别名大苞萱草，为多年生宿根草本植物。原产于黑龙江、吉林和辽宁，现多地栽培。叶柔软，上部下弯；花葶与叶近等长，不分枝，在顶端聚生 2～6 朵花；花近簇生，具很短的花梗；花被金黄色或橘黄色；花果期 6—10 月。应用：在园林花坛、花境、路边、草坪中丛植、行植或片植，也可作切花，大花萱草是园林绿化的好材料。

(8)麦冬 *Ophiopogon japonicus*。

百合科沿阶草属，别名麦门冬、沿阶草，为多年生常绿草本植物。全国各地均有栽培。叶基生成丛，禾叶状，边缘具细锯齿；总状花序，花单生或成对着生于苞片腋内；花被片常稍下垂而不展开，披针形，白色或淡紫色；花期 5—8 月，果期 8—9 月。应用：具有很高的绿化价值，它有常绿、耐阴、耐寒、耐旱、抗病虫害等多种优良性状，园林绿化方面应用前景广阔。

(9)萼距花 *Cuphea hookeriana*。

千屈菜科萼距花属，别名紫花满天星、孔雀兰，为灌木或亚灌木。我国多地有引种栽培。高 30～70 厘米，直立，粗糙，被粗毛及短小硬毛；叶薄革质，披针形或卵状披针形，稀矩圆形，顶部线状披针形，顶端长渐尖，基部圆形至阔楔形；花单生于叶柄之间或近腋生，组成少花的总状花序；花瓣矩圆形，深紫色，波状。应用：植株低矮，适合规模化片植作地被；颜色艳美、花姿雅致、花期长、耐半阴，适合三五成群地躲在花丛间，或列植在林下的疏林地带，是花境营造的优良材料。

(10)鼠尾草 *Salvia japonica*。

唇形科鼠尾草属,别名秋丹参、消炎草,为一年生草本。多地均有栽培。茎直立,钝四棱形,具沟;顶生小叶披针形或菱形,草质;轮伞花序 2～6 花,组成伸长的总状花序或分枝组成总状圆锥花序,花序顶生;花冠淡红、淡紫、淡蓝至白色;花期 6—9 月。应用:可用于花坛、花境和园林景点的布置,可点缀于岩石旁、林缘空隙地,因适应性强,临水岸边也能种植,群植效果甚佳,适宜于公园、风景区林缘坡地、草坪一隅、河湖岸边布置,既绿化城市又具香味。

6.2 植物种植设计说明

植物种植设计说明是对植物种植施工图中的设计要点和施工要点进行交代,主要包含设计总体定位、景观效果、设计依据、施工场地平整、基肥施放、苗木选择、种植土要求、定点放线、地形要求、树穴要求、种植要点、种植配置要求、修剪造型、施工场地清理、绿化养护、施工管理及注意事项等方面。

6.2.1 种植设计说明范文

以下列出种植设计说明范文,包含但不限于以下范文内容。

(1)设计总体定位。

①项目的设计理念与现代生态环境的融合关系。

②在项目规划范围内,营造的植物景观所产生的功能与作用。

③着重体现植物景观的塑造特点、植物品种搭配的变化和设计、整体效果的要求。

(2)景观效果。

不同的环境选择不同的植物,注重选择姿态优雅的单体植株和群体林的配置方式,不同种植物之间达到群植的交错效果,力争表现出植物的形态美、风韵美;以开花大乔木结合林下阴生灌木、地被为特色,强调植物群落的层次,突出生态景观效果。

(3)设计依据。

《城市居住区规划设计标准》GB 50180—2018;

《公园设计规范》GB 51192—2016;

《城市绿地设计规范(2016 年版)》GB 50420—2007;

《园林绿化工程施工及验收规范》CJJ 82—2012;

……

(4)场地平整。

①场地平整按预算定额规定在＋10 cm～＋30 cm 高差以内,平整绿化地面至设计坡度;不允许场地有低洼积水处。

②清理杂草、杂物、碎石及瓦砾,种植土层下不允许有大量的建筑垃圾及块石。

③若施工时使用机械平整土地,则应事先了解是否有地下管线,以免造成管线的损坏。

(5)基肥施放。

施工图中的各种花草树木均需按额定要求的基肥量施放基肥,要求施工种植前必须下足基肥,弥补绿地土壤瘦瘠对植物生长的不良影响,以使绿化尽快见效。按目前园林施工的要求,设计施工可以选用以下基肥:

①垃圾堆沤肥：利用垃圾沤腐熟后施用。

②堆沤蘑菇肥：蘑菇生产厂家生产蘑菇后的种植基质肥料掺入3%～5%的过磷酸钙堆沤、充分腐熟后施用。

③塘泥：为鱼塘沉积涂泥，经晒干后结构良好的优质泥块，含丰富的有机质和氮、磷、钾等肥料元素，捣成碎块后施用。

④其他肥料作基肥必须经该工程主管单位同意施用，用量依实而定。

(6)苗木选择。

①具体的苗木品种规格见施工图中“绿化苗木规格表”（单位：厘米）。

a. 高度(H)：苗木经过常规处理后自然或人工修剪的高度，干高指具明显主干树种之干高(如棕榈科植物)，具单一主干的乔木要求尽量保留顶端生长点。苗木选择时应满足表中所列的苗木高度范围，每种高度都有，并结合植物造景进行高低错落搭配。行道树高差不大于500 mm，且分枝高差小于500 mm，力求列植后整齐划一。

b. 胸径(ϕ)：乔木距离地面130 cm处的平均直径，表中规定为上限和下限，种植时最小不能小于表列下限，最大不能超过上限10 mm(主景树可达20 mm)；棕榈科植物或特殊植物以地径表示。

c. 冠幅(B)：苗木经过常规处理后的枝冠正投影的正交直径平均值。在保证苗木移植成活和满足交通运输的前提下，应尽量保留苗木的原有冠幅，以利于绿化尽快见效；棕榈科植物因品种冠型特性，则按生长顶点以下留叶片数计量确定苗冠规格。

d. 土球直径(ϕ)：保证苗木移植成活及迅速恢复生长所需的最小土球平均直径；所带土球以放于树穴内完好不散为合格。

e. 冠高(H)：为保证绿化效果，体现植物形体美，要求应有与树高成一定比例的冠高(树冠最低分枝点至树顶高度)；自然配置的景观树冠高越高越饱满越好，棕榈科植物等特形景观树应留自然树冠。

②所有花草树木必须健壮、新鲜、无病虫害，无缺乏矿物质症状，生长旺盛而不老化，树皮无人为损伤或虫眼。

③所有苗木的冠形应生长茂盛、分枝均衡、整冠饱满，能充分体现个体的自然景观美；特别景观孤植树更讲究树形优美、造型奇特、冠圆耐看等特点。

④严格按设计规格选苗，苗龄为青壮期，花灌木尽量选用袋苗、盆苗，地苗尽量用假植苗，应保证移植根系良好并带好土球，包装结实牢靠。在设计密度上为了即时效果局部加大种植密度，考虑到实际原因可做调整，建议事先与设计人员沟通。

⑤截杆乔木锯口处要干净、光滑、无撕裂或分裂，正常截口应用蜡或漆封盖处理。

⑥行道树乔木及主景树应保留足够的冠幅和明显清晰的主枝干，最低分枝点高度不小于2 m，且不少于4个，主干也不能弯曲，讲究树身生长平衡。

⑦苗木质量要求，见表6-1、表6-2和表6-3。

表6-1 乔木质量要求

种植地点	质量要求			
	树干	树冠	根系	病虫害
主要干道、广场	主干挺直或按设计要求	树叶茂密、层次清晰、冠形匀称	符合要求，根系发达	无病虫害
次要干道	主干不应有明显弯曲或按设计要求	冠形匀称、无明显损伤	符合要求，根系发达	无明显病虫害
林地	主干弯曲不超过一次或按设计要求	冠形无严重损伤	符合要求，根系发达	无明显病虫害

表 6-2　花灌木质量要求

植株类型	质量要求
自然式	植株姿态自然优美，丛生灌木分枝不小于 5 个，且生长均匀、无明显病虫害，树龄一般以三年生左右为宜
整形式	冠形宜规则，根系发达，土壤符合要求，无明显病虫害

表 6-3　藤本质量要求

植株基径	质量要求
0.5 cm 以上	枝干已具有攀缘性，根系发达，枝叶茂密，无明显病虫害，树龄一般以两至三年生为宜，3～4 个主分枝

(7)种植土要求。

①理化要求：

a. 碳、氮之比：35～55。

b. 酸碱度 pH 值：6～7.5。

c. 含水物的比重：小于整体的 85%。

d. 最低排水速度：50 mm/h 。

②土层厚度要求，见表 6-4。

表 6-4　园林植物种植必需的最低土层厚度

植被类型	草本花卉	草坪地被	小灌木	大灌木	浅根乔木	深根乔木
土层厚度/cm	30	30	45	60	90	150

③应选择肥沃、疏松、透气、排水良好的种植土（pH 值应控制在 6.5～7.5，对于某些酸性植物 pH 值则控制在 5～6.5)，若达不到要求则采取改良措施。

(8)定点放线。

①按施工图所标具体尺寸定点放线，若为不规则种植，应用方格网法及图中比例尺定点放线。

②图中未标明尺寸的种植，则按图比例依实放线定点，要求定点放线准确、符合要求。

③若图中尺寸与现场尺寸有出入，须在不影响景观效果前提下现场调整。

(9)地形要求。

①用符合要求的土壤进行土方艺术造型以达到设计要求，邻近挡墙壁的土壤高度低于壁顶 50 mm，地面种植床的土壤高度应比邻近铺地面低 50 mm。

②植物的种植必须在场地获得设计单位认可的基础上进行，种植完成后，需要对场地再一次平整处理，达到设计的要求后方可进行草皮铺砌。

(10)树穴要求。

①树穴应符合设计图纸要求，位置要准确。

②土层干燥地区应在种植前浸树穴。

③树穴应施入腐熟的有机肥作为基肥。

④树穴应根据苗木根系、土球直径和土壤情况而定，树穴应垂直下挖，上口下底相等，规格应符合表 6-5～表 6-9 的要求。

表 6-5　常绿乔木类树穴规格

单位:cm

树　　高	土 球 直 径	种植穴深度	种植穴直径
150	40～50	50～60	80～90
150～250	70～80	80～90	100～110
250～400	80～100	90～110	120～130
400 以上	140 以上	120 以上	180 以上

表 6-6　落叶乔木类树穴规格

单位:cm

胸　　径	种植穴深度	种植穴直径
2～3	30～40	40～60
3～4	40～50	60～70
4～5	50～60	70～80
5～6	60～70	80～90
6～8	70～80	90～100
8～10	80～90	100～110

表 6-7　花灌木类树穴规格

单位:cm

冠　　径	种植穴深度	种植穴直径
200	70～90	90～110
100	60～70	70～90

表 6-8　绿篱类种植槽规格

单位:cm

苗　　高	单行(深×宽)	双行(深×宽)
50～80	40×40	40×60
100～120	50×50	50×70
120～150	60×60	60×80

表 6-9　竹类种植穴规格

单位:cm

种植穴深度	种植穴直径
盘根或土球深 20～40	比盘根或土球大 40～60

(11)种植要点。

①种植时应先检查各种植点的土质是否符合设计要求,如有无足够的基肥、基肥与泥土拌匀程度等。

②按园林绿化常规的方法施工,要求基肥应与碎土充分混匀,种植土应敲碎分层捣实,最后起土圈并淋足定根水,大树设固定支撑。

③规则式种植的乔灌木,同一树种规格大小统一;成行列的乔木种植应成一直线,按种植乔木的自然高度依次排列。

④丛植或群植的乔灌木，苗木选择要求应在绿化苗木规格表规定内浮动，高低错落有致，灵活地布置，注重植物的生态特性。

⑤分层种植的花灌木应在划定的种植范围内种植，依设计要求和花灌木的花叶颜色进行选择，有序地种植，种植带边缘轮廓其种植密度应大于规定密度，平面线形应流畅，高低层次分明，且与周边植物高差不小于 300 mm。

⑥本工程的绿化种植，应在主要建筑、地下管线、园建小品、道路与水景工程等主体工程完成后进行。

(12)种植配置要求。

①行列式种植方式(如行道树种植)：

a. 配置要求：相邻两株植物之间的间距都应相等且不可小于 4 m，每株植物与道路之间的间距都应相等。

b. 种植要求：依配置要求种植，若遇到地下管道等阻碍物时，适当调整间距；苗木的分枝点高度必须一致(误差在 20 cm 以内)，出现不一致时，应将较高苗木种植在树列中间位置，使林冠线呈平滑的拱形，杜绝形成凹形。

②自然搭配种植方式：

种植要求：丛植或群式种植的乔灌木，同种或不同种苗木都应高低错落，充分体现自然生长的特点。

③花灌木、地被植物的分层种植方式：

花灌木的种植要求：

a. 花灌木边缘轮廓线上的种植密度应大于规定密度，平面线形应流畅，外缘成弧形，高低层次应分明，且与周边点缀植物高度差不少于 30 cm。

b. 灌木主要控制成片的整体效果——修边、收边、人工式种植要求边界清楚、无空缺、生长均匀；自然式种植相互入侵合理，要求主次分区明显，入界合理，合于自然。

地被植物的种植要求：应按品字形种植，确保覆盖地表，且植物带边缘轮廓线上的种植密度应大于规定密度，以利于形成流畅的边线，同时轮廓外缘在立面上应成弧形，使相邻两种植物的过渡自然。

(13)修剪造型。

花草树木在种植之前修剪主要是为了运输方便和减少水分损失等而采取的措施，种植后应考虑植物造景以及植物艺术形态，重新进行修剪造型，并对剪口做处理，使花草树木种植后初显冠形，既能体现初期效果，又达到设计目的和理想绿化景观。

(14)施工场地清理。

种植施工完成后，应立即清理施工现场四周的施工杂物，保证道路及施工现场的整洁，体现文明施工。

(15)绿化养护。

根据绿化种植施工的常规情况，绿化养护管理时间多为三个月，即从施工单位所承担的绿化种植全部完成，进行初检合格后算起三个月，养护期内负责清除杂草、杂物，负责浇水施肥、修剪整形、抹不定芽及保主枝，防风、防病虫害等。

(16)施工管理及注意事项。

①施工单位在绿化施工挖穴时应注意地下管线走向，遇有地下异物时做到“一探、二试、三挖”，保证不

挖坏地下构筑物。同时,遇有问题应及时向设计单位及施工负责部门反映。

②种植高大乔木,遇有空中高压线时应及时反映,高压线必须有足够的净空高度。

③如绿化施工图与现场不符,应及时反映给施工管理部门及设计单位,以便及时处理。

④施工单位应做好施工记录及工程量签证工作,便于日后验收及编制竣工资料。

6.2.2 种植设计说明实例

实例展示武汉某小区三期景观工程的种植设计说明,详见图 6-1 和图 6-2。

种 植 设 计 总 说 明

为保证绿化施工效果能达到设计意图,确保质量,同时利于检查监督,现就武汉某小区三期景观设计绿化施工要求作具体说明。

一、设计依据

1. 设计合同书及甲方提供的相关建议和意见。
2. 甲方确认的方案设计图和扩初设计图及本项目相应的建筑设计图纸。
3. 国家行业标准、绿化规范要求及主管部门的要求。
4. 设计人员现场考察、测量及其记录,其他相关专业施工设计图。
5. 《城市居住区规划设计标准》GB50180;
6. 《园林绿化工程施工及验收规范》CJJ82;
7. 《园林绿化木本苗》CJ/T24;
8. 《种植屋面工程技术规程》JGJ155。

二、施工组织与实施

1. 根据施工任务量、施工要求、预算项目的具体定额等组织施工技术力量、安排施工计划。
2. 熟读图纸,熟记规范,准备好施工机械、工具以及花草树木、肥料等原材料,做好施工的前期工作。
3. 按工程主管单位的要求、施工期限、合同规定、施工设计图和园林规范认真组织具体施工。

三、场地准备

1. 场地清理:人工清理绿化场地中的建筑垃圾、杂灌植物等影响施工及树木成活率的垃圾,装车运至指定地点。
2. 换土:由于绿化对种植土的要求较高,绿化用土要换上含丰富有机质、肥沃、排水性能较好的土壤。
3. 场地初平整:经过换土的种植土,根据设计图纸,进行初平整,整理成符合设计要求的地形地貌。

四、苗木准备

1. 选苗:选苗应选符合设计图纸的苗木品种,要注意选择长势健旺、无病虫害、无机械损伤、树形端正、根须发达的苗木,这样苗木易成活。
2. 起苗、包装:起苗前1~2天应灌水一次,采用人工起苗挖裸根苗时应注意根系的完整,尽量减少根系损伤,并对过长根、受伤根进行修剪;起出后用草绳包扎,确保土球不散,并喷水保湿。带土球的苗木,土球直径应为苗木胸径的6~8倍,土球的厚度为土球宽度的2/3,起出后,立即用草绳麻布绑扎。大苗起出后,宜对其根部做适当伤口处理(涂抹凡士林保护剂)。其主要枝干,应用草绳或麻布缠缚以防脱水,并将全树的叶子疏叶1/2~2/3,以大大减少叶面积的办法来降低全树的水分蒸腾总量。
3. 苗木运输:苗木装卸时应小心轻放,不得损伤苗木。小苗堆放不宜太厚,以防发热伤苗;对大树的运输,应采用吊装,移植大树在装运过程中,应将树冠捆拢,并应固定树干,防止损伤树皮,不得损坏土球,操作中注意安全。大树移植卸车时,应将主要观赏面安排适当,拆除包装,分层填土夯实。
4. 临时假植:在苗木到场后场地未达到种植要求的情况下,应尽量做到随起随运、随栽,以保证苗木的成活率,若因故不能当天栽完,应将苗木分散假植,假植前先开挖假植沟,深度以能埋住树木根系为度,放入苗木后覆土,踩实,不使漏风,并应浇水,遮阴养护。

五、苗木的土壤、土球、树穴要求

1. 土壤要求

1.1 对种植地区的土壤理化性质进行化验分析,采用相应的消毒、施肥和客土等措施。

1.2 土壤应疏松湿润,排水良好pH6~7,含有机质、肥沃。强酸碱土、盐土、重黏土、砂土等,均应根据设计要求客土或采取改良措施。

1.3 对草坪、花卉种植地应施基肥,翻耕25~30cm,搂平耙细,去除杂物,平整度和坡度应符合设计要求。

1.4 植物生长最低种植土层厚度应符合下表规定。

园林植物种植必需的最低土层厚度

植被类型	草本花卉	草坪地被	小灌木	大灌木	浅根乔木	深根乔木
土层厚度(cm)	30	30	45	60	90	150

2. 树穴要求

2.1 树穴应符合设计图纸要求,定位要准确。

2.2 土层干燥地区应在种植前浸树穴。

2.3 树穴应施入腐熟的有机肥作为基肥。

2.4 树穴应根据苗木根系、土球直径和土壤情况而定,树穴应垂直下挖,上口下底相等,规格应符合下表要求:

常绿乔木类树穴规格(cm)

树高	土球直径	种植穴深度	种植穴直径
150	40~50	50~60	80~90
150~250	70~80	80~90	100~110
250~400	80~100	90~110	120~130
400以上	140以上	120以上	180以上

落叶乔木类树穴规格(cm)

胸径	种植穴深度	种植穴直径
2~3	30~40	40~60
3~4	40~50	60~70
4~5	50~60	70~80
5~6	60~70	80~90
6~8	70~80	90~100
8~10	80~90	100~110

花灌木类树穴规格(cm)

冠径	种植穴深度	种植穴直径
200	70~90	90~110
100	60~70	70~90

绿篱类种植槽规格(cm)

种植方式 / 深x宽 / 苗高	单行	双行
50~80	40x40	40x60
100~120	50x50	50x70
120~150	60x60	60x80

竹类种植穴规格(cm)

种植穴深度	种植穴直径
盘根或土球深 20~40	比盘根或土球大 40~60

3. 基肥

3.1 沤熟(农作)基肥用量:草地每平方米3kg;花木(花坛)每平方米5kg;绿篱单行每米5kg;1米以下灌木(土球直径10~30cm)每株8kg,1米以上(土球直径40cm以上)10kg;乔木土球Φ50~60的为20~25kg,Φ70~80的为30~40kg;大于100的为50kg。草地、花坛在施肥后应进行一次20~30cm深的翻耕,把肥与土充分混匀,做到肥土相融,既提高土壤养分,又使土壤疏松、透气良好。

3.2 乔木、灌木则应在种植前在穴边将肥土混匀,依次放入穴底和种植池。

六、土壤改良措施

根据生物多样性、对土壤条件的要求并结合现场土质状况,以经济、资源多及施工便利为原则,现场土壤改良措施如下:

1. 清整场地:(除注明外)场地表土清理深度一般为50~60cm,并将现场的建筑垃圾、石块树根等杂物清理出场地,并将场地根据地形标高整理到位。
2. 酸碱性改良:首先测定土壤的酸碱度(pH值),通常中性和微酸性(pH6~7)的土壤有利于植物生长,如测定后发现偏碱性(pH7.5以上),最常用方法是施用硫酸铅,要使pH7.5降到pH6.5,可增施硫酸铅1~2kg/100m²,或者施用硫酸亚铁,使用量亦为1~2kg/100m²,用硫黄粉或可湿性硫黄粉来降低土壤的含碱成分,用量见下表。

硫黄粉施用量

pH值界限	施用量(kg/100m²)	pH值界限	施用量(kg/100m²)
从8.0降至6.5	1.5~2.0	从7.5降至6.0	2.0~3.0
从8.0降至6.0	2.0~3.0	从7.0降至6.0	1.0~2.0
从7.5降至6.5	1.0~1.5	从7.0降至5.5	2.0~3.0

3. 碱性土质常使用矾肥水来改善,配方是:黑矾(硫酸亚铁)4~6kg,豆饼10~12kg,人粪尿20~30kg,水400~500kg,混合后置于阳光下暴晒20天,充分腐熟,稀释后施入碱性土层中,能迅速降低pH值。
4. 施有机肥:现场土壤土层较浅薄、贫瘠、肥力差,疏松、透水效果差,增施有机肥做底肥,结合机械深耕,改善土壤状况,增加土壤微生物多样性,改善土壤的肥力、疏松透水能力。有机肥料种类很多,主要有人畜尿、厩肥、堆肥、绿肥、饼肥、泥土肥、糟渣肥、腐肥(必须充分腐熟)。深耕深度30~35cm,有机肥施入量控制在每亩5~7m³。
5. 掺砂:掺砂是为了更好地增加土壤的透水、透气性,防止植物根部发生烧根霉烂现象。结合施有机肥,深耕时一起施入,砂掺入量为每亩2~3m³。
6. 穴土置换:对于深根性树种,栽植树坑适当放大,更换种植土,追加底肥、保水剂和生根粉,促进树木生根发芽。
7. 除了运用一般场地土壤改良方法,再根据不同果树种类、不同时期追加有机肥和复合肥,以增加果树苗木的营养元素含量,以利于花、果和植株不同时期对养料的需求。

图 6-1 种植设计说明一

七、苗木定植

1. 定位放线：根据施工图和已知坐标的地形、地物进行放线，确定种植点，以使树木种植效果能达到设计意图。
   设定放线原点坐标：X=000000.000 Y=000000.000。放线网格为：2mX2m。
2. 挖种植坑：人工开挖，植穴的大小应满足设计要求，株行距应符合设计的尺寸，开挖时，应将上层好土堆放一边，底层心土堆放在另一边；成片栽植的花灌木和地被物，应全面深翻30cm，然后开沟栽植。
3. 栽植：种植穴按一般的技术规程挖掘，穴底要施基肥并铺设细土垫层，种植土应疏松肥沃，把树根部的包扎物除去，在种植穴内将树苗立正栽好，填土后稍稍向上提一提，再插实土壤并继续填土至穴顶，最后，在树周围做出拦水的围堰。裸根苗栽植时应分层回土，适当提苗，使根系舒展，并分层踩实，最后筑好浇水围堰。带土球苗木放入穴中校正后，应从边缘向土球四周培土，分层捣实，并筑浇水围堰，苗木栽植后的深度，应以苗木根茎与地面平齐或稍高为度。栽植其他地被植物时，应根据其生物学特性，确定其栽植深度，按照要求排入沟中后，覆土，扶正，压实，平整地面，然后浇水。

他

4. 支撑：大苗、大树栽植后应设支撑架支撑，不使动摇，提高成活率，按设计要求或甲方的统一要求，采用门字形支撑。
5. 修剪：大苗、大树栽植后，应作适当修剪，剪去断枝、枯枝、部分树叶，保证树形，以防止水分过多散失，以利成活。其截口宜用乳胶或凡士林涂抹保护。组成色块、绿篱的灌木栽植后，应按设计要求，进行整形修剪。
6. 浇水：苗木定植后，应立即浇定根水，大苗、大树栽植后，应分多次向里充分灌水直至水满围堰。栽植后的一周，应观察土壤湿度，保持土壤疏松；对于大树种植，当温度较高时，应注意保湿。每天要定期对其树干、树枝、叶面进行喷水（忌再次灌水），降低温度，减少蒸腾量，提高成活率。

八、种植施工技术要点

1. 严格按苗木表规格购苗，应选择根系发达、枝干健壮、树形优美、无病虫害的苗木。大苗移植尽量减少截枝量，严禁出现没枝的单干树木，乔木分枝 不少于6个。树形特殊的树种，分枝必须有4层以上。
   1.1 香樟等所有常绿乔木需全冠种植，施工种植后，须带三级以上分枝，切忌"截头"处理，树形保持其原有形状，并且无明显阴面、阳面之分。
   1.2 朴树等所有落叶乔木需全冠移植，施工种植后，根据不同树种，须带三级或更多的分叉枝，树形保持完整，姿态优美。
2. 规则式种植的乔灌木，同一树种规格大小应统一。丛植和群植乔灌木应高低错落，灵活布置。
3. 分层种植的花带、植物带边缘轮廓种植密度应大于规定密度，平面线形应流畅，边缘成弧形。高低层次分明，且与周边点缀植物高差不少于30cm。
4. 孤植树应姿态优美、奇特、耐看。
5. 整形装饰篱苗木规格大小应一致，修剪整形的观赏面应为圆滑曲线弧形，起伏有致。
6. 大苗移植要点：大苗严格按土球设计要求移植。大规格乔木移植时，须掌握移植时间；移植时应对树木进行修剪，带泥球移植；大树种植后必须设扁担桩或三角撑加以支撑。
   为确保大树移植成活及生长良好，可于种植穴内放置营养土，并于种植时拌施有机肥。
7. 草坪技术要求：
   7.1 草坪排水：平整地面时，要结合考虑地面排水问题，不能有低凹处，以避免积水，多利用缓坡来排水，除注明外草坪排水坡度为2%。
   7.2 在草坪造坡面积较大时，其最低的一端可设雨水口接纳排出的地面水，并经地下管道排走。
   7.3 草皮移植前必须摊铺3cm厚河沙，平整度误差≤1cm。
   7.4 草坪播种种植施工：如设计要求播种繁殖，播种前，要采购纯度高、发芽率高的种子，在播种前可对种子加以处理，提高发芽率。播种方法为撒播，由专业草坪公司负责草坪播种的技术，农艺工人撒种，保证撒播种子的均匀性。
   7.5 播种后管理：充分保持土壤湿度是保证出苗的主要条件，播种后可根据天气情况每天或隔天喷水，幼苗长至3～6cm时可停止喷水，但要经常保持土壤湿润，并要及时清除杂草。

九、苗木后期养护技术要点

1. 一般情况下，养护期应从第一株植物运到工地时开始，并持续到正式养护十二个月之后，或持续到最后审查批准时为止。
2. 养护期内，应及时更新复壮受损苗木，并能按设计意图和植物生态特性如喜阳、喜阴、耐旱、耐湿等分别养护，且根据植物生长不同阶段及时调整，保持丰富的层次和群落结构。
3. 在养护期内负责清理杂物、保持土壤湿润、追肥、修剪整形、抹不定芽、防风、防治病虫害（选用无公害农药）、除杂草、排渍除涝等。

十、绿化施工过程中注意事项

1. 绿化施工要求施工单位在挖穴前须标记地下管线走向，保证不挖坏地下管线和构筑物。种植植物时，发现电缆、管道、障碍物等要停止操作，并通知设计单位和甲方协商解决。
2. 如遇现场实际情况与绿化施工图纸不符时，及时反映给相关单位，以便及时处理。
3. 城市建设综合工程中的绿化种植，应在主要建筑、地下管线、道路工程等主体工程完成后进行。
4. 凡有树池的植物，均应先栽树，后砌树池外缘，树池外缘大小可根据树干大小而进行调整。
5. 绿地内除种植乔灌花木外，应铺设各指定地被，不能有土面裸露。

十一、植物种植表说明

1. 干径：所种植乔木离地面120cm处的平均直径，表中规定为上限和下限，种植时最小不能小于表列下限，最大不能超过上限3cm（主景树可达5cm），以求种植苗木均匀统一，利于生产。
2. 高度：苗木经常规处理后的种植自然高度。规格表上规定乔木高度不能去掉主树梢。
3. 冠幅：苗木冠丛的最大幅度和最小幅度之间的平均直径。
   乔木指修剪小枝和疏叶后，大枝的分枝最低幅度或树木的叶冠幅。
   灌木的冠幅尺寸是指叶子丰满部分。
   只伸出外面的两三个单枝不在冠幅所指之内。
4. 地被选苗：应选用袋装苗或容器苗；包装结实牢靠，种植密度为每平方米种植株数。
5. 苗木表中同一植物同一档规格有变化幅度，施工前准备苗木时，应采用合理搭配的方式，而不应单取最小值；选苗时，如无特殊注明的，应注意植物外观的均衡美观，不能选用比例失调的苗木（如只是高度达标，冠幅不符合要求；或只满足冠幅大小而忽略高度的适当比例）。
6. 所有苗木必须健康、新鲜、无病虫害，无缺乏矿物质症状，生长旺盛。

十二、草坪建植

1.建植条件：

1) 建植时间：由于不同草种适宜的生长温度有所不同，因而建植时间的选择也有一定的区别。冷季型草坪草种适宜的生长温度是15～25℃，因此冷季型草坪的建植多选择初春及秋季。春播草坪的洒水压力大，易受杂草侵害，相比之下，秋季为最佳建植时间。在我国冷季型干旱区，夏初雨季来临前建植草坪也较好。暖季型草坪草种适宜生长温度为25～39℃，暖季型草坪的建植时间主要以夏季为主。
2) 坪床处理：坪床处理是建坪的重要步骤，主要包括土壤清理、翻耕、平整、改良、施肥及排水灌溉系统的安装等几项工作。要认真清除坪床中的建筑垃圾、杂草等杂物，施入细砂或泥炭，改善土壤的通透性。根据土壤的肥力状况，铺设前可适量施入磷酸二铵、复合肥、有机肥等为底肥，施肥量以每平方米40～50克为宜(有机肥可适当增加)，建植草坪要充分考虑到地面排水问题。
3) 草种选择及混配比例：选择适宜当地气候、土壤条件的草坪草种是成功建植草坪的重要前提，其基本原则：首先要选择适宜当地土壤气候条件的草种，其次选择颜色、质地、均一性等方面，最后依据不同的管理条件选择适宜的品种有序互补。混合播种是目前足球场草坪普遍采用的方式。草坪草种混配的重要依据是，要充分考虑到混播建植草坪的外观、质地等方面的均一性，即要有完整均一的景观效果。
4) 建植方式：成品草卷。

2. 草坪场地管理：三分种植，七分养护。草坪管理的好坏，决定着草坪建植的成败，草坪日常管理主要包括以下几方面：

1) 灌溉：草坪建植后进入养护管理阶段，播种后应及时灌溉，可采用地表移动、地下固定等多种喷灌方式。充足的水分供应是保证建坪成功的关键。苗期要保证充足的水分，新草坪建植过程中不及时灌溉是建坪失败的重要原因之一。成熟草坪的灌溉，主要应考虑灌水时间、灌水量及土壤性质等方面，在夏季高温季节，草坪灌水应避免中午或傍晚进行，要防止因高温而引起的病害对草坪的危害。
2) 修剪：修剪是建植高质量草坪的重要措施，其遵循的基本原则是剪去总高度的1/3，第一次修剪在草坪长到7cm左右时进行，对新建草坪适时修剪，可促进草坪的分蘖和增加草坪密度。成熟草坪在返青前进行修剪，可促进草坪提前返青，适当使用草坪矮化剂，可减少草坪修剪次数，促进分蘖，增加草坪密度，提高草坪的抗逆性。当草坪受到不利因素影响时，要适当提高草坪修剪高度以提高草坪草的抗性。草坪修剪的质量取决于所用剪草机的类型、修剪方式、修剪时间等方面。
3) 追肥：追肥对草坪管理来说，与灌溉、修剪同样重要。草坪生长季节以施用磷、钾肥为主。因为使用氮肥会促进草坪草茎、叶的迅速生长，导致草坪的耐热、抗旱、耐寒和耐践踏性降低。因而在高温高湿季节尽量避免施用氮肥，应以钾肥为主。
4) 杂草控制：草坪杂草的控制涉及的领域较广，主要包括杂草的发生、农药的使用、草坪管理措施等方面的综合防治措施。根据杂草的发生规律，草坪杂草防除的最佳方法是生物防除，即选择适宜的草种混配组合、最佳播种时期，避开杂草的高发期，对草坪进行合理的水肥管理，增加修剪频率，促进草坪草的生长，增强与杂草的竞争能力，抑制杂草的发生。
5) 病虫害防治：病虫害防治在草坪养护管理中占有极其重要的地位，应引起草坪管理者的足够重视。草坪要有适当的条件，才能进行正常的生长发育，繁殖后代。当草坪受到不适宜的环境条件的影响，或者受到其他有害生物的侵染时，就不能进行正常的生长和发育，如果病害严重会造成成片草坪的死亡。草坪病害发生的原因，一方面是由不适宜的环境条件引起的，称为非传染性病害，又称生理性病害；另一方面是受到其他有害生物的侵染而引起的，称为传染性病害。

图 6-2 种植设计说明二

6.3

植物种植平面图

植物种植平面图根据设计需要，可分别绘制上层植物平面图和下层植物平面图。当植物种类及数量较多时，还可分别绘制上层乔木种植平面图、中层灌木及小乔木种植平面图和下层地被种植平面图。

6.3.1 植物种植形式

①点状种植:点状种植适用于乔木、小乔木、具有独立主干的大灌木或灌木球,上层乔木种植平面图和中层灌木及小乔木种植平面图中,采用点状种植方式。点状种植有规则式和自然式种植两种,规则式点状种植如行道树,自然式点状种植如孤植树或群植。

②片状种植:片状种植适用于无独立主干的、成片种植的灌木丛、绿篱和草本地被植物(除草皮外),下层地被种植平面图中,采用片状种植方式。

③草皮种植:草皮是在上述两种种植形式的种植范围以外的绿化种植区域种植,南方以暖季型草如结缕草、狗牙根等为主;北方以冷季型如黑麦草、高羊茅为主。

6.3.2 种植设计注意要点

①商业区种植设计不得妨碍人们浏览商铺招牌、门面,不可正对商铺大门。

②建筑北向靠近房基处不宜种植乔木或大灌木,以免影响窗户的采光和通风;建筑南向应种落叶乔木,以遮挡夏日阳光,又不遮挡冬日阳光;而建筑西侧则宜种植高大落叶乔木以防夏日西晒。

③车库顶板上不可选用榕树等根系发达植物,且景观布置必须检验是否超过顶板的允许荷载。

④规则式设计的花坛,如果纹样细部信息较多,应进行放大设计,以较大比例的平面图对其准确定位,并标明植物名称和数量。

⑤植物与地下管线、建(构)筑物外缘及架空电力线路导线之间的安全距离,应符合《公园设计规范》GB 51192—2016 中的规定,详见表 6-10～表 6-13。

表 6-10 植物与地下管线最小水平距离 单位:m

名　称	新植乔木	现状乔木	灌木或绿篱
电力电缆	1.5	3.5	0.5
通信电缆	1.5	3.5	0.5
给水管	1.5	2.0	—
排水管	1.5	3.0	—
排水盲沟	1.0	3.0	—
消防龙头	1.2	2.0	1.2
燃气管道(低中压)	1.2	3.0	1.0
热力管	2.0	5.0	2.0

注:乔木与地下管线的距离是指乔木树干基部的外缘与管线外缘的净距离。灌木或绿篱与地下管线的距离是指地表处分蘖枝干中最外的枝干基部外缘与管线外缘的净距离。

表 6-11 植物与地下管线最小垂直距离 单位:m

名　称	新植乔木	现状乔木	灌木或绿篱
各类市政管线	1.5	3.0	1.5

表 6-12 植物与建筑物、构筑物外缘的最小水平距离 单位:m

名　称	新植乔木	现状乔木	灌木或绿篱外缘
测量水准点	2.00	2.00	1.00
地上杆柱	2.00	2.00	—

续表

名　　称	新植乔木	现状乔木	灌木或绿篱外缘
挡土墙	1.00	3.00	0.50
楼房	5.00	5.00	1.50
平房	2.00	5.00	—
围墙(高度小于 2 m)	1.00	2.00	0.75
排水明沟	1.00	1.00	0.50

注:乔木与建筑物、构筑物的距离是指乔木树干基部的外缘与建筑物、构筑物的净距离。灌木或绿篱与建筑物、构筑物的距离是指地表处分蘖枝干中最外的枝干基部外缘与建筑物、构筑物的净距离。

表 6-13　植物与架空电力线路导线之间最小垂直距离

线路电压/kV	<1	1～10	35～110	220	330	500	750	1000
最小垂直距离/m	1.0	1.5	3.0	3.5	4.5	7.0	8.5	16.0

6.3.3　种植平面图内容

(1)绘图比例。

植物种植平面图的比例一般采用 1∶200、1∶300、1∶500。图上应标注指北针或风玫瑰图。

(2)图例。

植物图例应具有可识别性,简明易懂;保留的古树名木应单独用图例标明;图例可参考《风景园林制图标准》CJJ/T 67—2015 和《总图制图标准》GB/T 50103—2010。

①点状种植的植物,需设置植物图例,不同的植物设置不同的图例,图例中应标注种植点位置。

②片状种植的植物,不需设置植物图例,应绘出清晰的种植范围边界线。

③草皮种植的图例是在草皮种植范围边界线中,采用打点的方式表示。

(3)文字。

种植平面图中,应在植物附近用文字标注植物名称和数量。

①点状种植的植物,应将相同树种的图例用细线通过种植点连成一体,以免误会或漏掉,并在连线的末端用引出线标注植物名称和这一组的植物数量(单位:株)。注意避免不同植物树种的连线交叉。不同规格的相同树种,一定要分别标注名称,如“银杏 A、银杏 B”,并且分别连线计数。

②片状种植和草皮种植的植物,应在种植范围边界线附近,用引出线标注植物名称和种植面积(单位:平方米)。

(4)定位。

植物种植平面图中应标注尺寸或绘制方格网进行定位,为施工放线提供依据。

①规则式点状种植,可在图中用尺寸标注出植物种植点的间距、种植点与周围固定建(构)筑物和地下管线距离,作为施工放线的依据。

②自然式点状种植、片状种植和草皮种植,可以用方格网定位植物位置和种植距离,方格网可采用 2 m×2 m～10 m×10 m,方格网应与总图的坐标网一致。孤植树也可用坐标进行精准定位。对于边缘线呈规则几何形状的片状种植或草皮种植,也可用尺寸标注方式定位。

6.3.4　种植平面图实例

实例展示武汉某小区景观工程植物种植平面图,详见图 6-3～图 6-8。

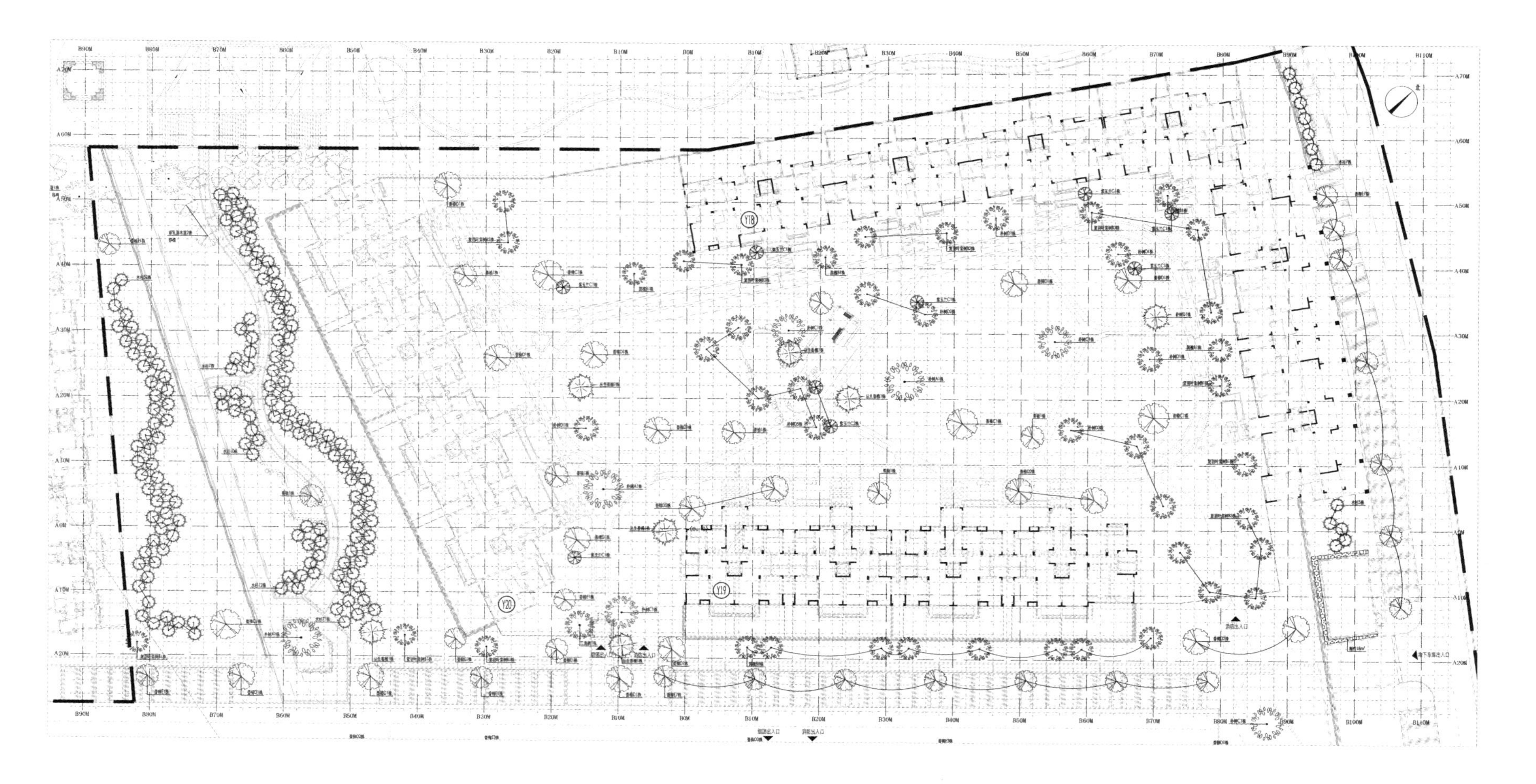

图6-3 上层乔木种植平面图

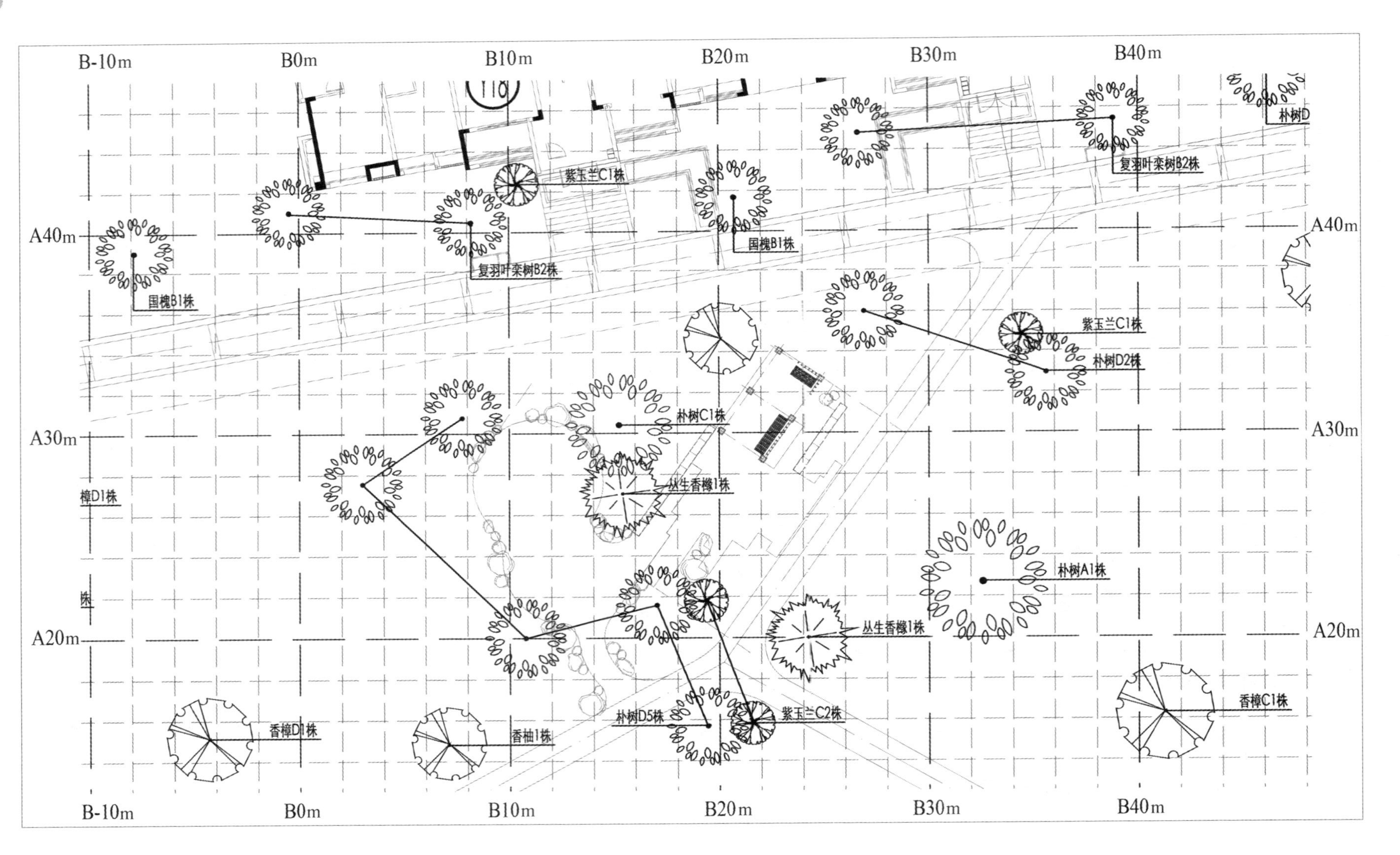

图6-4 上层乔木种植平面图（局部）

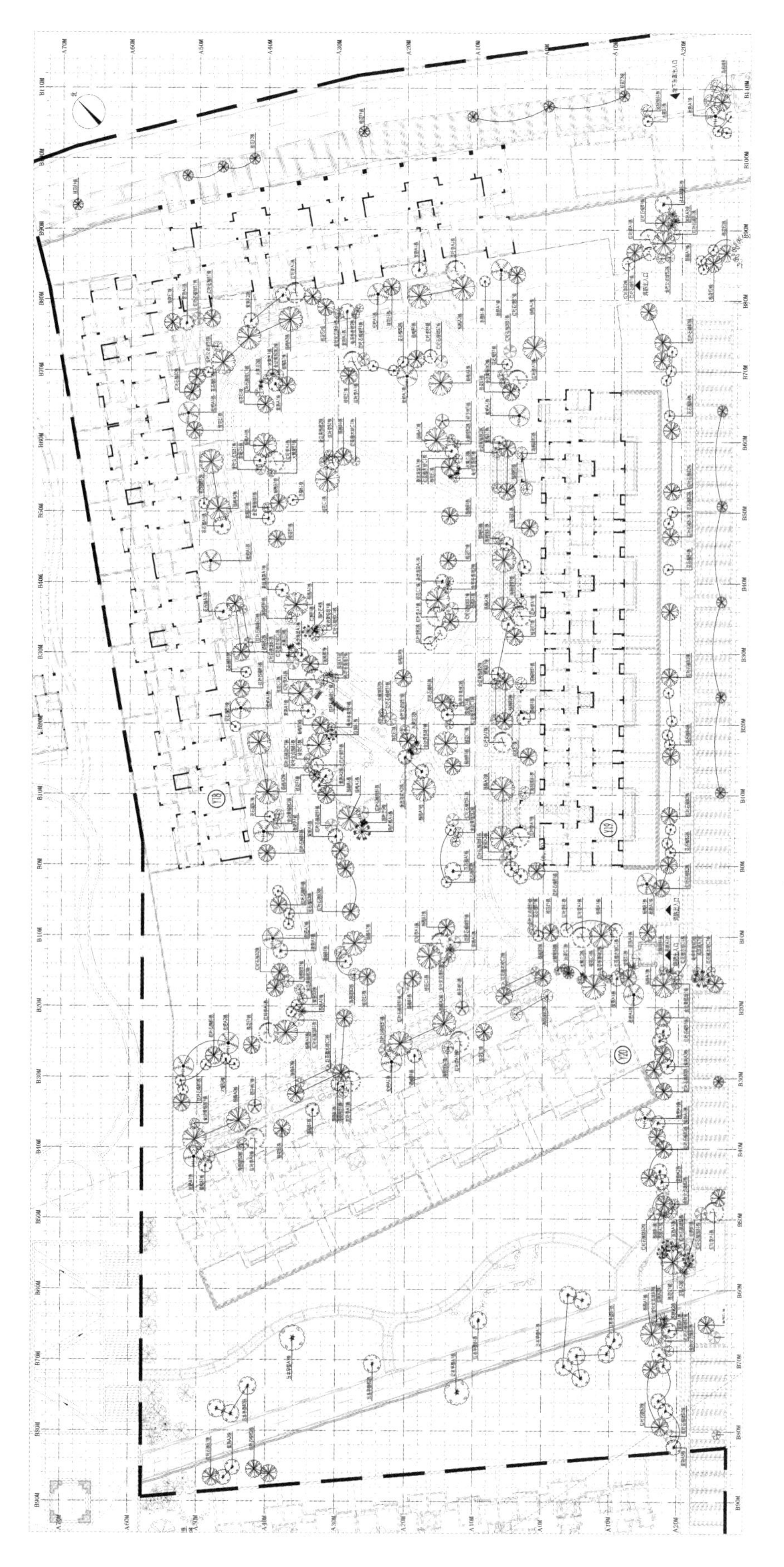

图6-5 中层灌木及小乔木种植平面图

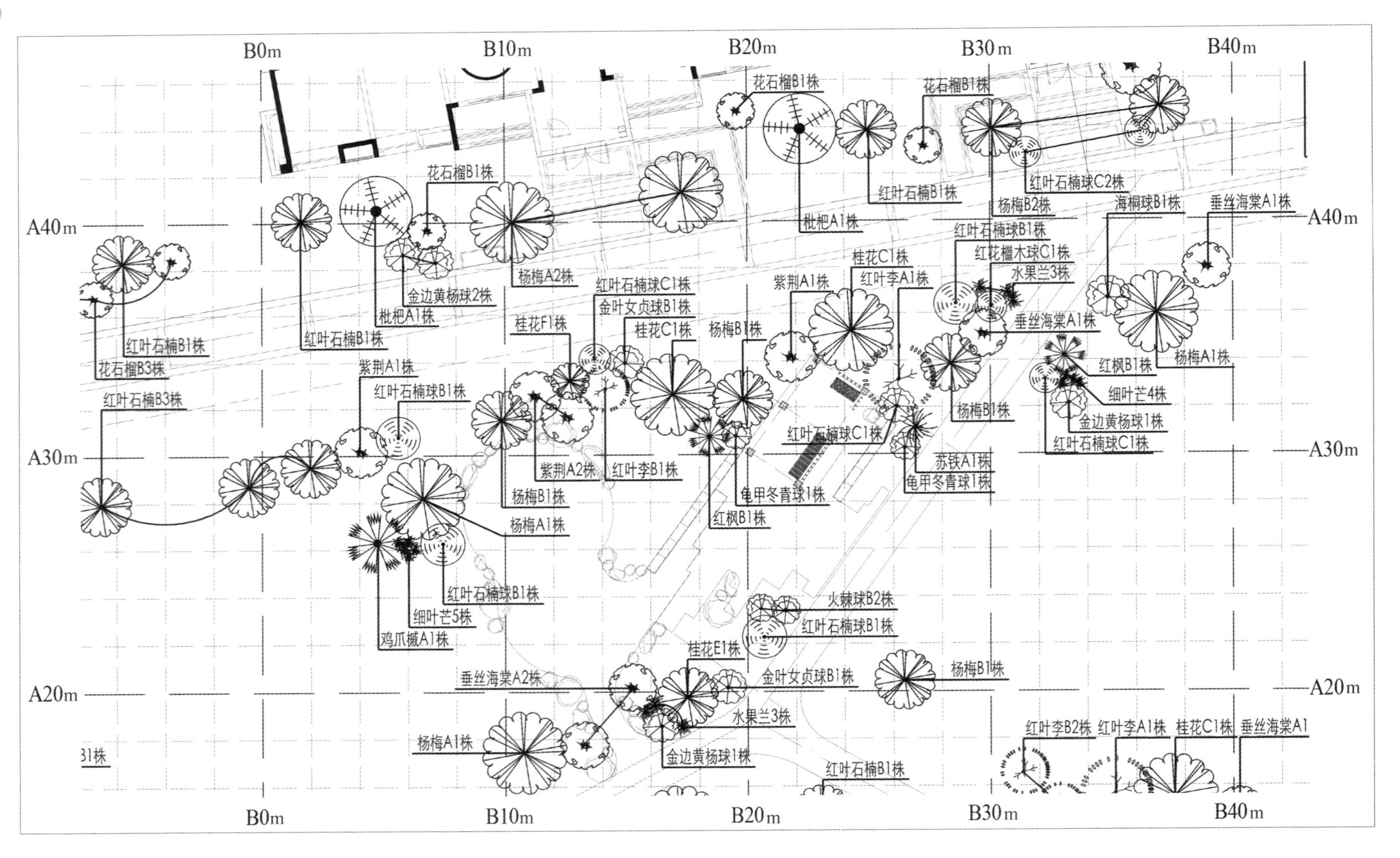

图6-6 中层灌木及小乔木种植平面图（局部）

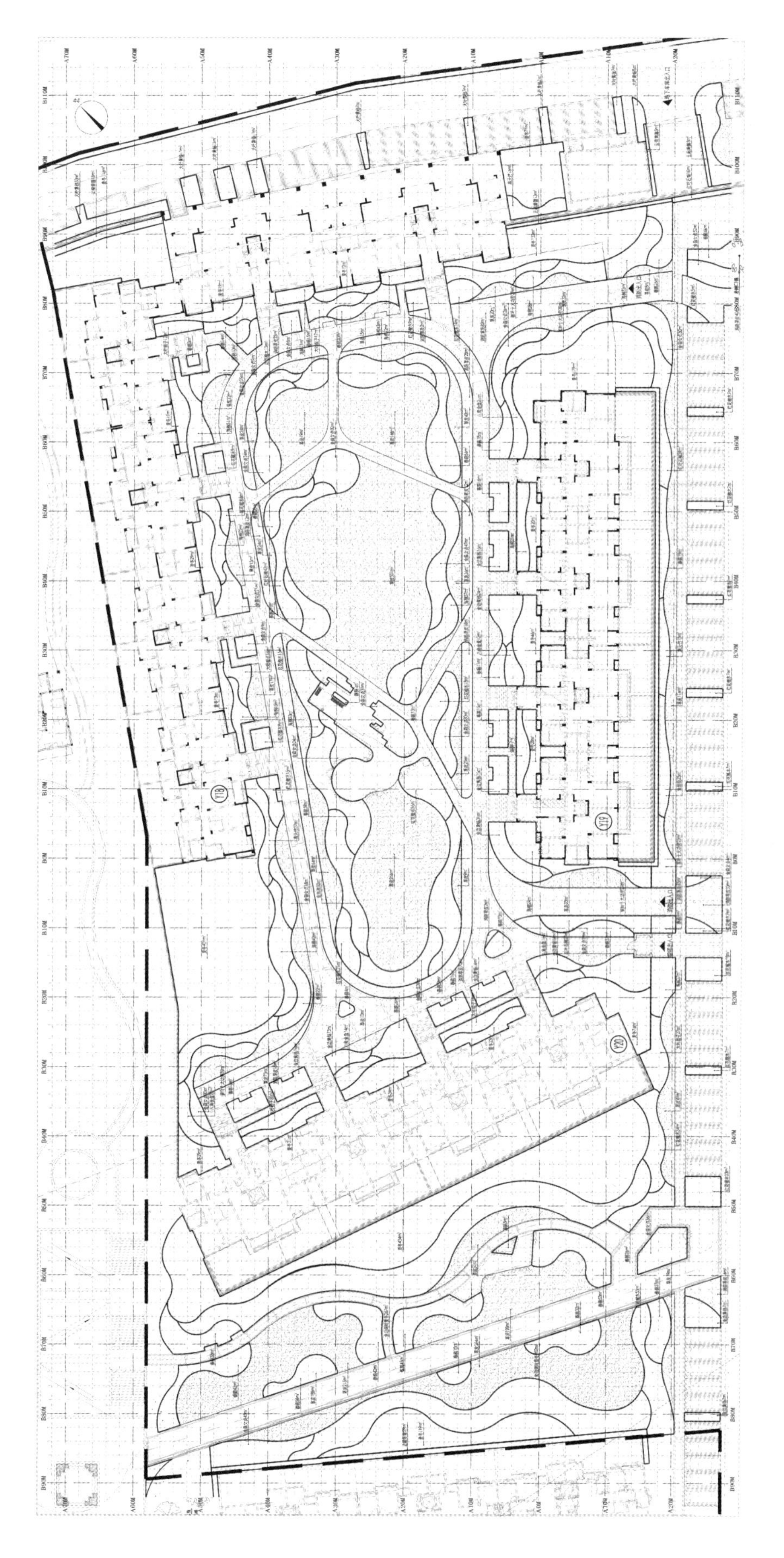

图6-7 下层地被种植平面图

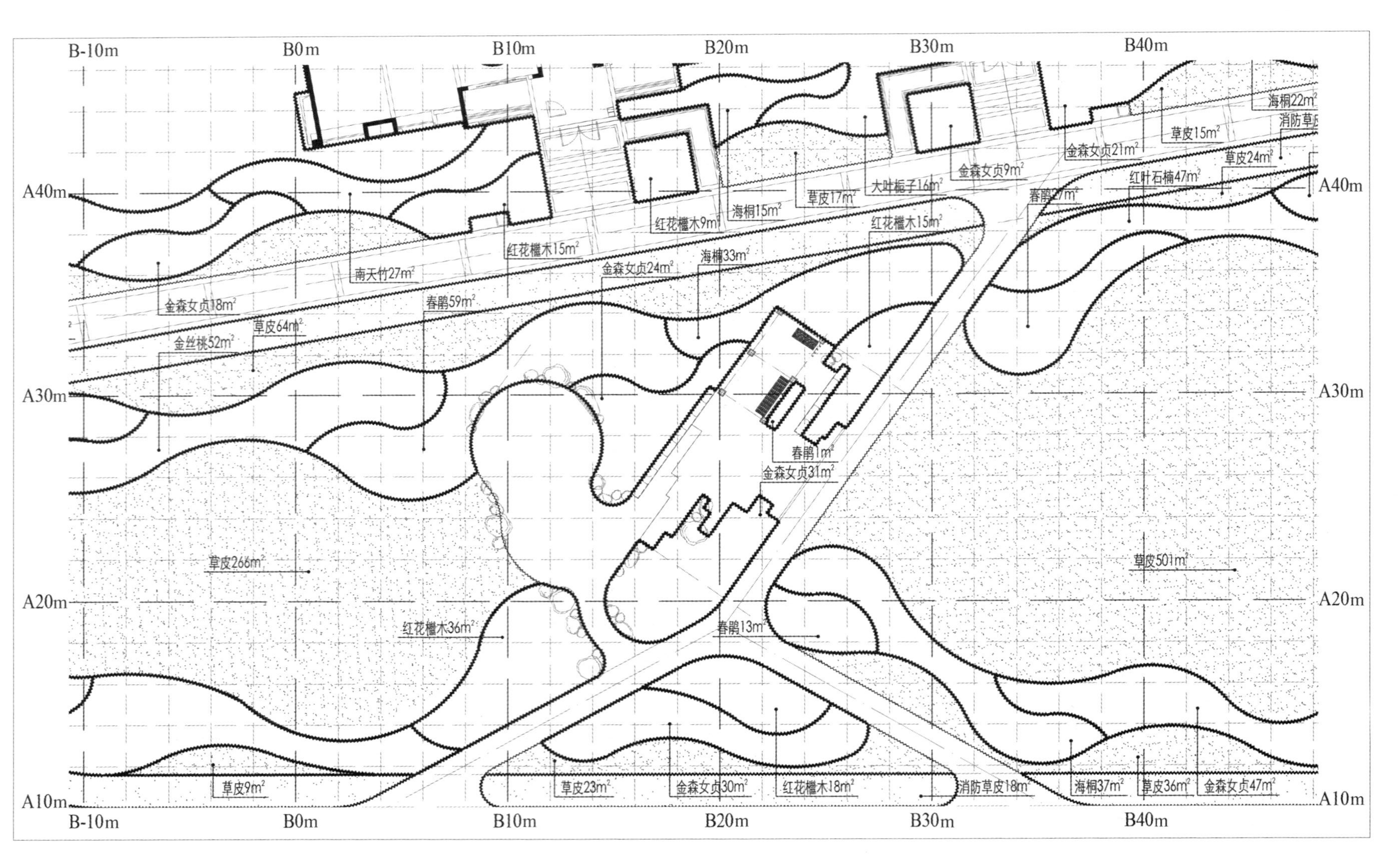

图6-8 下层地被种植平面图（局部）

6.4 植物种植规格表

植物种植规格表又称苗木清单表或植物材料表，该表中应列出种植平面图中所有植物的名称、规格（地径、干径、蓬径、冠幅、高度）、单位、数量及备注。为了更加明确植物种类，种植规格表中还可列出植物拉丁学名、植物编号、对应平面图中图例等内容。

实例展示武汉某小区景观工程植物种植规格表，详见图 6-9 和图 6-10。

植物种植规格表

上层乔木清单								
序号	植物名称	规格/cm				单位	数量	备注
		地径	干径	蓬径	高度			
标准上层乔木								
1	香樟C		≥25	≥500	≥850	株	12	全冠，分枝高2.5m
2	香樟D			≥400	≥750	株	47	全冠，分枝高≤2.5m
3	香樟E			≥350	≥600	株	92	全冠，行道树统一分枝高2.0m
4	香柚			≥350	≥600	株	35	全冠，分枝高≤0.8m
5	朴树C		≥28	≥500	≥1000	株	16	树形完整，枝下高2.2m以下
6	朴树D			≥350	≥800	株	33	树形完整，枝下高2.2m以下
7	复羽叶栾树A			≥400	≥800	株	16	移栽苗，树形完整，枝下高2.5m
8	复羽叶栾树B			≥350	≥700	株	62	移栽苗，树形完整，枝下高2.2m
9	国槐B			≥350	≥650	株	30	全冠，分枝高统一2.2m
10	三角枫			≥350	≥700	株	10	全冠，树形丰满，姿态优美
11	水杉			≥200	≥800	株	192	树形完整，姿态优美
12	紫玉兰A			≥300	≥500	株	6	株形丰满，分枝高1.0m以下
13	紫玉兰C			≥200	≥350	株	20	株形丰满，分枝高0.5m以下
14	刚竹				≥550	m^2	525	不截杆，16枝/m^2
可选上层乔木								
15	丛生香橼			≥400	≥450	株	12	全冠，多分枝，分枝点0.7m以下，树形饱满
16	朴树A（丛生）		10~12/杆	≥550	≥1200	株	6	重点景观树，丛生5分枝以上，株形丰满，全冠移栽
中层灌木（小乔木）清单								
序号	植物名称	规格/cm				单位	数量	备注
		地径	干径	蓬径	高度			
标准中层灌木								
17	桂花B			≥450	≥480	株	3	全冠，树形美观，八月桂，分枝高≤0.5m
18	桂花C			≥350	≥380	株	54	全冠，树形美观，丛生八月桂，分枝高≤0.3m
19	桂花E			≥250	≥280	株	129	全冠，树形美观，丛生八月桂
20	桂花F			≥160	≥180	株	74	全冠，树形美观，丛生八月桂
21	枇杷A			≥300	≥400	株	35	全冠，分枝高≤0.7m
22	红叶石楠B			≥250	≥300	株	164	全冠，树形美观，丛生
23	杨梅A			≥350	≥350	株	80	全冠，树形美观，丛生
24	杨梅B			≥250	≥250	株	60	全冠，树形美观，丛生
25	桔子树			≥200	≥200	株	11	全冠，树形饱满，姿态优美
26	山茶C			≥160	≥200	株	10	红花品种，全冠，蓬形丰满，分枝高≤0.3m
27	鸡爪槭A			≥250	≥280	株	6	全冠，8分枝以上，分枝高≤0.8m
28	红枫B			≥180	≥200	株	10	全冠，蓬形丰满，多分枝，分枝高≤0.6m
29	紫荆A（丛生）		12杆/丛以上	≥200	≥200	株	76	树形优美，12杆/丛以上，树形饱满
30	紫荆B（丛生）		8杆/丛以上	≥150	≥180	株	23	树形优美，8杆/丛以上，树形饱满
31	红叶李A			≥300	≥450	株	67	全冠，分枝高≤0.7m
32	红叶李B			≥250	≥300	株	20	全冠，分枝高≤0.5m
33	花石榴A			≥250	≥280	株	14	全冠，树形丰满，姿态优美
34	花石榴B			≥160	≥220	株	49	全冠，树形丰满，姿态优美
35	紫薇D（丛生）		4~5杆/丛	≥160	≥230	株	16	红花品种，丛生苗，4~5杆/丛，株形丰满，全冠移栽苗
36	木槿B			≥130	≥180	株	26	全冠，蓬形丰满，造型优美
37	碧桃B			≥180	≥200	株	25	株形丰满，全冠移栽，分枝高≤0.5m
38	红梅			≥180	≥200	株	21	株形丰满，全冠移栽，分枝高≤0.5m
39	日本早樱A			≥350	≥380	株	11	全冠，分枝高统一在1.5m，树形丰满，姿态优美
40	日本早樱B			≥250	≥280	株	13	全冠，分枝高≤1.0m，树形丰满，姿态优美
41	日本晚樱B			≥220	≥280	株	19	全冠，分枝高≤0.9m
42	垂丝海棠A			≥200	≥220	株	31	全冠，分枝高≤0.6m
43	腊梅B（丛生）		8~12杆/丛	≥200	≥220	株	32	丛生，8~12杆/丛，全冠移栽苗
可选中层灌木								
44	细叶芒			≥60	≥80	株	28	自然生长
45	水果兰			≥80	≥70	株	22	全冠，自然生长

图 6-9　植物种植规格表一

植物种植规格表

灌木球清单								
序号	植物名称	规格/cm				单位	数量	备注
		地径	干径	蓬径	高度			
标准灌木球								
46	苏铁A			≥100	≥150	株	27	基部平地分枝，株形丰满，姿态优美
47	海桐球A			≥230	≥200	株	7	净球规格，全冠，蓬形丰满，不脱脚
48	海桐球B			≥180	≥150	株	55	净球规格，全冠，蓬形丰满，不脱脚
49	金叶女贞球B			≥150	≥120	株	29	净球规格，全冠，蓬形丰满，不脱脚
50	红叶石楠球B			≥180	≥150	株	44	净球规格，全冠，蓬形丰满，不脱脚
51	红叶石楠球C			≥130	≥100	株	20	净球规格，全冠，蓬形丰满，不脱脚
52	红花檵木球B			≥180	≥150	株	11	净球规格，全冠，蓬形丰满，不脱脚
53	红花檵木球C			≥130	≥120	株	29	净球规格，全冠，蓬形丰满，不脱脚
54	龟甲冬青球			≥120	≥100	株	49	净球规格，全冠，蓬形丰满，不脱脚
55	火棘球B			≥120	≥120	株	13	净球规格，全冠，蓬形丰满，不脱脚
可选灌木球								
56	金边黄杨球			≥150	≥120	株	50	净球规格，全冠，蓬形丰满，不脱脚

地被清单						
序号	苗木名称	规格/cm		数量/m²	株距	备注
		高度	冠幅			
标准陆生地被						
57	法国冬青	120	≥30	181		多分枝，植株饱满，密植不露土
58	金森女贞	≥30	≥20	1550		多分枝，植株饱满，密植不露土
59	春鹃	≥30	≥25	2693		红白二色，多分枝，植株饱满，密植不露土
60	红叶石楠	≥40	≥25	1260		多分枝，植株饱满，密植不露土
61	红花檵木	≥30	≥25	1145		多分枝，植株饱满，密植不露土
62	海桐	≥40	≥30	1244		多分枝，植株饱满，密植不露土
63	狭叶十大功劳	≥45	≥30	384		多分枝，植株饱满，密植不露土
64	金丝桃	≥45	≥20	268		多分枝，植株饱满，密植不露土
65	金边黄杨	≥30	≥20	698		多分枝，植株饱满，密植不露土
66	大叶黄杨	≥35	≥20	367		多分枝，植株饱满，密植不露土
67	大叶栀子	≥40	≥30	401		多分枝，植株饱满，密植不露土
68	南天竹	≥40	≥40	158		多分枝，植株饱满，密植不露土
69	八角金盘	≥40	≥30	100		多分枝，植株饱满，密植不露土
70	云南黄馨	≥40	≥30	93		两年生，多分枝，植株饱满，密植不露土
71	金边阔叶麦冬	≥15	≥10	559		多分枝，植株饱满，密植不露土
72	麦冬	≥10	≥10	6314		多分枝，植株饱满，密植不露土
73	草皮（双狮毯）			5918		错缝满铺，不露土，300×600
可选陆生地被						
74	消防草皮和停车位草皮（马尼拉）			2519		错缝满铺，不露土，300×300

注明：1.如遇到植物表中植物图例数量与图纸上植物数量不符，请以植物表数量为准。
2.对以上大规格乔灌木及有特殊要求的苗木需进行选苗、定苗程序，以保证苗木质量。
3.以上植物规格为修剪后的种植规格，修剪后需由该项目设计师确认后方验收。
4.地被植物外沿4~5排边苗向地面倾斜一定角度，不仅能隐藏植物根茎部和种植沟，且修剪后为接地的圆滑弧面(见示意图)。
5.地被与草坪交界线需切割整齐，草床平整度应小于1cm，在细整平的基础上加5cm河沙人工整平。

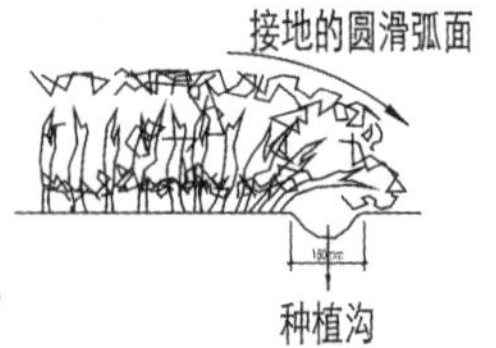

图 6-10　植物种植规格表二

6.5 植物种植大样图

植物种植大样图用来指导植物种植施工，可以包括以下方面：

①苗木种植施工流程和方法示意，如挖种植穴、吊机栽植、定植、立支撑、种植土改良等。

②对特殊树木种植方式有特殊要求时，如大规格乔木种植大样、斜坡乔木种植大样等。
③对植物造型要求较高时，如整形修剪绿篱大样、丛生竹大样、单生竹大样等。
④不同蓬径的地被袋装苗、带土球苗的种植点位布置示意。
实例展示武汉某小区景观工程植物种植大样图，详见图 6-11～图 6-14。

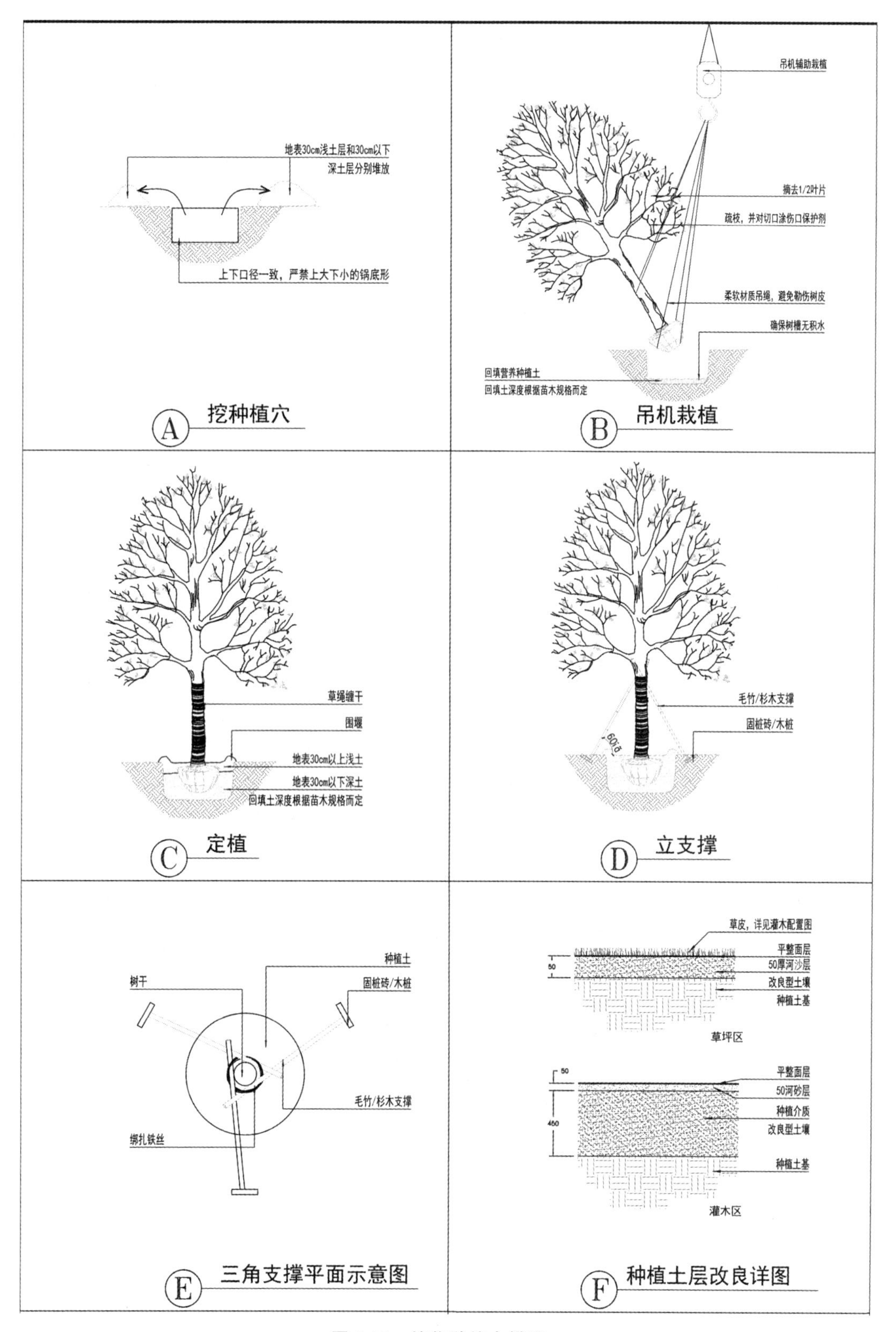

图 6-11　植物种植大样图一

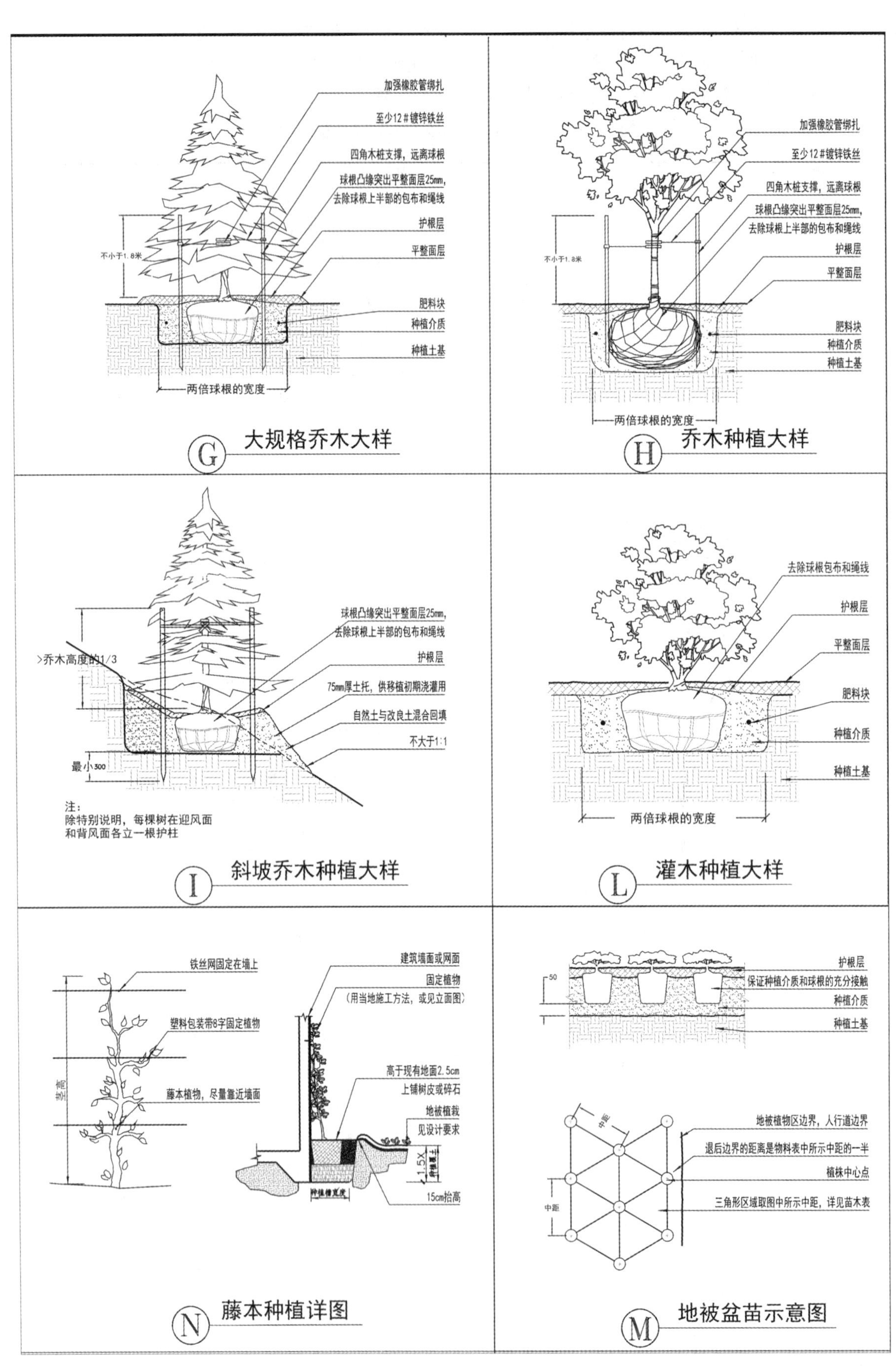

图 6-12　植物种植大样图二

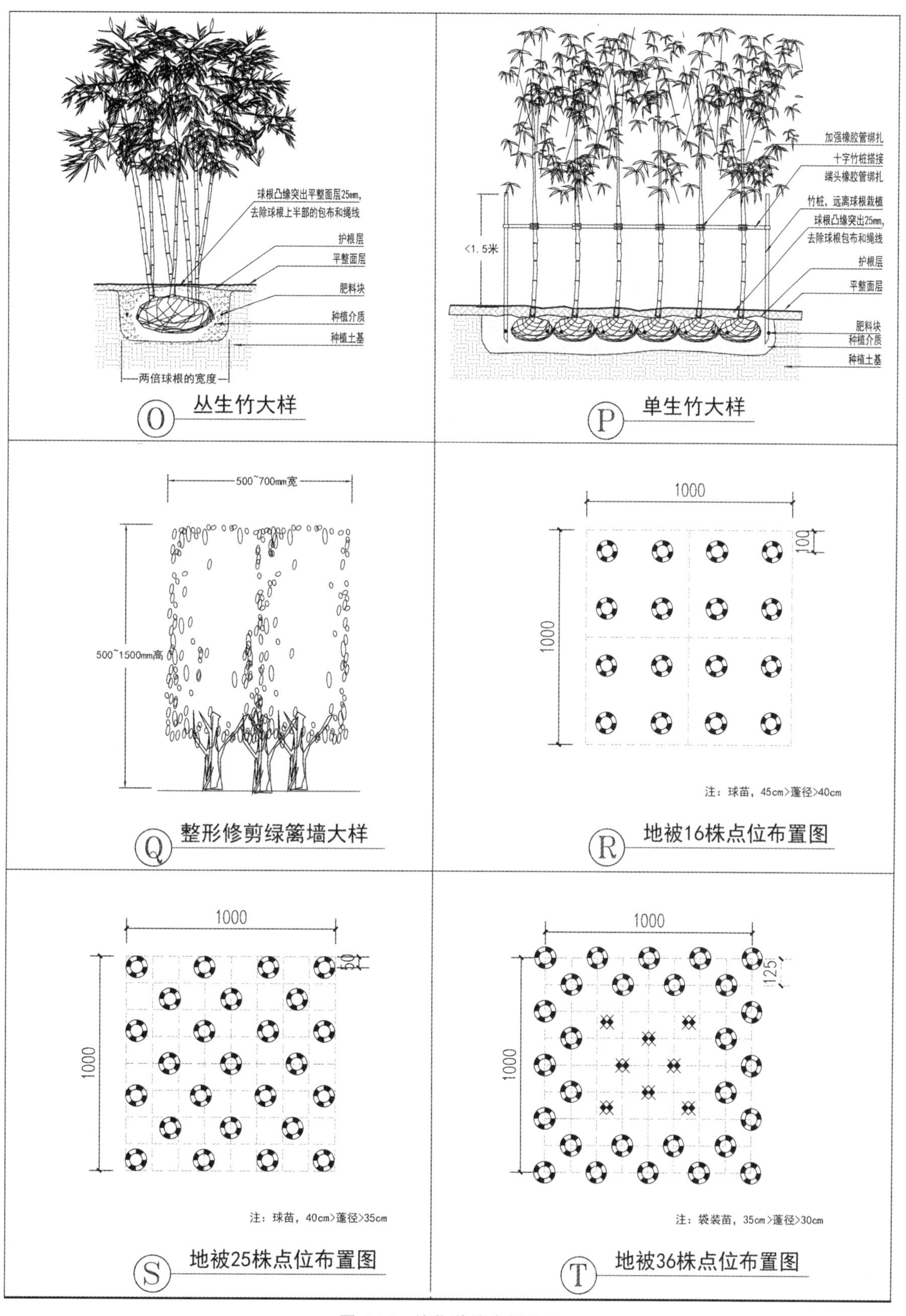

图 6-13 植物种植大样图三

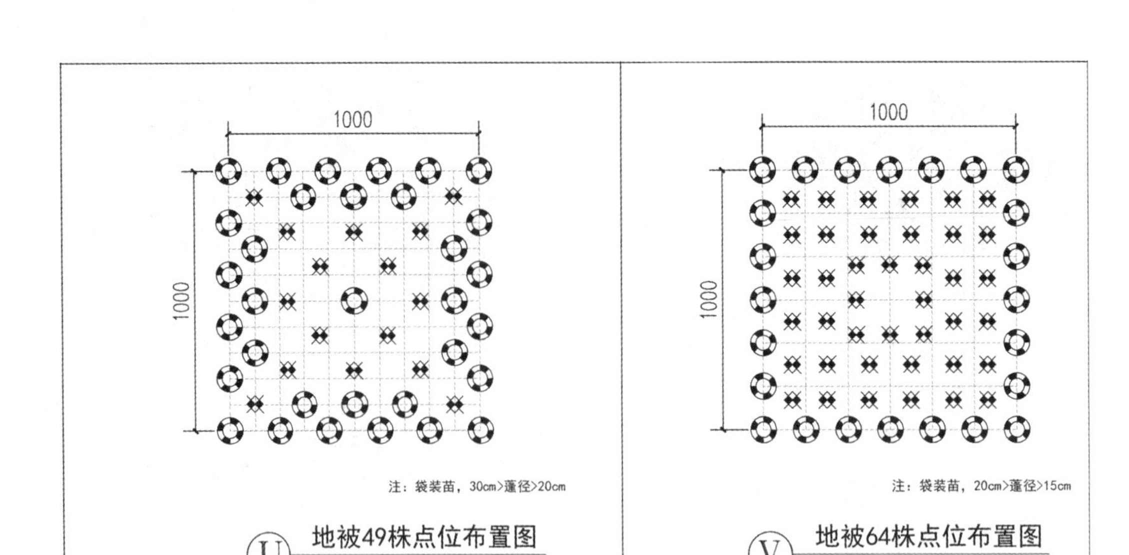

图 6-14　植物种植大样图四

Yuanlin Jingguan Shigongtu Sheji

第 7 章

给排水施工图设计

园林景观给水与排水工程是城市给排水工程的一部分，因此在做园林给水与排水施工图设计之前，应对给水、排水系统有个简单的了解。

城镇给水系统是由取水、输水、水质处理和配水等各关联设施所组成的总体，一般由原水取集、输送、处理、成品水输配和排泥水处理等给水工程中各个构筑物和输配水管渠系统组成。园林给水工程设计主要内容为从城镇配水管网引水（附近江河、湖泊等自然水体经水质净化处理后）输送至设计范围内各用水点的管网及节点设计。

城镇排水系统是由收集、输送、处理、再生和处置污水及雨水的设施以一定方式组合成的总体。收集、输送污水和雨水的方式称为排水体制，一般分为合流制和分流制两种基本方式。合流制排水系统是将生活污水、工业废水和雨水混合在同一个管渠内排除的系统；分流制排水系统是将生活污水、工业废水和雨水分别在两个或两个以上各自独立的管渠内排除的系统。根据现行规范规定，除降雨量少的干旱地区外，新建地区的排水系统应采用分流制。园林排水工程设计主要内容为将设计范围内的生活污水和降雨进行收集、集中处理和排放的管网、设施的设计。

园林给水、排水工程是城市给水和排水工程的一个组成部分，它们之间有共同点，但又有园林本身的具体要求。本章将以武汉市某小区园林给排水设计作为设计实例来介绍相关项目在施工图设计阶段所需要完成的设计内容，具体分为给排水设计说明、给排水管线平面布置、给排水安装大样图、快速取水阀详图、检查井表及材料表。

7.1 给排水设计说明

给排水施工图设计说明主要表达全套图纸的建设范围、建设内容、设计依据、设计规范、系统设计计算公式、阀门井及水表井、检查井、管道附属构筑物、管道材质、施工原则、管道验收标准及要求等，一般分为设计说明和施工说明两大部分。设计说明包含项目概况、设计依据、设计规范、给排水系统设计说明等相关内容。施工说明包含管道敷设、给排水构筑物、管道基础、沟槽开挖及回填、地基处理等相关内容。以下列出给排水设计说明的范文，包含但不限于以下范文内容。

7.1.1 给排水设计说明范文

（1）项目概况。

本工程为景观工程设计项目，本图纸设计内容为项目的园林绿化给水、室外场地排水系统的设计。

（2）设计依据。

①建设单位提供的设计依据和要求。

②园林景观设计提供的景观设计图和植物配置图、建设方提供的室外给排水管网施工图。

③国家现行有关设计规范和标准。

（3）设计规范及标准。

《室外排水设计规范（2016 年版）》GB 50014—2006；

《室外给水设计标准》GB 50013—2018；

《建筑给水排水设计规范（2009 年版）》GB 50015—2003；

《喷灌工程技术规范》GB/T 50085—2007；

《管道输水灌溉工程技术规范》GB/T 20203—2017；

《给水排水设计手册（第三版）》；

……

(4)给水系统设计说明。

①本工程景观灌溉给水接自市政环状管网,要求接管点水压不小于0.25 MPa,绿化灌溉取水采用人工快速取水阀DN20,额定流量0.4 L/s,浇灌半径设置为15~25 m,绿地设计日灌溉时间为6~12 h,平草地安装。

②管材及连接方式:室外绿化给水管采用无规共聚聚丙烯(PPR)给水管,管系列为S5,热熔连接。按产品要求及建筑给水聚丙烯管道工程技术规程施工安装。聚丙烯给水管道安装施工详见图集02SS405-2。

③室外绿化给水管可沿地面坡度埋地敷设,室外给水管道的覆土深度,应根据土壤冰冻深度、车辆荷载、管道材质及管道交叉等因素确定。管顶最小覆土深度不得小于土壤冰冻线以下0.15 m,行车道下的管线覆土深度不宜小于0.7 m,过车处埋设深度不够的给水管应穿大两级钢管套管。给水管上的阀门采用手动杆低压闸阀。

④给水阀门井及水表井:阀门井及水表井均按《室外给水管道附属构筑物》(05S502)进行设计和施工。

(5)室外场地排水设计说明。

①室外排水采用雨污分流制,地面雨水经管道收集后,就近排入小区雨水管网或市政雨水管网。

②工程雨水计算参照项目地的暴雨强度公式,暴雨强度公式可参考《给水排水设计手册第5册 城镇排水》中"附录4 我国若干城市暴雨强度公式"。

③雨水口连接管的管径为DN200,排水坡度不小于0.001。连接管宜采用UPVC管材。雨水口间距宜为25~50 m。连接管串联的雨水口个数不宜超过3个。雨水口连接管长度不宜超过25 m。单箅雨水口的设计流量为15 L/s。

④雨水管宜采用高密度聚乙烯(HDPE)承插式双壁波纹管,柔性橡胶密封圈接口。埋深小于等于4 m时,环刚度不低于8 kN/m^2;埋深4~6 m时,环刚度不低于12.5 kN/m^2。产品执行《埋地用聚乙烯(PE)结构壁管道系统 第1部分:聚乙烯双壁波纹管材》(GB/T 19472.1—2004)标准,按《埋地塑料排水管道工程技术规程》(CJJ 143—2010)施工。

⑤检查井在直管段的最大间距应根据疏通方法等具体情况确定,一般宜按表7-1的规定值取值。

表7-1 检查井在直管段的最大间距

管径或暗渠净高/mm	最大间距/m	
	污水管道	雨水(合流)管道
200~400	40	50
500~700	60	70
800~1000	80	90
1100~1500	100	120
1600~2000	120	120

⑥排水管道的最小管径与相应最小设计坡度,宜按表7-2的规定取值。

表7-2 排水管道最小管径与相应最小设计坡度

管道类别	最小管径/mm	相应最小的设计坡度
污水管	300	塑料管0.002,其他管0.003
雨水管和合流管	300	塑料管0.002,其他管0.003
雨水口连接管	200	0.01
压力输泥管	150	—
重力输泥管	200	0.01

⑦雨水口深度为：车行道不小于 0.7 m，园路、种植区、铺装区不小于 0.5 m。地面铺装上保证有 0.02 的坡度坡向雨水口。

⑧管道埋深：敷设在行车道下的管道覆土不小于 0.7 m；敷设在绿化带下的管道覆土不小于 0.5 m。当不能满足要求时，应采取加固措施。

⑨排水检查井：按《市政排水管道工程及附属设施》(06MS201)进行设计和施工。

(6)施工说明。

①各种管道在施工前，应对施工点进行标高实测复测，如与施工图标高不一致，应通知设计方进行调整后，方可施工。管道穿钢筋混凝土墙，应根据图中管道位置配合土建工种预留套管；管道穿越水池壁、池底及机房时，应预埋刚性防水套管(参照图集：02S404)；过主干道部分均用大两级的钢管作套管。

②给水管：

a. 给水管转弯处利用组合弯头，弯曲管等管件不能满足弯转角度要求时，可在直线管段利用管道承插口偏转进行调整，但承插口的最大偏转角不得大于 1°，以保证接口的严密性。

b. 当给水管敷设在污水管的下面时，应采用钢管或钢套管，套管伸出交叉管的长度每边不得小于 3.0 m，套管两端应采用防水材料封闭。

c. 室外给水管道应在冻土层下 0.2 m 处敷设，敷设时按 0.2%的坡度坡向水表井或阀门井，在水表井和阀门井处装设泄水阀，以防冬季冻结。给水管道基础做法详《给水排水管道工程施工及验收规范》(GB 50268—2008)。

③排水管道：

a. 管道的铺设不得出现无坡、倒坡现象。

b. 两检查井之间的管段的坡度应一致，如有困难时，后段坡度不应小于前段管道坡度。

c. 排水管道转弯和交汇处，应保证水流转角等于或大于 90°。

④管道基础：

a. 如为未经扰动的原状土层，则天然地基进行夯实达到 95%。

b. 如为回填土应分层夯实达到 95%后再垫砂，砂层厚度为 300 mm。

c. 如为岩石或多石层，则在岩石或多石地段做 150 mm 厚砂石垫层。

d. 如为软泥土则应更换土壤或每 2.5～3.0 m 做混凝土枕基。

e. 砂石基础的夯实系数按图集 04S516 要求施工，回填土密实度按《给水排水管道工程施工及验收规范》GB 50268—2008 规定施工。

⑤管槽回填土：

a. 管顶上部 500 mm 以内不得回填块石、碎砖和冻土块，500 mm 以上不得集中回填块石、碎砖、冻土块。

b. 沟槽内的回填土应分层夯实，机械夯实时不大于 300 mm，人工夯实时不大于 200 mm。

c. 管道接口处的回填土应仔细夯实，不得扰动管道的接口。

⑥给排水构筑物：

a. 景观水表井按图集 05S502《室外给水管道附属构筑物》进行。

b. 雨水口设于有道牙的路面时采用偏沟式雨水口，而设于无道牙的路面时采用平箅式雨水口，参照雨水口标准设计图集 05S518，具体根据现场实际情况来定。

⑦阀门井和检查井:

a. 排水管采用砖砌检查井,具体做法参见《排水检查井》图集(02S515)。

b. 给水、排水阀门井采用砖砌式收口阀门井。阀门井均按《室外给水管道附属构筑物》(05S502)施工。

⑧管道试压:

a. 景观水泵出水管试验压力为 1.0 MPa,其余给水管试验压力为工作压力的 1.5 倍,但不小于 0.8 MPa,试压方法应按《给水排水管道工程施工及验收规范》GB 50268—2008 第 9.2.10 条之规定执行。

b. 室外排水管的试验,应按《给水排水管道工程施工及验收规范》GB 50268—2008 第 9.3.1 条及第 9.3.3 条之规定执行。

c. 水压试验的试验压力表应位于系统或试验部分的最低处。

(7)其他说明。

①图中尺寸单位:标高、管长以米计,其余均为毫米。

②图中管线标高:

a. 给水压力管道为管中心标高;

b. 排水管为管内底标高。

③ 本设计施工说明与图纸具有同等效力,二者有矛盾时,业主及施工单位应及时提出,并以设计单位解释为准。

④ 施工时需参照建设方提供的建筑设计院室外给排水总图。景观排水系统必须核实其建筑雨水管网后方可施工。本排水布置平面图是在建设方提供的室外排水施工管网的基础上,根据景观设计图对其景点排水及道路雨水排放进行设计。施工中其调整原则是:原有的雨水干管、雨水井的大小以及标高均不变,其位置可根据景观效果做适当的调整。

⑤ 其他未尽事宜按照国家现行的有关施工验收规范进行施工。

(8)给排水施工图主要设计图例见表 7-3。

表 7-3 给排水施工图主要设计图例

图例	名称	数量	备注
━━━━	给水管	实计	无规共聚聚丙烯(PPR)给水管
■■■■■■	雨水排水管	实计	高密度聚乙烯(HDPE)双壁波纹管
[闸阀符号]	闸阀	实计	闸阀大小以管径确定
[止回阀符号]	止回阀	实计	止回阀大小以管径确定
[水表符号]	绿化专用水表	实计	水表大小以管径确定
[快速取水阀符号]	快速取水阀	实计	DN20,灌溉半径 15～25 m
[雨水口符号]	雨水口	实计	以实际情况选择单箅、双箅等形式

7.1.2 给排水设计说明实例

以武汉某小区景观给排水设计说明为例,详见图 7-1。

给排水设计说明

一、设计概况

本工程为武汉市某小区内景观工程项目，本设计内容为园林给水、排水系统设计。

二、设计依据

2.1建筑单位提供的设计任务书及设计要求。

2.2相关专业提供的工程设计资料。

2.3《室外排水设计规范(2016年版)》(GB50014-2006)；

2.4《给水排水设计手册(第二版)》；

2.5《地表水环境质量标准》（GB3838-2002）；

2.6《建筑给水排水设计规范(2009年版)》（GB50015-2003)；

2.7《建筑给水排水设计手册(第二版)》；

2.8《全国民用建筑工程设计技术措施—— 给水排水》（2009版)；

2.9《给水排水管道工程施工及验收规范》(GB 50268-2008)；

2.10《喷灌工程技术规范》(GB/T50085-2007);

2.11业主提供的其他参数。

2.12中华人民共和国现行有关给水、排水、消防和卫生等设计规范及规程。

三、设计范围及总则

3.1本设计范围为武汉市某小区景观工程设计红线以内的景观灌溉给水系统、雨水排水系统及水景给排水设计。

3.2应根据各设计图标注及说明进行施工，具体尺寸以施工放样为准。

四、设计说明

4.1给水系统设计说明

（1）本工程景观灌溉给水接自市政环状管网，接入两个De63和一个De90给水总管，要求接管点水压不小于0.25MPa，流量不小于12L/s，水质符合现行《生活饮用水卫生标准》（GB5749-2006）。

（2）绿化灌溉取水采用人工快速取水阀DN20，额定流量0.4L/s，浇灌半径设置为20m，市政给水压力为0.25MPa。依据《建筑给水排水设计手册（第二版）》、《喷灌工程技术规范》GB/T50085-2007、《全国民用建筑工程设计技术措施—— 给水排水》(2009版) ,绿地设计日灌溉时间为6～12h，绿化人工快速取水阀布置及管径详见图纸。

（3）绿地采用人工洒水栓浇灌，服务半径约为20m，平草地安装。采用砖砌阀门井，具体尺寸见各详图。

（4）管材及连接方式：景观灌溉采用埋地聚乙烯（PE）管道，热熔连接，产品执行《给水用聚乙烯（PE）管道系统》标准，规格为PE100、SDR17级。

4.2雨水系统设计说明

（1）本工程室外排水采用雨污分流制，地面雨水经管道收集后，就近排入小区雨水管网或市政雨水管网。

（2）本工程雨水计算参照武汉的暴雨强度公式：

其中： $$q=\frac{983(1+0.65\lg P)}{(t+4)^{0.88}}$$

q—— 排水分区设计暴雨流量，L/(s·ha)；

P—— 设计降雨重现期，取3年；

t—— 地面集水时间，取10min；

（3）管材与接口：室外排水管采用高密度聚乙烯HDPE承插式双壁波纹管，柔性橡胶密封圈接口。埋深小于等于4m时，环刚度不低于8kN/m²；埋深4~6m时，环刚度不低于12.5kN/m²，产品执行《埋地用聚乙烯（PE）结构壁管道系统第1部分：聚乙烯双壁波纹管材》（GB/T 19472.1-2004）标准，按《埋地塑料排水管道工程技术规程》（CJJ 143-2010）施工。

五、施工说明

5.1给水系统

（1）管道基础：埋地管道采用开槽法施工，槽底如为未经扰动的原状土层，则天然地基进行夯实。如为回填土土层，则在回填土地段做300mm厚灰土垫层。如为岩石或多石层，则在岩石或多石地段做150mm厚砂石垫层。如为软泥土则应更换土壤或每2.5～3.0m做混凝土枕基。

（2）管道敷设：给水管埋深1.3m，给水管道和污水、雨水管道交叉处给水管道应敷设在上边，且不应有接口重叠.最小垂直净距不低于0.4m;当给水管不能满足净距要求和必须敷设在下面时，交叉处应采用钢套管保护措施，钢套管直径比给水管直径大两级。钢套管伸出交叉管的长度，每端为3m。 砂石基础的夯实系数按图集04S516要求施工，回填土密实度按《给水排水管道工程施工及验收规范》。

（3）给水构筑物：① 给水阀门井、水表井按有防地下水型进行施工；井四周开挖回填料采用内摩擦角大于30°砂料；② 在车行道上的所有阀门井井盖、井座均采用重型球墨铸铁双层井盖和井座，人行道下和绿化带的井盖、井座采用轻型球墨铸铁单层井盖、井座；③ 在路面上的井盖，上表面应同路面相平，无路面井盖应高出室外设计标高50mm，并应在井口周围以 ≮0.02的坡度向外做护坡；④ 阀门井墙抹面、勾缝、坐浆、抹三角灰均用氯化铁防水砂浆(硅酸盐水泥：砂：防水剂 =1：2：0.04），井外墙用1：2防水水泥砂浆抹面至地下水位以上500mm，厚20mm；⑤ 给水、排水阀门井采用砖砌式收口阀门井。阀门井均按《室外给水管道附属构筑物》（05S502)施工。

（4）阀门及附件：所有闸阀均采用带明显启闭标志的铁壳铜芯闸阀，公称压力1.6MPa。截止阀采用全铜材质，公称压力1.6MPa。

（5）管道试压：景观水泵出水管试验压力为1.0MPa，其余给水管试验压力为工作压力的1.5倍，但不小于0.8MPa，试压方法应按《给水排水管道工程施工及验收规范》GB50268-2008第9.2.10条之规定执行。

（6）管道基础、地基处理、沟槽开挖与回填:管道必须敷设在原状土地基上,或开挖后经过回填处理，其密实度达到设计要求的回填土层以 上，上铺设100mm中砂垫层，管道基础的地基承载力应不小于100kPa。管槽基坑应按设计标高开挖，若管道处于填方段，则至少填至设计管顶50cm以上并压实后再反开挖埋管；如遇基 底为淤泥和虚土时，应挖除淤泥和虚土，须超挖0.30m以上，再平整并填以中粗砂至设计基坑 底；如遇岩石，须超挖0.30m以上，再平整并填以粗砂垫层至设计基坑底。管道回填应用好土 或砂、砂砾等材料并分层夯实，回填材料中不能包含有棱角砂石，回填时应沿管道、构筑物 两侧对称、分层压实。回填要求及密实度必须按照《给水排水管道工程施工及验收规范》(GB50268-2008)执行，以保障管道施工质量。沟槽施工时应做好沟槽内外的降水和排水 工作，防止基坑失稳或出现流砂现象。 遇有地下水，应采取可靠的降水措施，将地下水降至槽 底以下不小于0.5m，做到干槽施工。

5.2雨水系统

（1）管道敷设：① 室外排水管坡度均按设计坡度敷设，不得出现无坡、倒坡现象.排水管采用管顶平接。检查井与管道连接时设置过渡段，过渡段做法参见图集 04S520。② 雨水管道采用开槽施工，开挖沟槽挖深超过1.5m，槽底地下水位较高时，除采用密板桩 支撑外，再采取井点降水处理；槽深小于1.5m时采用大开挖，边坡为1：1。③ 管道安装完毕后，应按无压管道做闭水试验，隐蔽工程验收合格后方可进行沟槽覆土。沟槽回填应分层进行，管道以上30cm内采用人工回填，严禁机械推土回填。回填应从管底和基础结合部位开始，沿管身两侧同时对称分层回填夯实，每层回填压实厚度不应超过20cm，直到管顶以上 30cm。若采用推土机或碾压机碾压，管顶以上覆土不应小于70cm。当回填土含水较高时，排水管胸腔部位采用4%灰土回填，密实度为90%；管顶以上 50cm高度密实度为85%。过路管段位于路基范围内，执行路基处理标准。

（2）排水构筑物：① 雨水及污水检查井为圆形砖砌。检查井需采取防坠落的措施，详《市政排水管道工程及附属设施》。② 位于机动车道的检查井及化粪池均采用重型防盗型井盖、井座（承压能力不小于400kN），详《井盖及踏步》06MS201-6；其他采用轻型防盗型井盖、井座（承压能力不小于125kN），详《井盖及踏步》06MS201-6 。检查井内需安装承重能力大于100kg的防护网，防止坠落。检查井井盖采用球墨铸铁井盖。所有检查井基础的地基承载力不小于100kPa。检查井内应做流槽。③ 雨水口采用砖砌平箅式单箅雨水口，接管管径DN200，管顶覆土不小于0.7m,坡度为0.01，安装详《雨水口》06MS201-8 。雨水箅子采用球墨铸铁箅子，承载力为400kN。

（3）管道试压：排水管道冲洗要求执行《给水排水管道工程施工及验收规范》GB50268-2008中的规定。

（4）管道基础、地基处理、沟槽开挖与回填:管道必须敷设在原状土地基上，或开挖后经过回填处理，其密实度达到设计要求的回填土层以上，上铺设100mm中砂垫层，管道基础的地基承载力应不小 于100kPa。管槽基坑应按设计标高开挖，若管道处于填方段，则至少填至设计管顶50cm以上并压实后再反开挖埋管；如遇基底为淤泥和虚土时，应挖除淤泥和虚土，须超挖0.30m以上，再平整并填以中粗砂至设计基坑底；如遇岩石，须超挖0.30m以上，再平整并填以粗砂垫层至设计基坑底。管道回填应 用好土或砂、砂砾等材料 并分层夯实，回填材料中不能包含有棱角砂石，回填时应沿管道、构筑物两侧对称、分层压实。回填要求及密实度必须按照《给 水排水管道工程施工及验收规范》（GB50268-2008)执行，以保障管道施工质量。沟槽施工时应做好沟槽内外的降水和排水工作，防止基坑失稳或出现 流砂现象。遇有地下水，应采取可靠的降水措施，将地下水降至槽底以下不小于0.5m，做到干槽施工。

六、其他

6.1图中尺寸单位:标高、管长以米计,其余均为毫米。

6.2图中管线标高：① 给水压力管道为管中心标高；② 排水管为管内底标高。

6.3本设计施工说明与图纸具有同等效力，二者有矛盾时，业主及施工单位应及时提出，并以设计单位解释为准。

图 7-1　景观给排水设计说明

7.2
景观给水平面图

景观给水平面图主要是根据项目区域的总体布置平面图以及园林景观设计提供的景观设计和植物配置平面图来进行设计。给水管线布置平面图主要反映的是在园林绿化区域内如何设置园林取水头，以及绿化喷灌的覆盖范围。

景观给水平面图设计要点如下：

①管线最短，安装便捷，取水用水方便，水头及能量损耗较少，各点取水水压平稳。

②管路不得从建筑物内部直线穿过，并要和其他管线保持一定距离。各类管线水平间距及垂直间距详见《建筑给水排水设计规范(2009 年版)》(GB 50015—2003)中附录 B。

③管路尽量埋设于绿地下，覆土深度一般为 0.7～0.8 m。尽量少穿越道路，如需穿路，需满足覆土要求；如若不能满足，需增设钢套管，以防重车经过，压坏管路。

④给水管径是由主水源开始越变越小，最末端设计管径宜为 DN25，如 DN40—DN32—DN25。在变径

或关键部位，设置阀门，以便于检修。

⑤水源点的设置，一般设计在园路附近、灌木丛中，便于绿化养护人员操作。

实例展示武汉某小区园林给水管线布置平面图，详见图 7-2 和图 7-3。图中 DN20 快速取水阀灌溉半径为 20 m，以快速取水阀为圆心，以 20 m 为半径画圆，表示绿化喷灌范围。

7.3
景观排水平面图

排水管线种类包括污水管线和雨水管线。一般景观项目设计仅涉及雨水管线设计，雨水管线布置平面图主要是根据项目区域的总体布置平面图，以及园林景观设计提供的景观道路布置平面图来进行设计。雨水管线布置平面图主要反映的是在园区内道路及景观道路雨水的收集和排放，在较大面积的广场、起伏的山丘草坪等区域，如何设置排水明沟、盲沟、雨水口、雨水检查井及管网等，如何将收集的雨水就近排放至自然水体或市政雨水管道中。

雨水管线布置平面图的设计要点如下：

①管线最短，管线敷设流向最顺，埋设深度合适。可根据地面标高数据，结合市政雨水排放口、自然水体等相关条件，将区域内的汇水面积划分成几个雨水系统，保证雨水就近排放和工程量的合理性。

②管路不得从建筑物内部直线穿过，并要和其他管线保持一定距离。各类管线水平间距及垂直间距详见《建筑给水排水设计规范(2009 年版)》(GB 50015—2003)中附录 B。

③管路尽量埋设于绿地下，覆土深度一般为 0.7～0.8 m。尽量少穿越道路，如需穿路，需满足覆土要求；如若不能满足，需考虑管线加固等措施。

④需将排水管线管径、管长、坡度、排水方向标注于排水管线之上，如“DN300 L=30.0 mi=0.01”，此标注所表达的管道为“管径 300 mm，管长 30.0 m，坡度 0.01”，并按照标注排水方向排至下一检查井。

⑤需要将雨水口、排水盲沟(明渠)、检查井等平面位置表达在布置平面图上，并将检查井编上编号，如“Y1”，此标注所表达的检查井为“1＃雨水检查井”。雨水口可不编号，但如有水景溢流雨水口，需标明。

⑥雨水管管径与给水管管径不同之处，在于雨水管管径以设计管段最远点为最小管径，即为 DN300，接入市政雨水管网或就近排放至自然水体的总排水管管径需通过计算后得出。雨水管网的设计坡度和检查井的设计间距详见给排水设计说明章节。

实例展示武汉某小区景观排水平面图，详见图 7-4 和图 7-5。

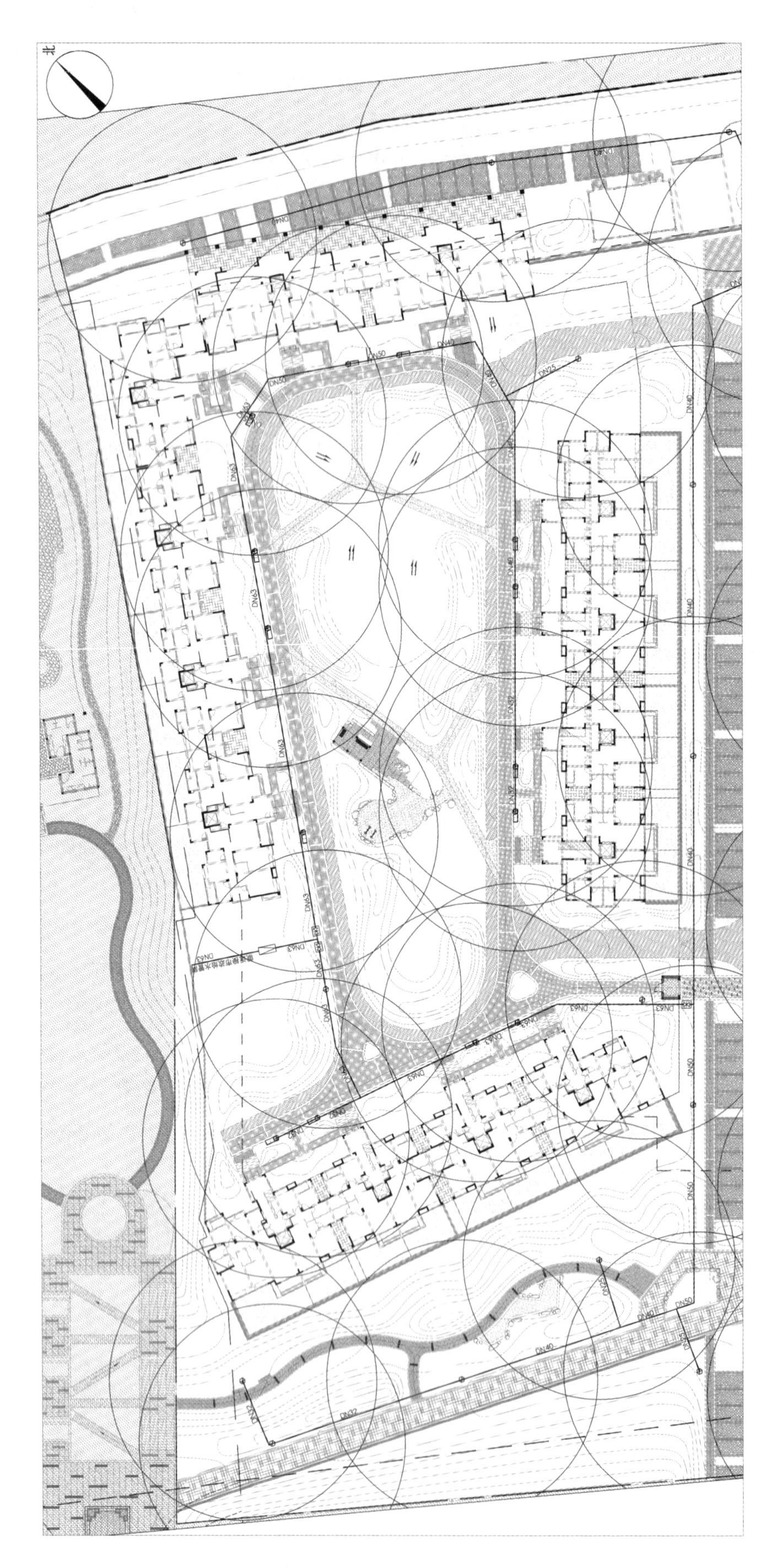

图7-2 景观给水平面图

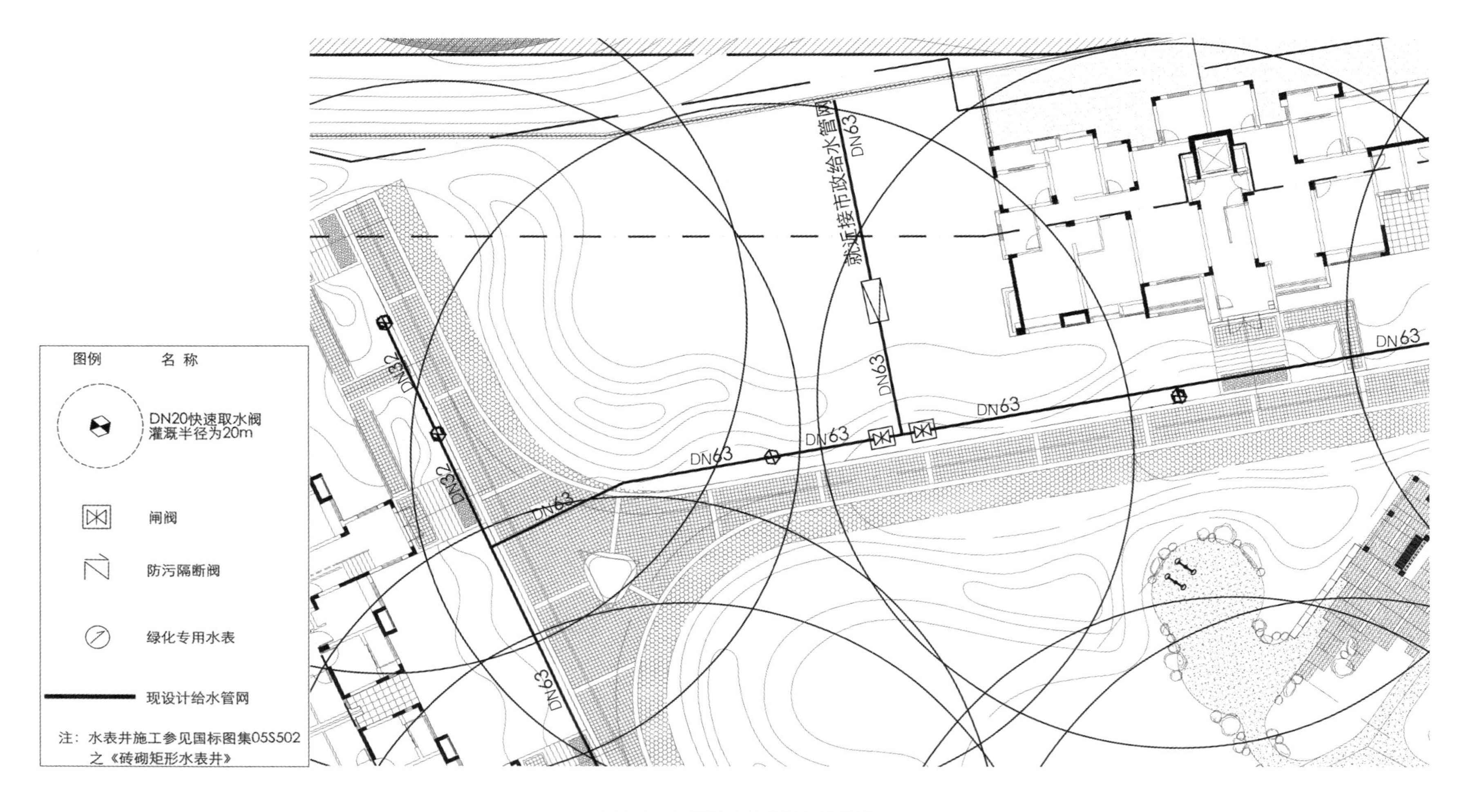

图7-3 景观给水平面图（局部）

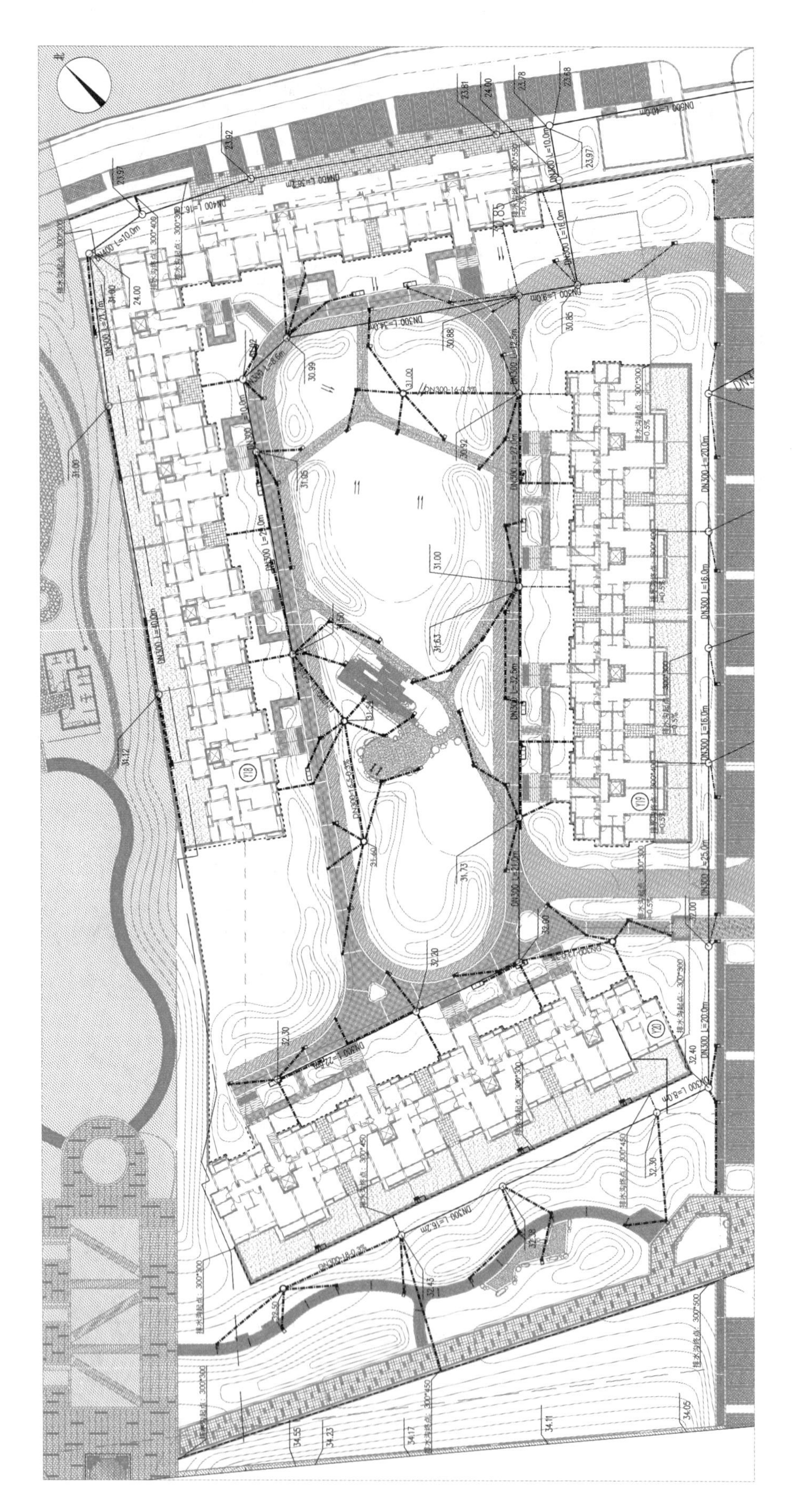

图7-4 景观排水平面图

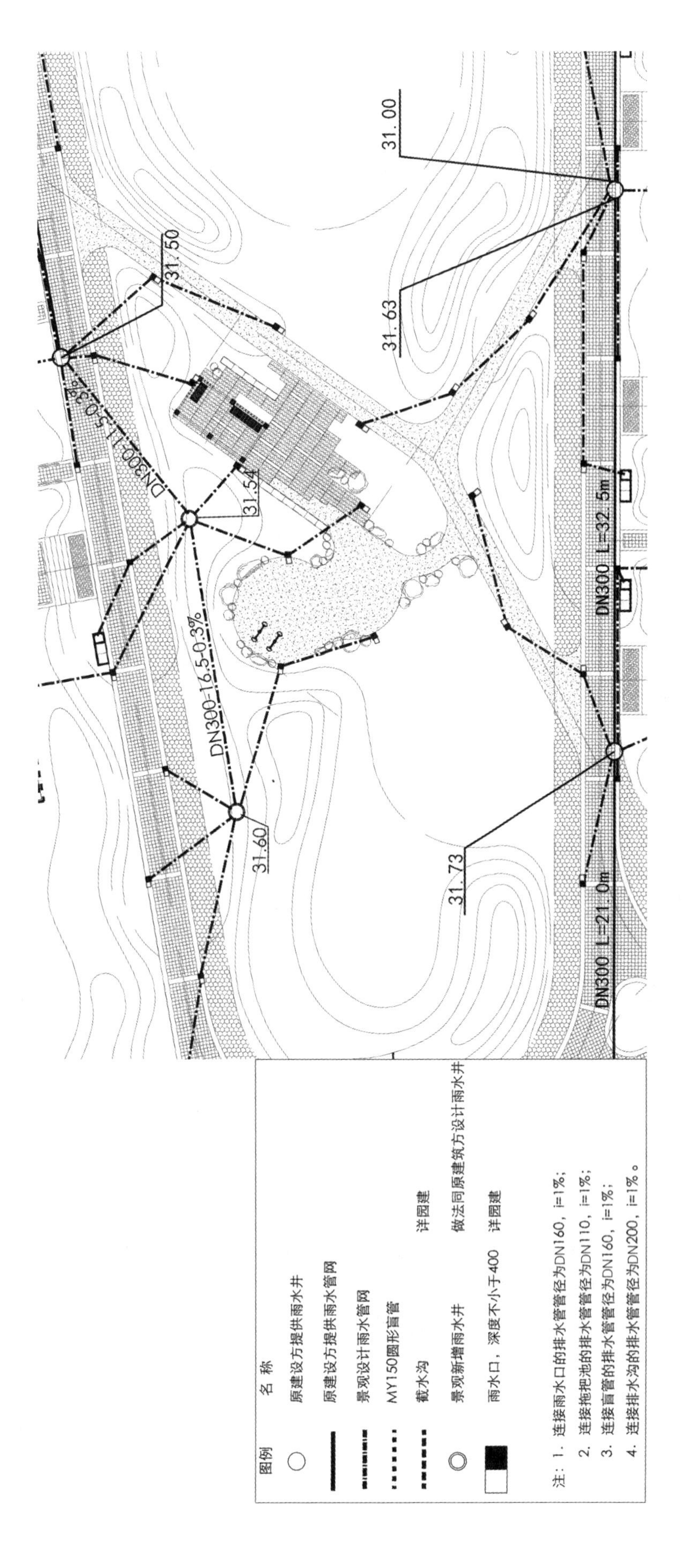

图7-5 景观排水平面图（局部）

7.4
给排水安装大样图

一般而言，给水系统设计中的阀门井、水表井可参考《室外给水管道附属构筑物》(05S502)进行设计和施工；排水系统中的雨水口、雨水箅子、检查井可参考《市政排水管道工程及附属设施》(06MS201)进行设计和施工。对于所使用的快速取水阀、特殊阀门井、检查井、排放口、排水盲沟(明沟)接入检查井等相关设施或节点，在管线布置平面图中无法表达清楚的情况下，采用较大出图比例以大样图的形式将此类设施或节点表达出来。以武汉某小区景观给排水安装大样图为例，详见图 7-6、图 7-7 和图 7-8。

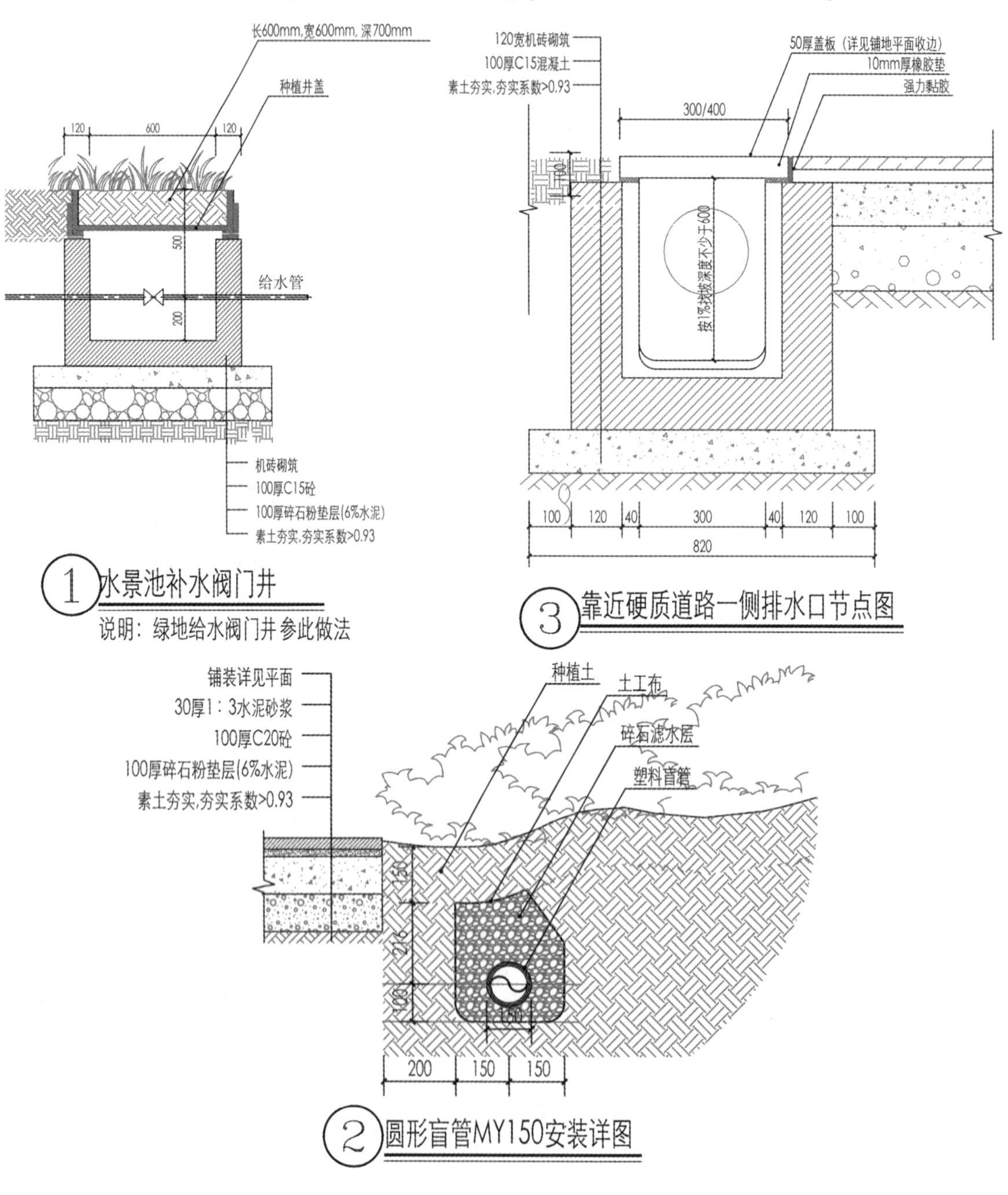

图 7-6　给排水安装大样图

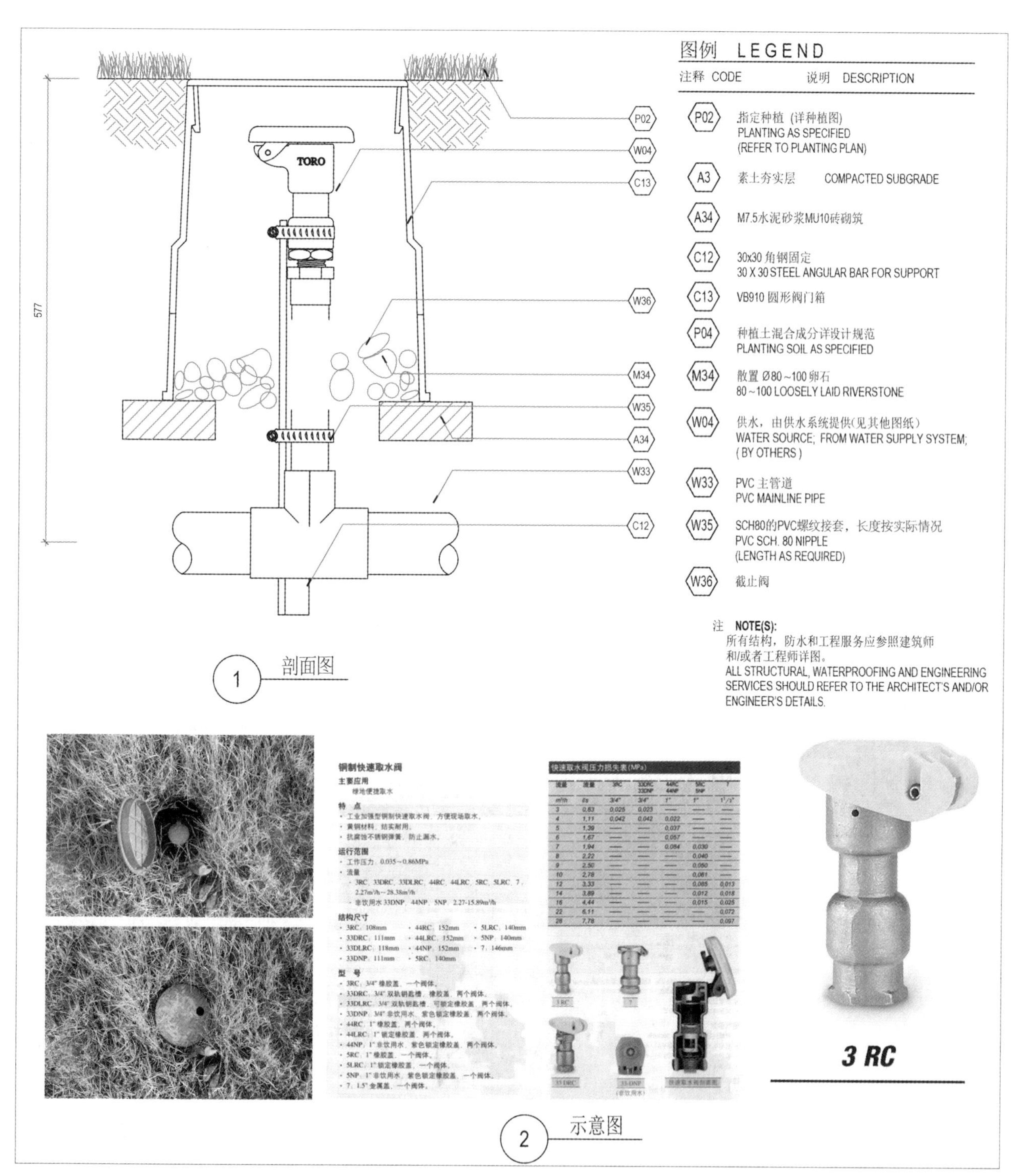
图例 LEGEND
注释 CODE 说明 DESCRIPTION
P02 指定种植（详种植图） PLANTING AS SPECIFIED (REFER TO PLANTING PLAN)
A3 素土夯实层 COMPACTED SUBGRADE
A34 M7.5水泥砂浆MU10砖砌筑
C12 30x30角钢固定 30 X 30 STEEL ANGULAR BAR FOR SUPPORT
C13 VB910圆形阀门箱
P04 种植土混合成分详设计规范 PLANTING SOIL AS SPECIFIED
M34 散置Ø80~100卵石 80~100 LOOSELY LAID RIVERSTONE
W04 供水，由供水系统提供(见其他图纸) WATER SOURCE; FROM WATER SUPPLY SYSTEM; (BY OTHERS)
W33 PVC主管道 PVC MAINLINE PIPE
W35 SCH80的PVC螺纹接套，长度按实际情况 PVC SCH. 80 NIPPLE (LENGTH AS REQUIRED)
W36 截止阀
注 NOTE(S):
所有结构，防水和工程服务应参照建筑师和/或者工程师详图。
ALL STRUCTURAL, WATERPROOFING AND ENGINEERING SERVICES SHOULD REFER TO THE ARCHITECT'S AND/OR ENGINEER'S DETAILS.
577
TORO
1 剖面图
铜制快速取水阀
主要应用
绿地便捷取水
特点
· 工业加强型铜制快速取水阀，方便现场取水。
· 黄铜材料，结实耐用。
· 抗腐蚀不锈钢弹簧，防止漏水。
运行范围
· 工作压力：0.035~0.86MPa
· 流量
- 3RC、33DRC、33DLRC、44RC、44LRC、5RC、5LRC、7：2.27m³/h~28.38m³/h
- 非饮用水 33DNP、44NP、5NP：2.27-15.89m³/h
结构尺寸
· 3RC：108mm · 44RC：152mm · 5LRC：140mm
· 33DRC：111mm · 44LRC：152mm · 5NP：140mm
· 33DLRC：118mm · 44NP：152mm · 7：146mm
· 33DNP：111mm · 5RC：140mm
型号
· 3RC：3/4"橡胶盖，一个阀体。
· 33DRC：3/4"双轨钥匙槽，橡胶盖，两个阀体。
· 33DLRC：3/4"双轨钥匙槽，可锁定橡胶盖，两个阀体。
· 33DNP：3/4"非饮用水，紫色锁定橡胶盖，两个阀体。
· 44RC：1"橡胶盖，两个阀体。
· 44LRC：1"锁定橡胶盖，两个阀体。
· 44NP：1"非饮用水，紫色锁定橡胶盖，两个阀体。
· 5RC：1"橡胶盖，一个阀体。
· 5LRC：1"锁定橡胶盖，一个阀体。
· 5NP：1"非饮用水，紫色锁定橡胶盖，一个阀体。
· 7：1.5"金属盖，一个阀体。
快速取水阀压力损失表(MPa)
3 RC
2 示意图

图 7-7 快速取水阀详图

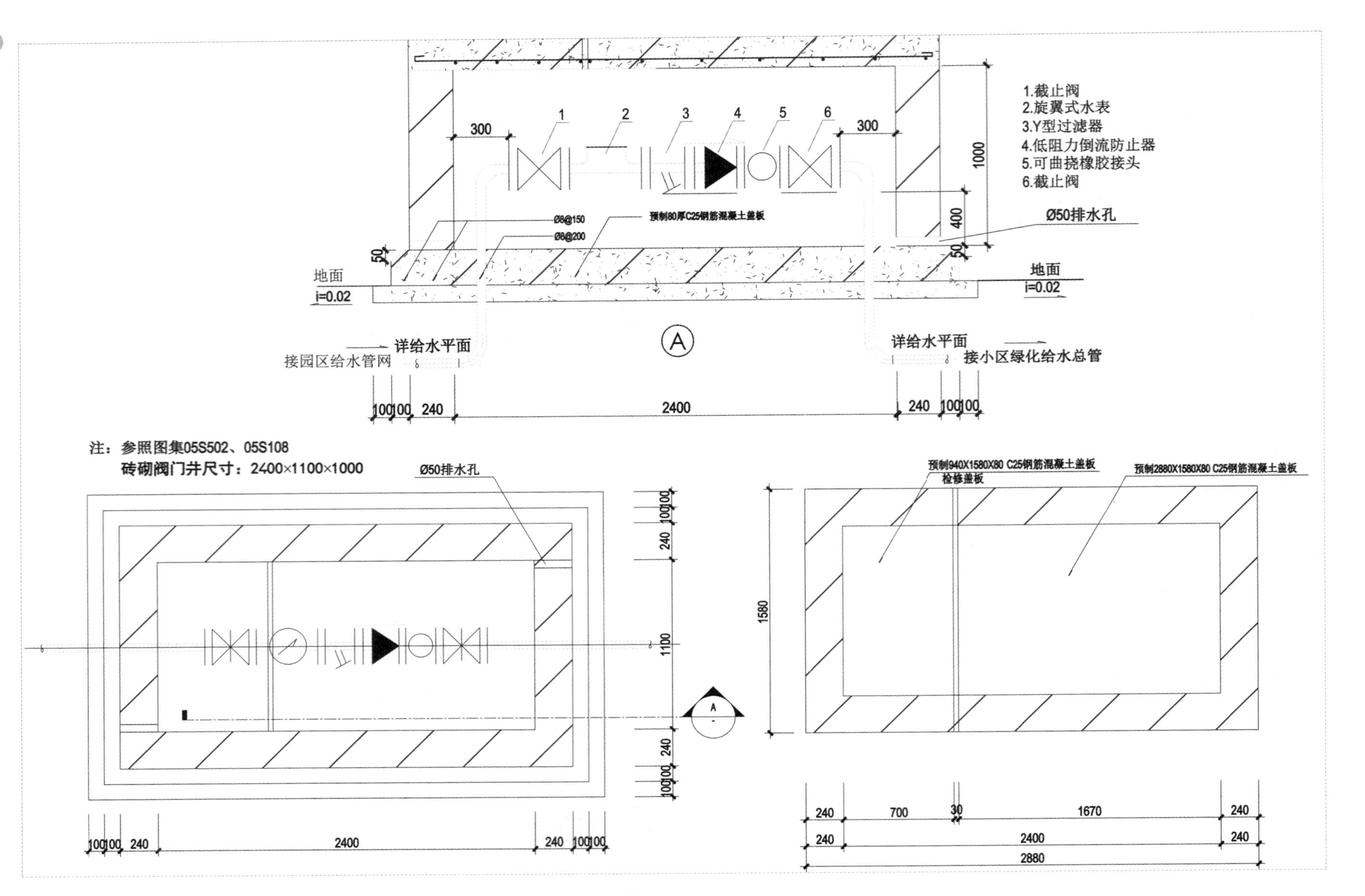
1.截止阀
2.旋翼式水表
3.Y型过滤器
4.低阻力倒流防止器
5.可曲挠橡胶接头
6.截止阀
Ø8@150
Ø8@200
预制80厚C25钢筋混凝土盖板
Ø50排水孔
地面
i=0.02
A
详给水平面
接园区给水管网
接小区绿化给水总管
注：参照图集05S502、05S108
砖砌阀门井尺寸：2400×1100×1000
预制940X1580X80 C25钢筋混凝土盖板
检修盖板
预制2880X1580X80 C25钢筋混凝土盖板

图7-8　景观水表井详图

7.5 检查井表及材料表

检查井表是根据项目区域的总体布置平面图中所带坐标系，通过软件生成检查井的坐标，并按照绘图软件中对排水管线标高和坡度、检查井型号的定义生成相应的井高和尺寸。表中数据可指导施工单位对管线进行放线、定位和建造检查井，详见表7-4。

表7-4 检查井表

序号	井编号	规格/mm	井图号	井底标高	井深
1	Y1	ϕ700	06MS201-3，页9	158.460	1.200
2	Y2	ϕ1000	06MS201-3，页11	158.270	1.730
3	Y3	ϕ1000	06MS201-3，页11	158.180	2.520
4	Y4	ϕ1000	06MS201-3，页11	157.962	3.208
5	Y5	ϕ1250	06MS201-3，页14	157.906	3.544
6	Y6	ϕ1250	06MS201-3，页14	157.849	3.881
7	Y7	ϕ1250	06MS201-3，页14	157.792	4.218
8	Y8	ϕ1250	06MS201-3，页14	157.766	4.334
9	Y9	ϕ1000	06MS201-3，页11	159.399	2.801
10	Y10	ϕ1000	06MS201-3，页11	159.425	2.875

材料表是绘图软件根据给排水管线所使用的管材和阀门井、检查井等相关附属设施的定义，生成相应的管材、管线长度、阀门井及检查井的数量，以指导施工单位进行采购施工，详见表7-5。

表7-5 主要材料表

编号	标准或图号	名称	规格	单位	数量	材料	备注
1		阀门井		座	6		
2	13S201，页23	室外消火井		座	11		
3	06MS201-3，页14	雨水检查井	ϕ1250	座	11		
4	06MS201-3，页11	雨水检查井	ϕ1000	座	44		
5	06MS201-3，页9	雨水检查井	ϕ700	座	25		
6	06MS201-8，页9	单箅雨水口	单箅偏沟式雨水口	座	131		
7	06MS201-9，页5	八字形排出口		座	2		
8		HDPE双壁波纹管	DN800	米	60		
9		HDPE双壁波纹管	DN600	米	139		
10		HDPE双壁波纹管	DN500	米	176		

7.6 其他注意事项

7.6.1 管材选用

选用不同的管材对于工程实施具有一定的影响，会影响项目的造价、施工周期、采购周期等，所以在设计过程中应结合项目实际的需求，选用合适的管材。现将设计中采用的给水、排水管材列举如下。

(1)给水管材。

现今，可用于给水管道工程的管材比较常见的有 PPR 管、铜管、铝塑管、PVC 管、薄壁不锈钢管、衬 PVC 镀锌管。

①PPR 管：一种新型的水管材料，PPR 管具有得天独厚的优势，卫生无毒，既可以用作冷水管，也可以用作热水管。优点：价格适中，性能稳定，耐热保温，耐腐蚀，内壁光滑不结垢，管道系统安全可靠，并且不渗透，使用年限可达 50 年。缺点：连接时需要专用工具，连接表面需加热，加热时间过长或承插口插入过度会造成水流堵塞。

②铜管：水管中的上等品，铜在化学活性排序中的序位很低，比氢还靠后，因而性能稳定，不易腐蚀。据有关资料介绍，铜能抑制细菌的生长，保持饮用水的清洁卫生。优点：强度高，性能稳定，可杀菌，且不易腐蚀。缺点：价格高、施工难度大，在寒冷的冬天，极易造成热量损耗，能源消耗大，使用成本高。

③铝塑管：曾经是市面上较为流行的一种管材，其质轻、耐用而且施工方便，其可弯曲性使之更适合在家装中使用。在装修理念比较新的广东和上海，铝塑管已经渐渐地没有了市场，属于被淘汰的产品。优点：价格比较便宜，可任意弯曲，表面光滑，施工方便。缺点：易老化，使用隐患多，使用年限短，实践证明，其管道连接处极易出现渗漏现象。

④PVC 管：实际上就是一种塑料管，接口处一般用胶黏接。因为其抗冻和耐热能力都不好，所以很难用作热水管；强度也不满足水管的承压要求，所以冷水管也很少使用。大部分情况下，PVC 管用于电线管道和排污管道。另外，使 PVC 变得更柔软的化学添加剂酞，对人体内肾、肝、睾丸影响甚大，会导致癌症、肾损坏，所以不建议大家购买。优点：轻便，安装简易，成本低廉，也不易腐化。缺点：质量差的会很脆，易断裂，遇热也容易变形。

⑤薄壁不锈钢管：耐腐蚀，不易生锈，使用安全可靠，抗冲击性强，热传导率相对较低。不锈钢管的价格相对较高，另外在选择时应采用耐水中氯离子的不锈钢型号。薄壁不锈钢管的连接有焊接、螺纹连接、封压等方式。优点：不易氧化生锈，抗冲击性强，热传导率较低。缺点：成本较高，应采用耐水中氯离子的不锈钢型号。

⑥衬 PVC 镀锌钢管：兼有金属管材强度大、刚性好和塑料管材耐腐蚀的优点，同时也克服了两类材料的缺点。优点：管件配套多、规格齐全。缺点：管道内实际使用管径变小；环境温度和介质温度变化大时，容易产生离层而导致管材质量下降。

(2)排水管材。

排水管道属于城市地下永久性隐藏工程设施，要求具有很高的安全可靠性。因此，合理选择管材非常重要。从管材特性划分，排水管材分刚性管材和柔性管材。

刚性排水管材以钢筋混凝土管应用最普遍，一般采用钢丝网水泥砂浆抹带接口，预应力钢筋混凝土管一般采用承插接口。总体上说，刚性管对不均匀沉降的适应性较弱，特别是水泥砂浆抹带接口刚性较大，接口数量较多(单管长度一般为 1.5～2.0 m)，管道整体性差，一般需采用混凝土带状整体基础，有时还需在基础底部加适当的钢筋以增强其整体性，属于消极抵抗沉降。

柔性管材具有良好适应沉降的能力，其柔性有两方面的含义：一方面是管体本身的柔性具有适应变形的能力；另一方面管道采用柔性接口，这是其适应沉降的最主要原因。柔性管材一般采用橡胶圈密封承插连接，允许变形范围较大。特别是像玻璃钢夹砂排水管在采用双橡胶圈承插连接时，在最不利条件下即使变形量大到拉出一个橡胶圈（变形量达 100～200 mm），仍然可以保证其密封良好。在地质条件变化频繁的地段，还可采用加设柔性接头或短管的方式来提高其适应不均匀沉降的能力。

目前，常用的排水管材有以下几种：混凝土管和钢筋混凝土管、金属管、塑料管等。

①混凝土管和钢筋混凝土管：制作方便，造价低，在排水管道中应用极广，但抵抗酸、碱侵蚀及抗渗性能差，管节短，节口多，搬运不便。混凝土管内径不大于 600 mm，长度不大于 1 m，适用于管径较小的无压管；钢筋混凝土管内径一般为 500 mm 以上，长度在 1～3 m。多用在埋深大或地质条件不良的地段。其接口形式有承插式、企口式和平口式。

②金属管：常用的金属管有排水铸铁管、钢管等。其强度高，抗渗性好，内壁光滑，抗压、抗震性强，且管节长、接头少，但价格贵，耐酸碱腐蚀性差。室外重力排水管道较少采用。只用在排水管道承受高内压、高外压或对渗漏要求高的地方，如泵站的进出水管，穿越河流、铁道的倒虹管或靠近给水管和房屋基础时。

③塑料管：塑料管包括高密度聚乙烯（HDPE）管、硬聚氯乙烯（UPVC）管以及增强聚丙烯（FRPP）模压管，其特点为内壁光滑、耐腐蚀性好、不易结垢、水头损失小、重量轻、加工连接方便，小于 1000 mm 的塑料排水管道在我国市政及街坊内得到广泛使用。

7.6.2 管径单位

DN 是公称直径（或叫公称通径），就是各种管子与管路附件的通用口径。公称直径可用公制 mm 表示，也可用英制 in 表示。De 是公称外径，就是指外直径。

PVC-U/PPR 给水塑料管外径与公称直径对照关系详见表 7-6。

表 7-6 PVC-U/PPR 给水塑料管外径与公称直径对照表

De/mm	20	25	32	40	50	63	75	90	110
DN/mm	15	20	25	32	40	50	65	80	100

PVC-U 排水塑料管外径与公称直径的对照关系详见表 7-7。

表 7-7 PVC-U 排水塑料管外径与公称直径的对照表

De/mm	50	75	110	160
DN/mm	50	75	100	150

本章施工图纸为园林景观给排水工程设计的基本内容及图纸，可单独成册或编排到水电项目总体图纸中。如在项目设计中遇到对给排水专业有特殊需求和要求时，需补充其他功能性图纸。

第 8 章 电气施工图设计

园林景观绿地(公园、小游园等)和工农业生产一样,需要用电。工农业生产以动力用电为主,建筑、街道等多以照明用电为主。园林景观绿地用电,既要有动力用电(如电动游艺设施、喷水池、喷灌以及电动机具等),又要有照明用电,但一般来说,园林用电中还是照明多于动力。

园林照明除了创造一个明亮的园林环境,满足夜间游园活动、节日庆祝活动以及保安工作需要等功能要求之外,最重要的一点是园林照明与园景密切相关,它是创造新园林景色的手段之一。近年来国内各地的溶洞浏览、大型冰灯、各式灯会、各种灯光音乐喷泉,国外"会跳舞的喷泉""声与光展览"等均突出地体现了园林用电的特点,并且充分和巧妙地利用园林照明等创造出各种美丽的景色和意境。

园林景观电气施工图设计的主要范围为照明及动力系统配电设计。具体内容包括电气设计说明、电气系统图(配电箱系统图、配电箱定时控制原理图等)、照明电气布置平面图、背景音乐布置平面图、电气安装详图(主要灯具安装示意图、拉线手井及盖板结构图)等。

8.1 电气设计说明

电气设计说明需要对工程的设计依据、设计范围、设计施工、主要设备材料表等分别进行说明,它是对整套电气施工图设计内容的高度提炼和概述,能够让施工人员充分理解设计意图,起到指导现场施工、提高施工质量的作用。

8.1.1 电气设计说明范文

以下列出电气设计说明的范文,包含但不限于以下范文内容。

(1)设计依据。

①建设单位提供的设计资料和要求。

②园林景观设计提供的景观设计图。

③国家现行电气设计及安装、施工、验收等相关规范和标准:

《供配电系统设计规范》GB 50052—2009;

《低压配电设计规范》GB 50054—2011;

《民用建筑电气设计规范》JGJ 16—2008;

《建筑照明设计标准》GB 50034—2013;

《建筑物防雷设计规范》GB 50057—2010;

《城市夜景照明设计规范》JGJ/T 163—2008;

《建筑电气工程施工质量验收规范》GB 50303—2015。

(2)设计范围。

本工程电气设计范围为某小区景观设计工程照明及动力系统配电设计。

(3)供配电系统。

①本系统为三级负荷供电,园林景观用电计算负荷为 30 kW,配电电源引自预留用电回路,具体位置甲方现场确定。

②景观照明统一在总配电箱内设置专用计量单元进行计量。

(4)线路敷设。

①所有线路采用铜芯导线或电缆。负荷主干线采用 YJV-1kV 穿管明敷,水池水景等水下用电设备部分采用 JHS-1kV 防水电缆穿管敷设,其他负荷线路采用 VV-1kV 穿管敷设。

②电缆敷设的电缆长度应比电缆沟长 1.5%～2%并做波形敷设。

③穿越道路和广场硬地埋深 1.0 m,且穿钢管。绿化地带埋深 0.5 m。

④埋地敷设的电缆,接线盒下必须垫砼基础板,其长度伸出接线盒两侧 0.5～0.7 m。接线盒外面应设生铁或砼保护盒,保护盒应注沥青。

⑤电缆沿坡度敷设时,中间接头应保持水平;多根电缆并列敷设时,中间接头的位置应互相错开,其净距不小于 0.5 m。

⑥电缆的弯曲半径应不小于其外径的 15 倍,电缆保护管的内径应大于电缆外径的 1.5 倍。

⑦电缆穿管敷设跨越伸缩缝时,跨越处采取穿金属蛇皮软管的措施。

(5)设备安装方式。

①配电箱挂墙安装,距地 1.4 m。

②配电箱、控制台、开关控制设备及灯具或其他用电设备均须采用户外防水型产品。配电箱安装位置、高度施工时甲方可根据现场情况确定,但必须符合相关设计和施工规范规定,室外箱安装做法详国标 04D702-1。

③所有配电、控制设备均应标注与设计图上相同的符号或用途,以方便操作和维修。

④配电开关的安装:漏电开关后的 N 线不准重复接地,不同支路不准共用(否则误动作),不准作保护线用(否则拒动),应另敷保护线(PE)或用漏电开关前的合用线,漏电开关保护的 380/220 V 移动设备宜用五芯插头、插座。

⑤水下灯采用交流 12 V 电源电压,根据灯具位置,配置相应功率变压器。变压器、水下灯防水等级为 IP68,嵌地灯、埋地灯防水等级为 IP67。其他灯具采用交流 220 V 电源电压。水下灯具安装详国标 03D702-3。

⑥广场照明灯具安装间距为 25 m 左右;道路路灯间距为 25～30 m;庭院灯间距为 15～20 m,距路边约 0.4 m;泛光灯安装在距被照物 0.8 m 左右。灯具安装详国标《常用低压配电设备及灯具安装(2004 年合订本)》D702-1～3。

⑦所有灯具功率因数按不小于 0.9 考虑,若有不能满足要求者,须增设补偿电容。

⑧灯具选择:灯具在保证景观效果的同时,多采用 LED 等节能产品。当采用 LED 光源时,使用时间 50 000 h,光效不小于 80 lm/W,除多色光源外,单色光源均分别采用 2800K/400K,投光灯应有投光角度调节功能,其他参数详灯具表。

(6)防雷接地。

①本工程采用 TN-S 系统接地。采用三相五线制或单相三线制,干线选五芯或三芯电缆。

②本工程按三类防雷设计,与原建筑主体接地系统共用接地网,接地电阻不大于 4 Ω。当原接地系统达不到要求时,需增加人工接地体,做法详《防雷与接地:上册(2016 年合订本)》D500～D502。

③配电箱、控制箱及各种用电设备,因绝缘破损而可能带电的金属外壳、电器用的独立安装的金属支架及传动机构、电缆的金属外皮、插座的接地孔均应以专用接地支线可靠地与接地 (PE)干线相连。

④路灯需增设人工接地极,灯杆及所有金属构件均可靠接地,接地电阻不大于 4 Ω。

(7)其他。

①凡现场制作的各种金属构件必须镀锌(浇灌在混凝土内的除外)刷油以防锈蚀。

②施工时应与园建施工密切配合,按图预埋线管、接线盒、套管等。

③所有使用的灯具、开关、插座、导线、电气装置均应符合国家标准,得到国家认证。

④凡本图未注明的做法、说明及图例均参考《建筑电气安装工程图集》。

⑤本说明为园林强电设计施工的纲领性说明,施工过程还应符合国家现行有关施工及验收规程规范。

⑥本说明未详之处按有关施工规范及规程处理,并与设计人员及技术人员协商解决。

(8)电气主要设备材料表。

在电气主要设备材料表中需要标明设备名称、型号规格、数量、单位和备注,对于照明灯具还需要给出图例和安装高度,见图 8-1。

电气主要设备材料表

序号	图例	名 称	规 格	安装高度	数量	单位	备 注
1	▬	照明配电箱	XL-20(改),根据系统图定制	H=1.5m		个	挂墙明装
2	⊗	建筑立面泛光灯	1000W 高压钠灯 黄色光源			套	业主选型
3		插泥式射树灯	120W PAR38淡绿色光源			套	业主选型
4	✳	草坪灯	18W 节能灯,暖白色光源	H=0.6m		套	业主选型
5		高杆庭院灯	75W 高压钠灯 黄色光源	H=4.0m		套	业主选型
6		庭院灯	55W 节能灯 暖白色光源	H=3.0m		套	业主选型
7		侧壁灯	26W 节能灯 暖白色光源	参见园施详图		套	专业厂家定制
8	Ⓢ	吸顶灯	22W 节能灯 暖白色光源	参见园施详图		套	业主选型
9		球场灯	250W 高压钠灯 黄色光源	H=8.0m		套	业主选型
10		电动汽车充电桩	专业厂家定制			套	设备厂家配合安装
11		电缆手孔井	0.7m×0.7m			个	
12		背景音箱接线盒	H=1.5m			个	
13		室外草地音箱	15W,防雨,艺术造型			个	
14		电缆	RVVP-2×2.5			米	
15		电缆	YJV-1kV-5×16			米	
16		电缆	VV-1kV-3×4.0			米	
17		电缆	VV-1kV-3×6.0			米	
18		电缆	VV-1kV-3×10			米	
19		镀锌焊接钢管	SC50			米	
20		镀锌焊接钢管	SC100			米	
21		阻燃管	PC25			米	
22		阻燃管	PC40			米	
以上统计为大约值,仅供参考,一切以实际测算为准。							

图 8-1 电气主要设备材料表

8.1.2 电气设计说明实例

以武汉某小区景观电气设计说明为例,详见图 8-2。

8.2 电气系统图

8.2.1 配电箱系统图

配电箱系统图是电气施工设计的核心,它是把整个工程的供电线路用单线连接形式示意的电路图。

配电箱系统图的主要内容包括:

电气设计说明

1.设计依据

建设单位提供的设计资料和要求。

国标有关规程规范：《民用建筑电气设计规范》 JGJ16-2008；
《供配电系统设计规范》 GB50052-2009；
《低压配电设计规范》 GB50054-2011；
《建筑物防雷设计规范》 GB50057-2010；
《建筑照明设计标准》 GB50034-2013。

2.设计范围

本次环境电气设计内容为武汉市某小区景观设计工程照明及动力系统配电设计。

3.供电原则

(1)配电柜供电由甲方指定(专用回路)位置供给，若有变动，施工时加以调整。

(2)尽量减少穿越各种管线、道路和弱电电缆。

(3)避免电缆遭受损坏，并便于维修，满足线路电压损失。

(4)环境照明供电回路考虑了灯具的起动电流和供电线路的电压降(<5%)，在相关灯具和设备确定后，应根据实际情况，对配电电缆截面进行校验。为减少压降，本设计选择电缆截面考虑了适当加粗。

4.电缆敷设

(1)按已确定的配电箱位置，采用YJV型电缆穿PC管埋地敷设，铺装段穿镀锌钢管敷设。埋深大于等于0.8m，并根据现场情况加电缆手孔井和电缆直埋标志桩。电缆手孔井为砖砌结构，转弯及直线距离超过30m设一手孔井，手孔井底部设DN75排水管就近接至雨水井。

(2)电气线路在过小区道路干道时均应穿镀锌钢管加以保护，保护管内径应不小于电缆外径的1.5倍，埋深应不小于1m，两端出路牙1.5m，电缆与相邻部分的最小净距应符合有关规范要求。

(3)电缆施工放线时，需经有关专业校验后，方可施工，但须与绿化人员协商。

(4)所有安装灯具配线采用塑料护套线隐蔽敷设，进线口必须进行防水封堵。

5.灯具安装

(1)灯具安装需与土建、绿化人员密切配合后，方可施工。

(2)所有灯具安装需专业人员和供货单位共同确定灯具结构后，方可施工。

(3)灯具的安装由供货商提供安装基础图，并负责安装指导。

(4)本工程灯具功率因数为0.85以上;灯具根据投照景物和说明书调整其照射角度和安装高度。
庭院灯、草坪灯等室外灯具外壳防护等级不得低于IP55,水下灯防护等级不低于IP68。
埋地灯防护等级不低于IP67级，其他户外灯具防护等级不低于IP55级。

(5)所有接头进行防潮处理后加热缩套管密封封装。

(6)所有接线都在接线盒内进行,灯具接线按L1、L2、L3三相依次连接,尽量达到三相平衡.
接头和接线盒必须做防水处理。

6.接地系统

(1)低压配电系统的接地形式为TN-S系统。所有室外配电箱电源电缆的PE线须重复接地。重复接地的接地电阻不大于4欧,环境照明灯具、水泵等各类正常不带电金属外壳须和PE线可靠连接。

(2)室外高杆庭院灯应做环形接地,接地线单设PE母排(30x3),与建筑预留接地点多处可靠焊接(不少于2处)，具体施工现场定。

7.其他

(1)尽可能选用通用的成套灯具，对特殊园林景观要求设置的艺术灯具应由专业灯具制造厂加工制作，并应送专业质量安全检测机构检测。

(2)除图注明外，其他有关要求见《电气安装施工图集》和《建筑电气通用图集》。

(3)本工程所选设备、材料，必须具有国家级检测中心的检测合格证书（3C认证），必须满足与产品相关的国家标准；供电产品、消防产品应具有入网许可证。

电气主要设备材料表

序号	图例	名称	规格	安装高度	数量	单位	备注
1		高杆庭院灯	75W 高压钠灯 黄色光源	H=4.0m	67	套	甲方选型,设计师定样
2		庭院灯	55W 节能灯 暖白色光源	H=3.0m	79	套	甲方选型,设计师定样
3		草坪灯	18W 节能灯 暖白色光源	H=0.6m	62	套	甲方选型,设计师定样
4		侧壁灯	26W 节能灯 暖白色光源	参见园施详图	28	套	专业厂家定制
5	Ⓢ	吸顶灯	22W 节能灯 暖白色光源	参见园施详图	3	套	甲方选型,设计师定样
6		球场灯	250W 高压钠灯 黄色光源	H=8.0m	4	套	专业厂家定制
7		照明配电箱	XL-20(改),根据系统图定制		2	个	挂墙明装
8		门房配电箱	根据系统图定制		1	个	挂墙明装
9		电缆手孔井	0.7mX0.7m			个	
10		电缆	YJV-1kV-5x6.0			米	
11		电缆	YJV-1kV-5X16			米	
12		电缆	YJV-1kV-3x4.0			米	
13		电缆	YJV-1kV-3x6.0			米	
14		镀锌焊接钢管	SC50			米	
15		镀锌焊接钢管	SC100			米	
16		镀锌焊接钢管	SC50			米	
17		镀锌焊接钢管	SC100			米	
18		阻燃管	PC25			米	
19		阻燃管	PC40			米	
以上统计为大约值,仅供参考,一切以实际测算为准。							

图 8-2 电气设计说明

①配电箱型号、编号、总计算负荷及计算电流；

②电源进线线缆规格、电源引接点、保护管直径及敷设方式；

③电源进线开关型号、规格，电能计量装置；

④各供电回路的编号，导线型号、根数、截面，保护管直径及敷设方式；

⑤照明灯具等用电设备或供电回路的负荷名称、数量、功率等。

武汉某小区园林景观配电箱系统图见图 8-3，水泵控制箱系统图见图 8-4。

8.2.2 配电箱定时控制原理图

配电箱定时控制原理图是对景观照明回路进行手动控制或时间控制，既可以通过按钮手动控制景观照明灯具，也可以根据实际需要在时控装置上设置照明工作时间，通过时控装置自动控制景观照明灯具。

武汉某小区园林景观配电箱定时控制原理图见图 8-5，图中注意要点为：

①此控制方式有时控与手动控制两种，通过 SA 转换开关转换。

②系统设为时控状态时由可编程定时开关 KT 控制，灯具工作时间可设为两种：一是半夜灯，18:00 至 23:00；二是全夜灯，18:00 至次日 6:30。管理人员可根据实际需要调整各回路工作时间。

③为了节能，庭院灯、草坪灯及主要照明灯设置为全夜灯；景观装饰照明灯设置为半夜灯；其他按需控制。

④考虑到水景使用的不定时性，水下灯及潜水泵控制均采用人工手控。

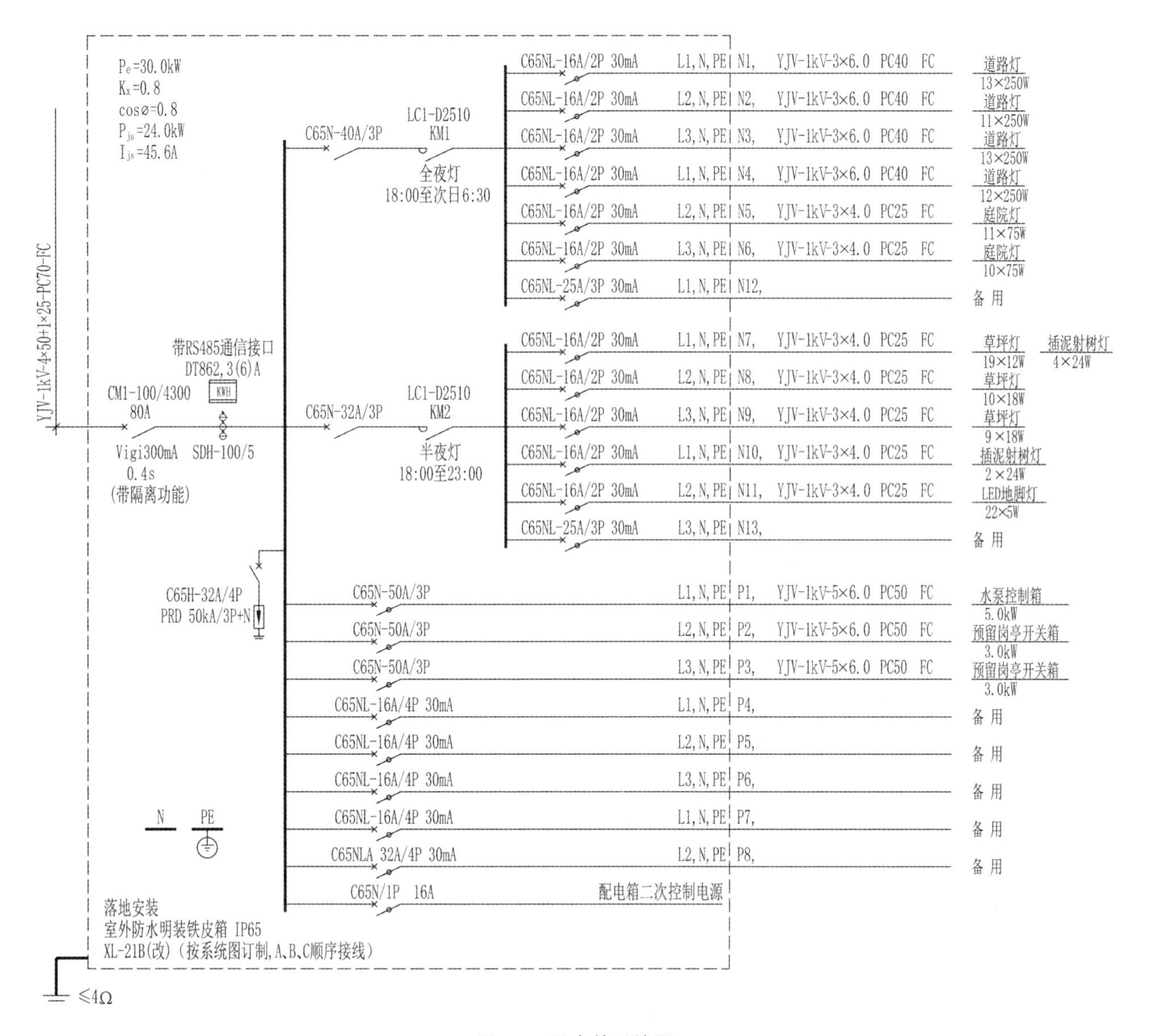

图 8-3 配电箱系统图

8.3 照明布置平面图

园林景观照明的设计及灯具的选择应在设计之前做一次全面细致的考察，可在白天对周围的环境空间进行仔细观察，以决定何处适宜于灯具的安装，并考虑采用何种照明方式最能突出表现夜景。与其他景观设计一样，园林照明也要兼顾局部和整体的关系。适当位置的灯具布置可以在园中创造出一系列的兴奋点，所以恰到好处的设计可以增加夜晚园林环境的活力；统筹全园的整体设计，则有利于分辨主次、突出重点，使园林的夜景在统一的规划中显现出秩序感和自己的特色。如果能将重点照明、安全照明和装饰照明等有机地结合，可最大限度地减少不必要的灯具，以节省能源和灯具上的花费。如能与造园设计一并考虑，更可避免因考虑不周而带来的重复施工。

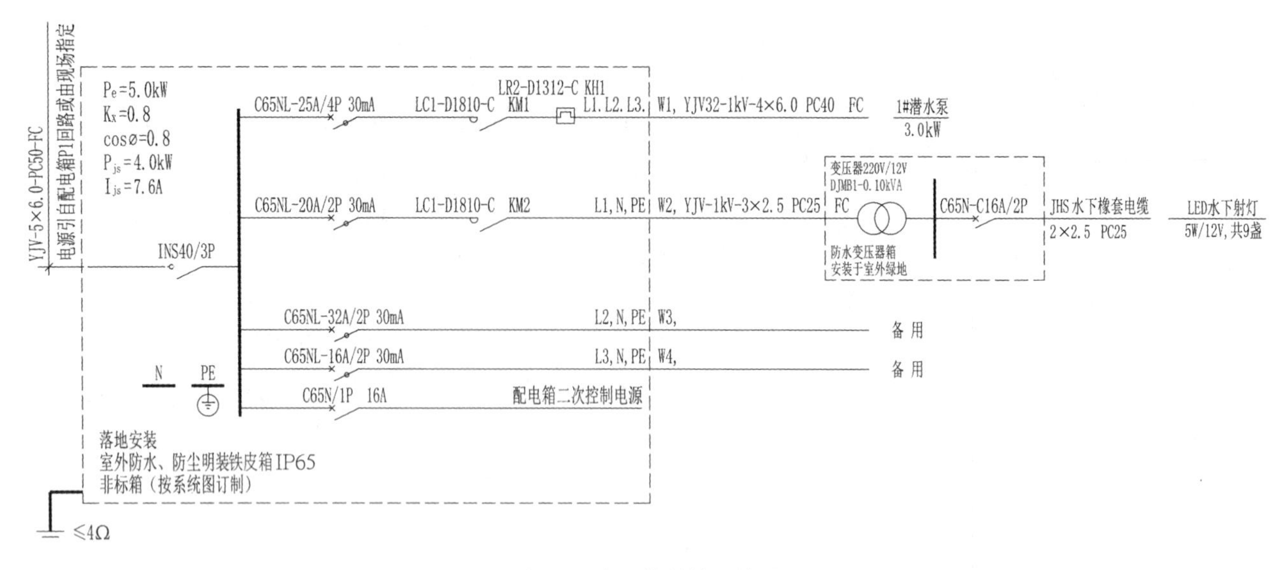

图 8-4 水泵控制箱系统图

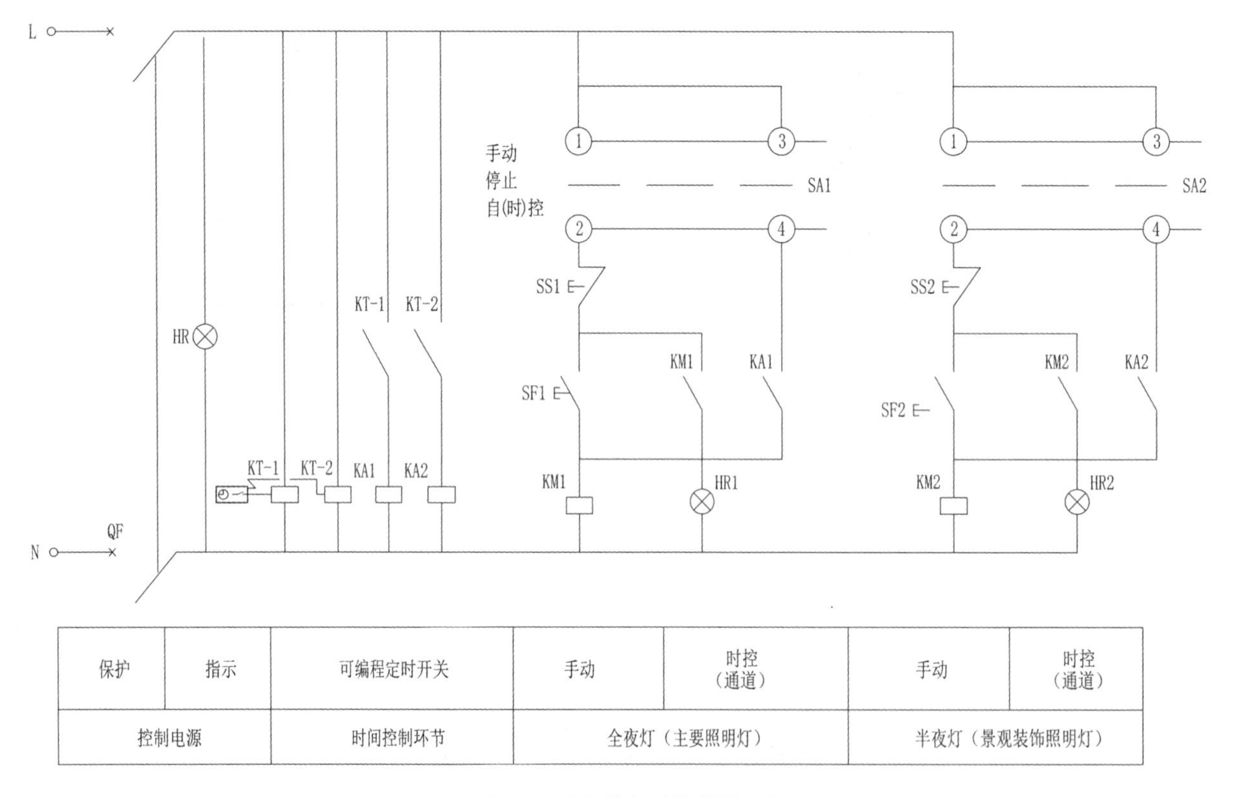

图 8-5 配电箱定时控制原理图

8.3.1 照明设计的原则

①突出园中造型优美的建筑、山石、水景与花木，掩藏园景的缺憾。园林的不同位置对照明的要求具有相当大的差异。为了展示出园内的建筑、雕塑、花木、山石等景物优美的造型，照明方法应因景而异。建筑、峰石、雕塑与花木等的投射灯光应依据需要而使强弱有所变化，以便在夜晚展现各自的风韵。

②园路两侧的路灯应照度均匀、连续，以满足安全的需要。为了使小空间显得更大，可以只照亮前庭而

将后院置于阴影之中;而对大的室外空间,处理的手法正相反,这样会使人对大空间产生一种亲切感。

③室外照明应慎重使用光源上的调光器,在大多数采用白炽灯作为光源的园灯上,使用调光器后会使光线偏黄,给被照射的物体蒙上一层黄色。尤其对于植物,会呈现一种病态,失去了原有的生机。彩色滤光器也最好少用,因为经其投射出的光线会产生失真感。当然,天蓝滤光器例外,它能消除白炽灯光中的黄色调,使光线变成令人愉快的蓝白光。小小的滤光器或其他附件竟会使整个景观发生巨大的改变,这是在设计中需要时刻注意的。

④灯光亮度要根据活动需要以及保证安全而定,过亮或过暗都会给游人带来不适。照明设计时尤其应注意眩光。要确定灯光的照明范围还须考虑灯具的位置,即灯具高度、角度以及光分布,而照明时所形成的阴影大小、明暗要与环境及气氛相协调,以利于用光影来衬托自然,创造一定的场面与气氛。这可在白天对周围空间进行仔细观察,并通过计算校核,以确定最佳的景观照明。

⑤此外,还有安全问题需要考虑。园灯位置不应过于靠近游人活动及车辆通行的地方,以免因碰撞损坏而产生危险。在接近游人的地方若需必要的照明,可以设置地灯、装饰园灯,但不宜选择发热过高的灯具。若无更合适的灯具,则应加装隔热玻璃,或采取其他防护措施。园灯位置还应注意方便安装和维修。为保证安全,灯具线路开关以及灯杆设置都要采取安全措施,以防漏电和雷击,并可防风、防水及抵御气温变化。寒冷地区的照明工程还应设置整流器,以免受到低温的影响。

8.3.2 照明设计的步骤

①明确照明对象的功能和照明要求。

②选择照明方式,根据园林绿地对电气的要求,在不同的场合和地点,选择不同的照明方式。

③光源灯具的选择,主要是根据公园绿地的配光和光色要求、与周围景色的配合等来选择。

④灯具的合理布置,除考虑光源光线的投射方向、照度均匀性等,还应考虑经济、安全和维修等方面。

⑤进行照度计算,具体照度计算可参考有关照明手册。

8.3.3 灯具的选用

灯具的作用是固定光源,把光源发出的光通量分配到需要的表面并且防止光源引起眩光,以及保护光源不受外力及外界潮湿气体的影响等。在园林中灯具的选择除考虑到便于安装维护外,更要考虑使灯具的外形和周围园林环境相协调,使灯具能为园林景观增色。灯具应根据使用环境、条件、场地用途、所需光强、限制眩光等方面进行选择。在满足下述条件下应选用效率高、维护检修方便的灯具:

①在正常环境中,宜选用开启式灯具。

②在潮湿或特别潮湿的场所可选用密闭型防水灯或防水防尘的密封式灯具。

③可按光强分布特性选择灯具,光强分布特性常用配光曲线表示。如灯具安装高度在 6 m 及以下时,可采用深照型灯具;安装高度在 6～15 m 时,可采用直射型灯具;当灯具上方有需要观察的对象时,可采用漫射型灯具;对于大面积的绿地,可采用投光灯等高光强灯具。

各类灯具形式多样,具体可参照有关照明灯具手册,图 8-6～图 8-11 所示为园林景观常用灯具。

图 8-6　高杆庭院灯

图 8-7　庭院灯

图 8-8　LED 地脚灯

图 8-9　LED 水下射灯

图 8-10　插泥射树灯

图 8-11　草坪灯

8.3.4 光源的选择

园林照明中，一般宜采用白炽灯、荧光灯或其他气体放电光源。但因频闪效应而影响视觉的场合，不宜采用气体放电光源。

振动较大的场所，宜采用荧光高压汞灯或高压钠灯。在有高挂条件又需要大面积照明的场所，宜采用金属卤化物灯、高压钠灯或长弧氙灯。当需要人工照明和天然采光相结合时，应使照明光源与天然光相协调，常选用色温为 4000～4500 K 的荧光灯或其他气体放电光源。

同一种物体用不同颜色的光照在上面，在人们视觉上产生的效果是不同的。红、橙、黄、棕色给人以温暖的感觉，人们称之为“暖色光”；而蓝、青、绿、紫色则给人以寒冷的感觉，就称之为“冷色光”。光源发出光的颜色直接与人们的情趣——喜、怒、哀、乐有关，这就是光源的颜色特性。这种光的颜色特性——“色调”在园林中就显得十分重要，应尽力运用光的“色调”来创造一个优美的或是有各种情趣的主题环境。如白炽灯用在绿地、花坛、花径照明，能加重暖色，使之看上去更鲜艳；喷泉中，用各色白炽灯组成水下灯，和喷泉的水柱一起，在夜色下可形成各种光怪陆离、虚幻缥缈的效果，分外吸引游人；而高压钠灯等所发出的光线穿透能力强，在园林中常用于滨河道路、河湖沿岸等及云雾多的风景区的照明。

可以在视野内的被观察物和背景之间适当造成色调对比，以提高识别能力，但此色调对比不宜过分强烈，以免引起视觉疲劳。我们在选择光源色调时还可考虑以下被照面的照明效果：

①暖色能使人感觉距离近些，而冷色则使人感到距离加大，故暖色是前进色，冷色则是后退色。

②暖色里的明色有柔软感，冷色里的明色有光滑感；暖色的物体看起来密度大些、重些和坚固些，而冷色则看起来轻一些。在同一色调中，暗色好似重些，明色好似轻些。在狭窄的空间宜选冷色里的明色，以形成宽敞、明亮的感觉。

③一般红色、橙色有兴奋作用，而紫色则有抑制作用。在选用节日彩灯时应力求环境效果和节能的统一。

常见光源色调如表 8-1 所示。

表 8-1 常见光源色调

照明光源	光源色调
白炽灯、卤钨灯	偏红色灯
日光色荧光灯	与太阳光相似的白色光
高压钠灯	金黄色、红色成分偏多，蓝色成分不足
荧光高压汞灯	淡蓝-绿色光，缺乏红色成分
镝灯(金属卤化物灯)	接近于日光的白色光
氙灯	非常接近日光的白色光

8.3.5 照明布置平面图实例

根据上述照明设计要点，进行照明布置平面图的设计与绘制，主要内容是根据确定的景观照明效果，对灯具进行合理的布置，并根据配电箱系统图绘制出管线的敷设路径。一般情况下，广场照明灯具安装间距为 25 m 左右；道路路灯间距为 25～30 m；庭院灯间距为 15～20 m，距路边约 0.4 m；泛光灯安装在距被照物 0.8 m 左右。

武汉某小区园林景观照明布置平面图见图 8-12 和图 8-13，图中图例可参见电气设计说明章节。

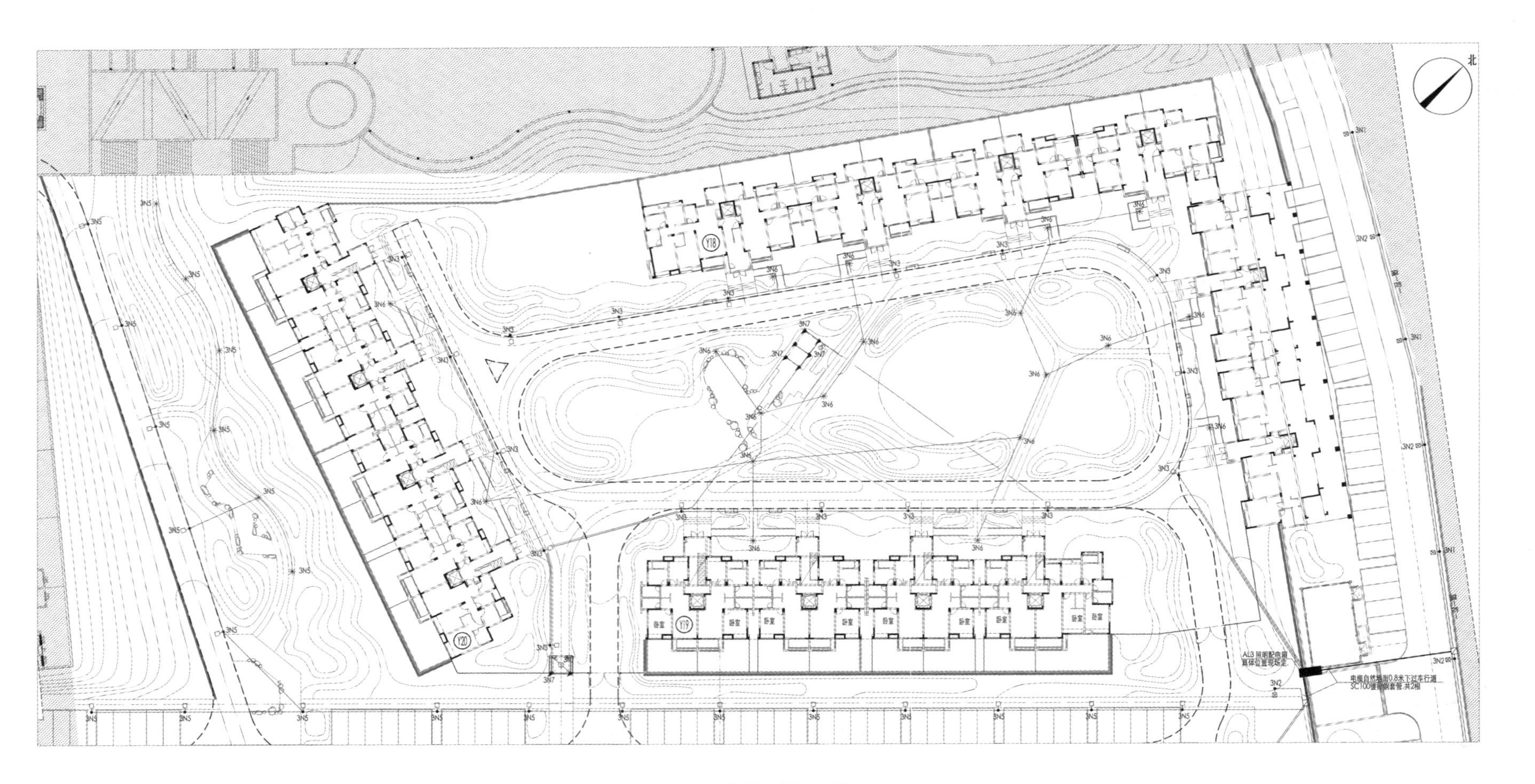

图8-12 照明布置平面图

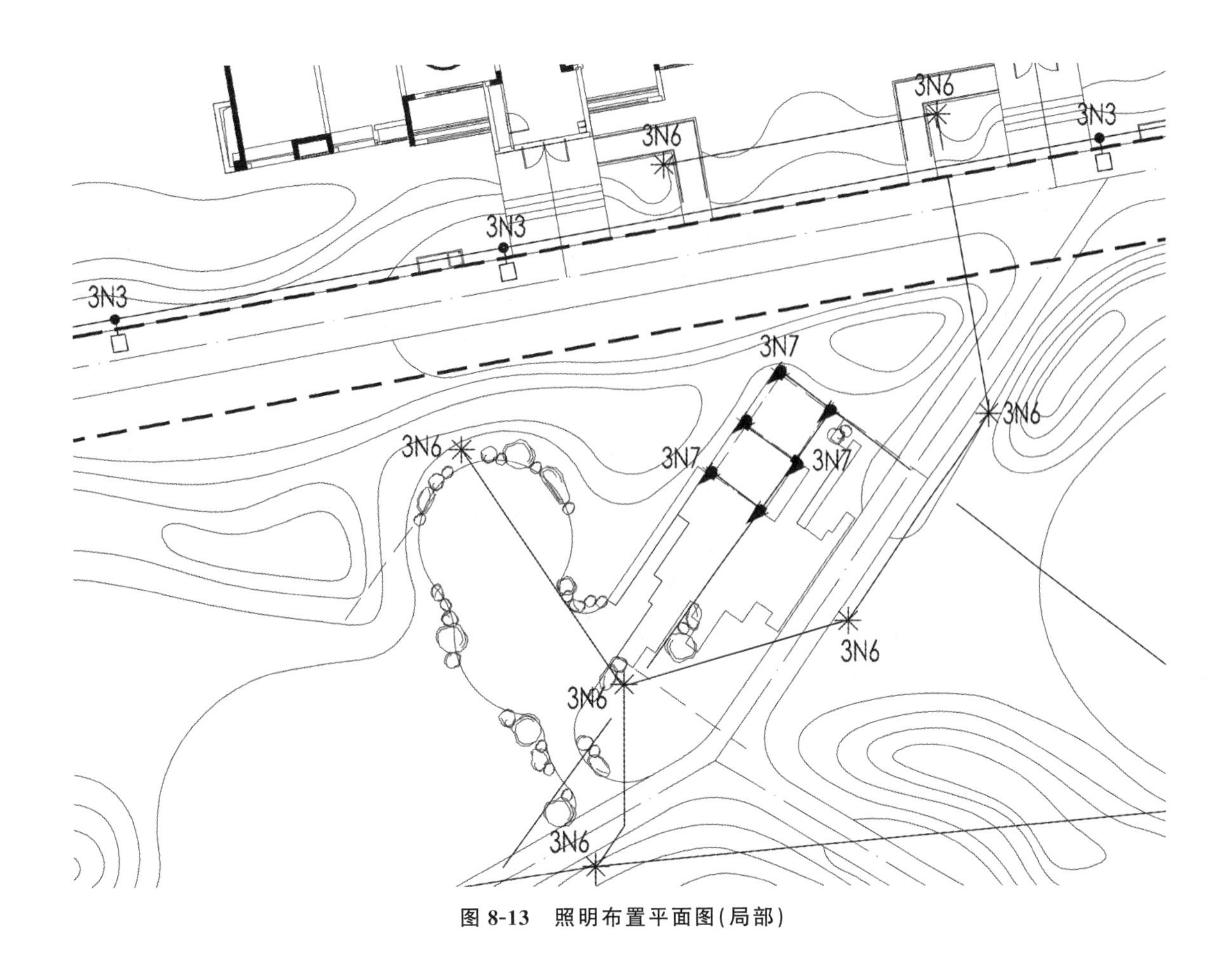

图 8-13 照明布置平面图(局部)

8.4 背景音乐布置平面图

景观背景音乐是为了掩盖环境噪声，创造一种轻松、和谐、休闲、清新的环境，同时还具备广播通知、找人寻物等公共广播功能。背景音乐音箱以仿岩石或小雕塑形态为主(见图 8-14)，设置在靠园路、广场边缘的灌木丛中，辐射半径需根据设备功率与现场实际情况确定。

背景音乐布置平面图是对背景音箱进行合理的布置，绘制背景音乐系统图，设计管线的敷设路径，并且需要根据现场情况编写图纸设计说明。

设计说明范文如下：

①背景音乐系统主机设在监控室或值班室内，电源引自插座回路，建设方可现场调整。

②广播线路采用 RVVP-2×2.5 穿重型难燃 PVC25 管暗敷，室外埋深 0.7 m。线路穿越车行道时需穿大两级的水煤气钢管保护。

③所有音箱均选用室外防雨型，造型要求美观。

④所有室内外设备须可靠接地，接地装置为共同接地体，利用建筑原有接地装置。接地电阻小于 4 Ω。

⑤采用 360°全向音箱，电压传送方式，服务范围为 35～45 m，声压级大于周围噪声 3～5 dB。

⑥施工时须遵守有关施工验收规范进行。

图 8-15 为武汉市某小区背景音乐系统图，图 8-16 和图 8-17 为背景音乐平面布置图。

图 8-14　常见背景音乐音箱

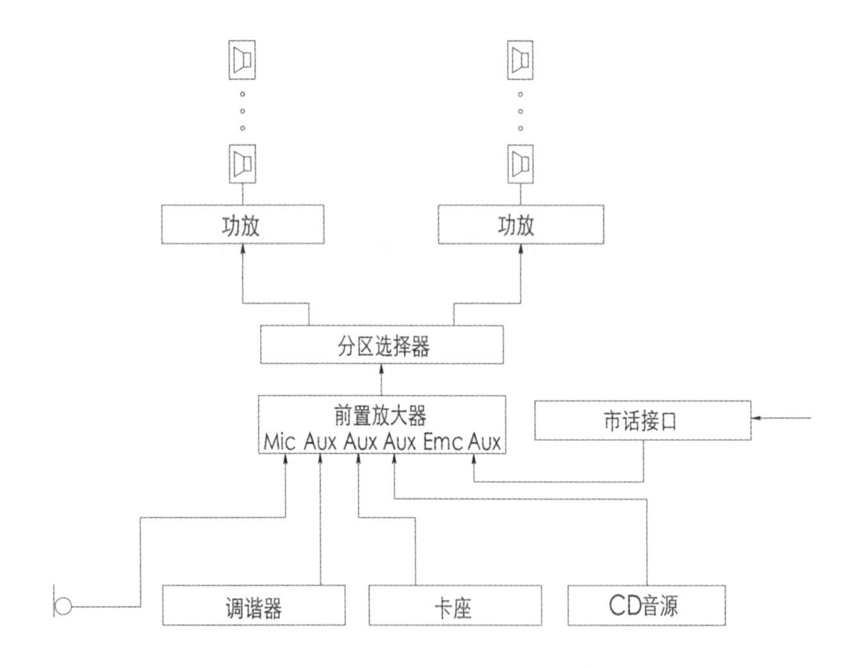

图 8-15　背景音乐系统图

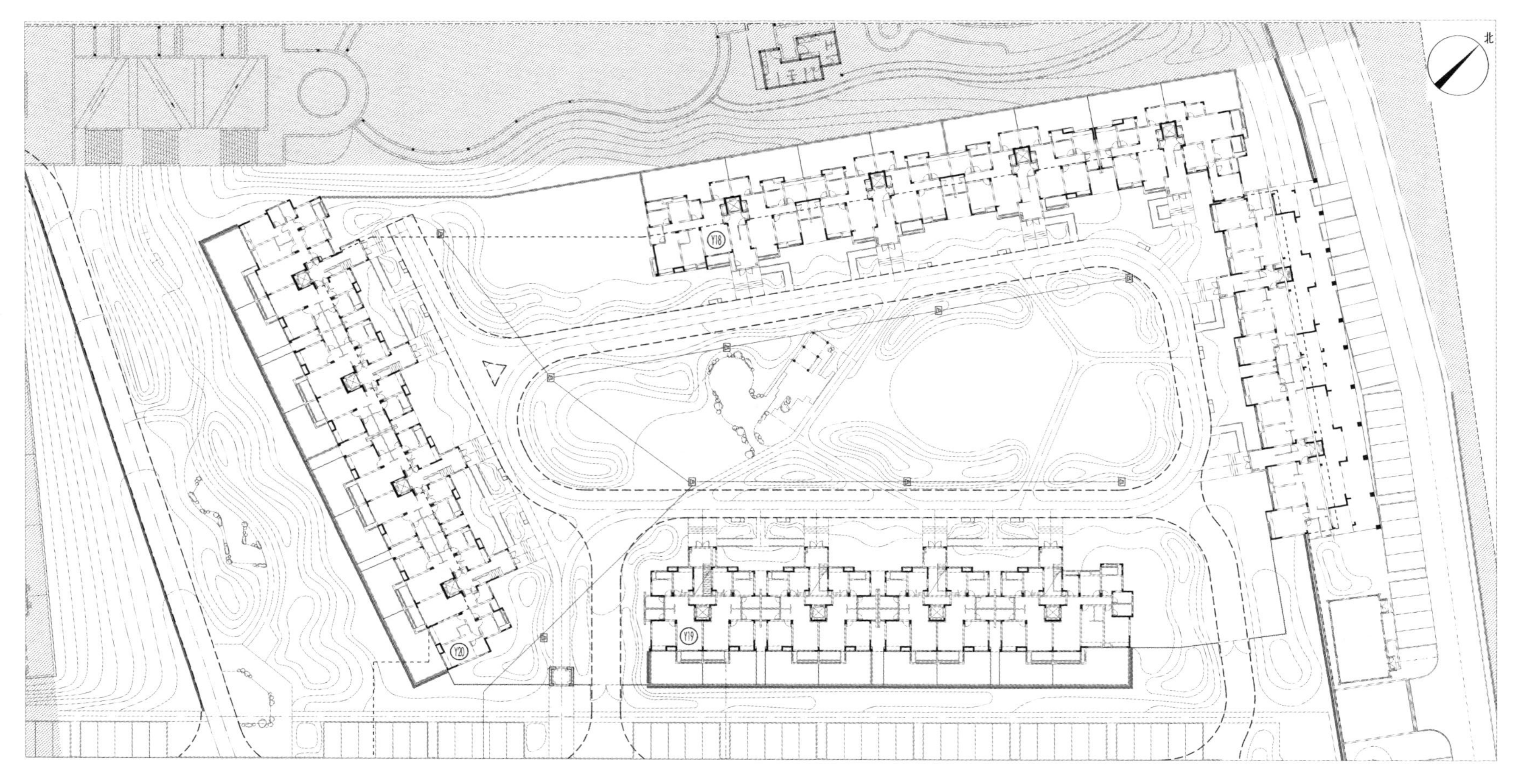

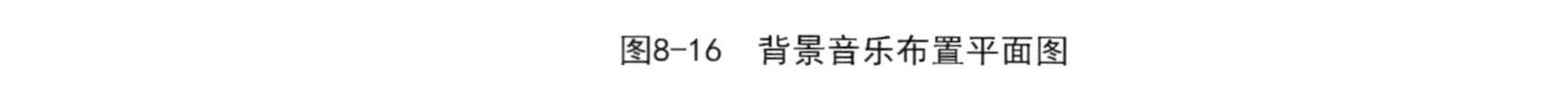

图8-16 背景音乐布置平面图

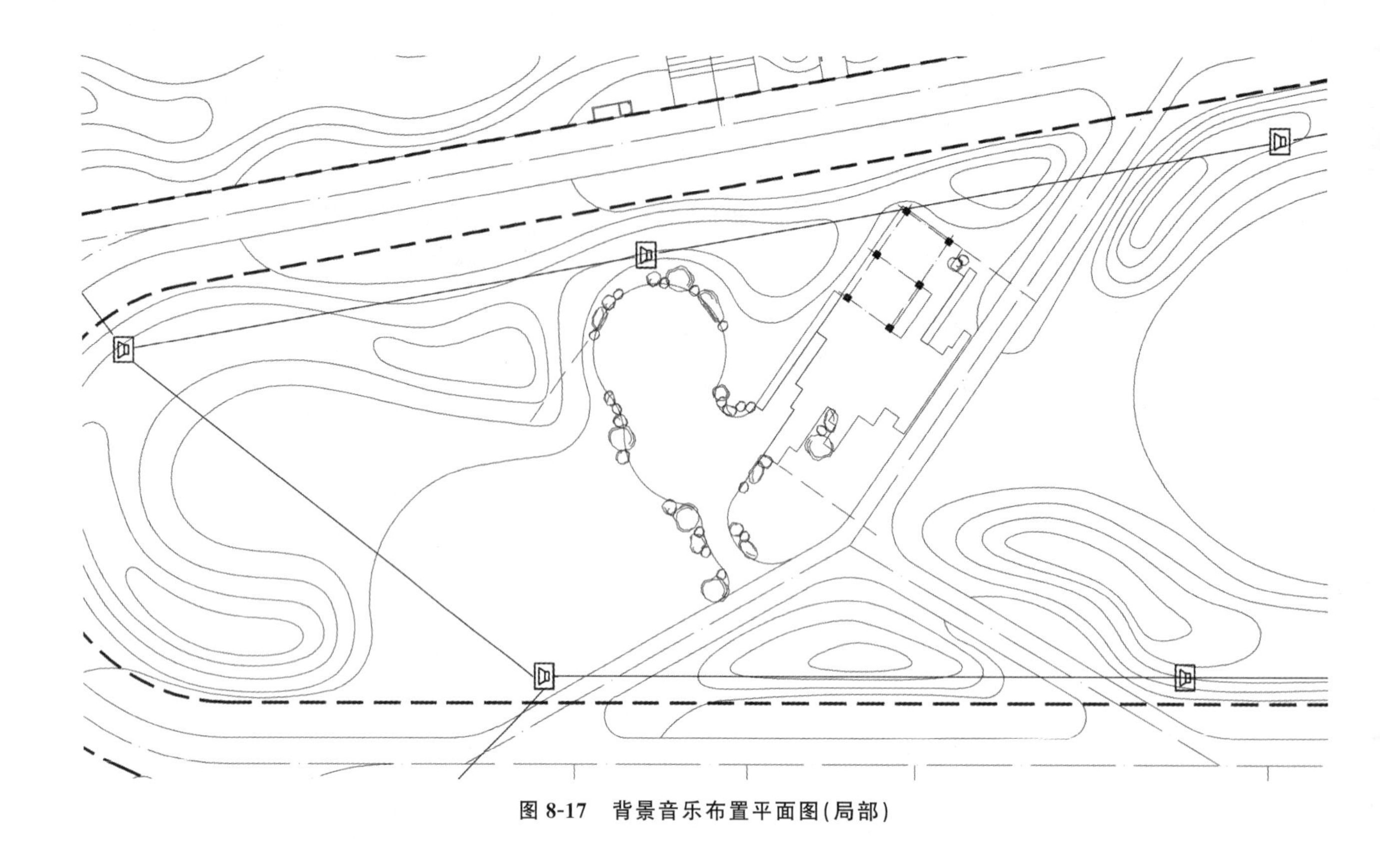

图 8-17　背景音乐布置平面图(局部)

8.5
电气施工安装详图

8.5.1　主要灯具安装示意图

对主要的灯具,需给出安装示意图,并说明安装事项,如:

①庭院灯的灯杆采用钢杆(内外热镀锌处理),表面聚酯粉体涂装。

②灯具安装时应以厂家提供的相关安装尺寸为准,特殊景观灯具安装位置应参照园林景观及园林设施施工大样图。

③灯具需根据所投照景物调整合适的安装高度和角度。

灯具安装示意图见图 8-18~图 8-21。

8.5.2　拉线手井及盖板结构图

拉线手井及盖板结构图见图 8-22。

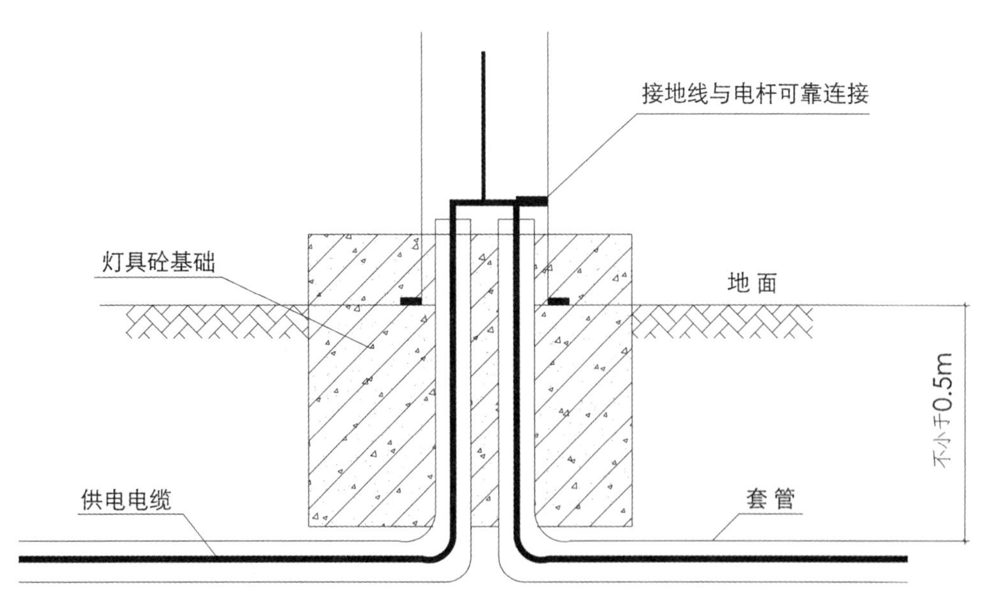

图 8-18 灯具电缆安装示意图

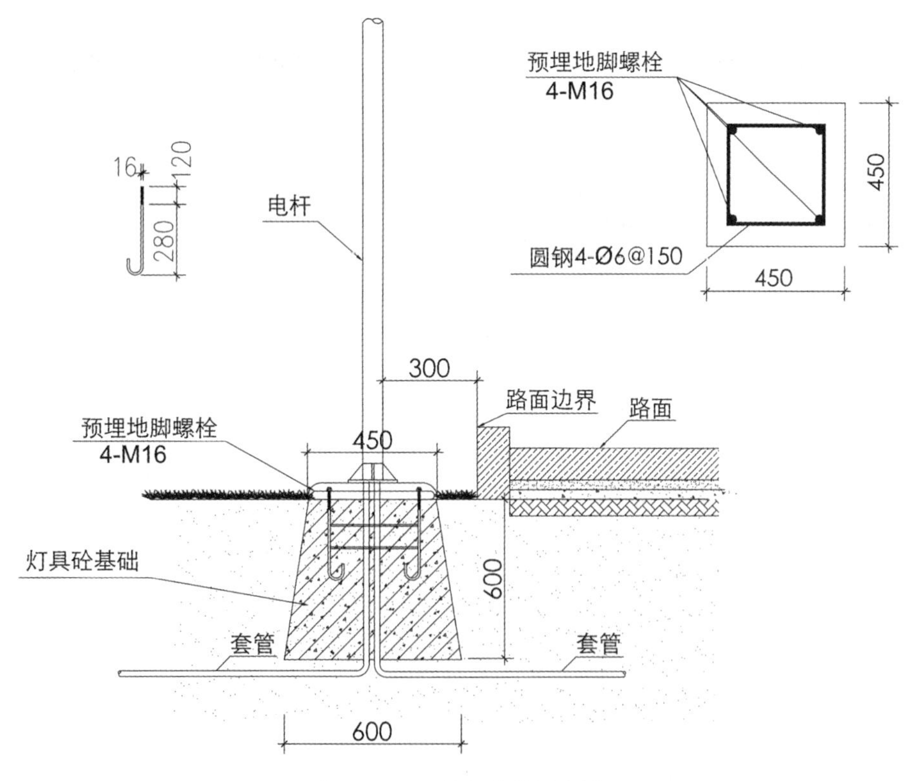

图 8-19 庭院灯安装示意图

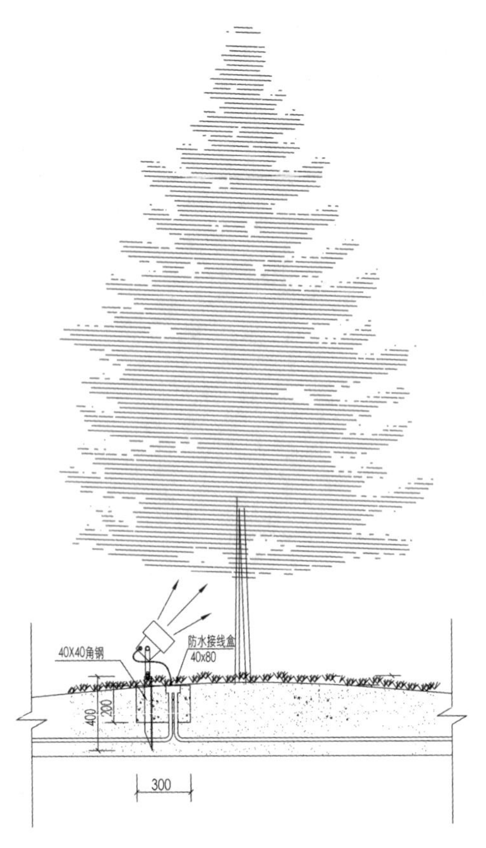

图 8-20　插泥式射树灯安装示意图

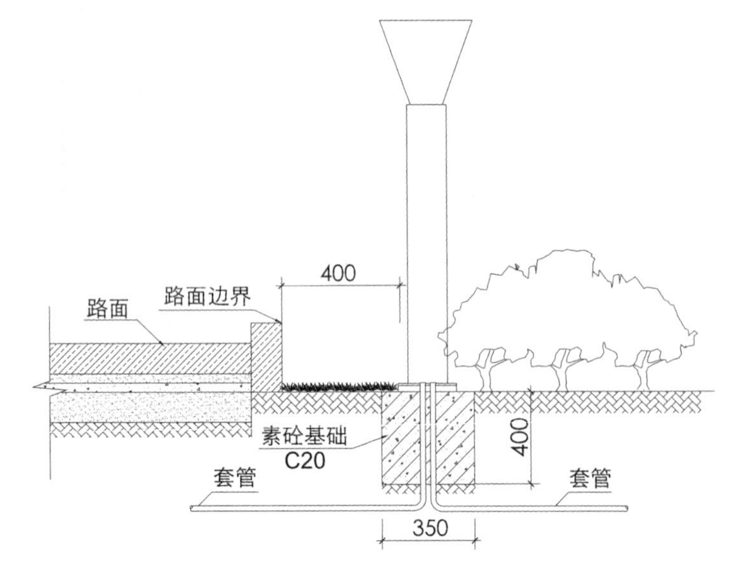

图 8-21　草坪灯安装示意图

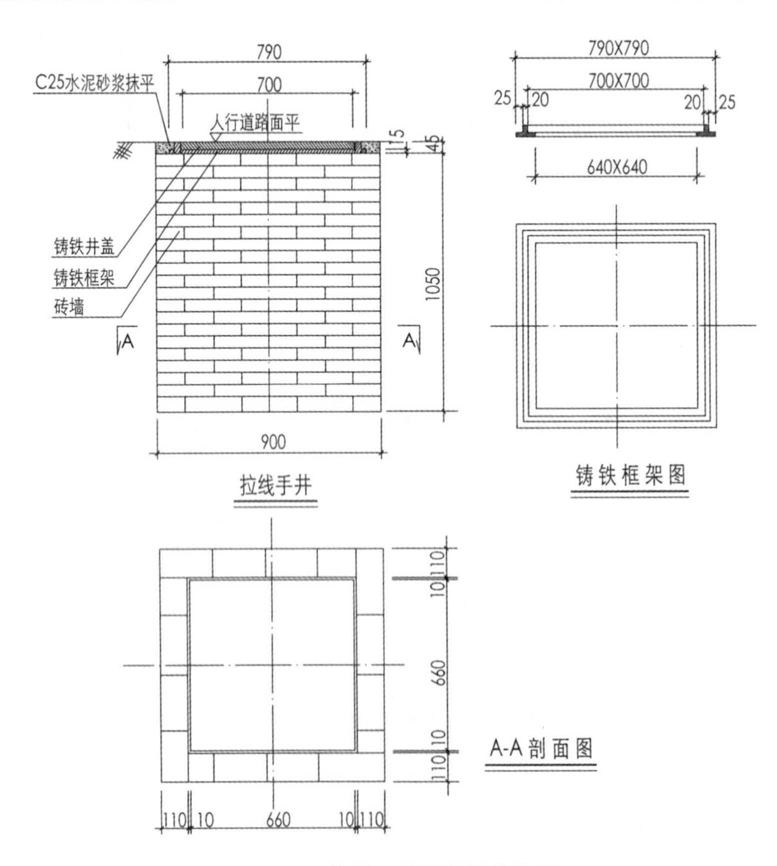

图 8-22　拉线手井及盖板结构图

参考文献
References

[1] 王延辉. 园林景观细部设计施工图集[M]. 沈阳:辽宁科学技术出版社,2013.
[2] 王芳,杨青果,王云才. 景观施工图设计与绘制[M]. 上海:上海交通大学出版社,2014.
[3] 王健,崔星,刘晓英. 景观构造设计[M]. 武汉:华中科技大学出版社,2014.
[4] 中华人民共和国住房和城乡建设部. 公园设计规范:GB 51192—2016 [S]. 北京:中国建筑工业出版社,2016.
[5] 中华人民共和国住房和城乡建设部. 风景园林制图标准:CJJ 67—2015[S]. 北京:中国建筑工业出版社,2015.
[6] 中华人民共和国住房和城乡建设部. 民用建筑电气设计规范:JGJ 16—2008[S]. 北京:中国建筑工业出版社,2008.
[7] 中华人民共和国住房和城乡建设部. 园林绿化工程施工及验收规范:CJJ 82—2012 [S]. 北京:中国建筑工业出版社,2012.
[8] 中华人民共和国住房和城乡建设部. 低压配电设计规范:GB 50054—2011[S]. 北京:中国计划出版社,2011.
[9] 中华人民共和国住房和城乡建设部. 供配电系统设计规范:GB 50052—2009[S]. 北京:中国计划出版社,2009.
[10] 中华人民共和国住房和城乡建设部. 房屋建筑制图统一标准:GB/T 50001—2017 [S]. 北京:中国建筑工业出版社,2017.
[11] 中华人民共和国住房和城乡建设部. 建筑电气工程施工质量验收规范:GB 50303—2015[S]. 北京:中国建筑工业出版社,2015.
[12] 中华人民共和国住房和城乡建设部. 建筑物防雷设计规范:GB 50057—2010[S]. 北京:中国计划出版社,2010.
[13] 中华人民共和国住房和城乡建设部. 建筑给水排水设计规范(2009 年版):GB 50015—2003[S]. 北京:中国计划出版社,2009.
[14] 中华人民共和国住房和城乡建设部. 建筑照明设计标准:GB 50034—2013[S]. 北京:中国建筑工业出版社,2013.
[15] 中华人民共和国住房和城乡建设部. 城乡建设用地竖向规划规范:CJJ 83—2016 [S]. 北京:中国建筑工业出版社,2016.
[16] 中华人民共和国住房和城乡建设部. 城市夜景照明设计规范:JGJ/T 163—2008[S]. 北京:中国建筑工业出版社,2008.
[17] 中华人民共和国住房和城乡建设部. 城市居住区规划设计标准:GB 50180—2018 [S]. 北京:中国建筑工业出版社,2018.
[18] 中华人民共和国住房和城乡建设部. 城市绿地设计规范(2016 年版):GB 50420—2007 [S]. 北京:中国计划出版社,2016.
[19] 中华人民共和国住房和城乡建设部. 种植屋面工程技术规程:JGJ 155—2013 [S]. 北京:中国建筑工业出版社,2013.

[20] 中华人民共和国住房和城乡建设部. 总图制图标准:GB/T 50103-2010 [S]. 北京:中国建筑工业出版社,2010.
[21] 中华人民共和国住房和城乡建设部. 室外给水设计标准:GB 50013—2018[S]. 北京:中国计划出版社,2018.
[22] 中华人民共和国住房和城乡建设部. 室外排水设计规范(2016 年版):GB 50014—2006[S]. 北京:中国计划出版社,2016.
[23] 中华人民共和国住房和城乡建设部. 喷灌工程技术规范:GB/T 50085—2007[S]. 北京:中国标准出版社,2007.
[24] 中国建筑标准设计研究院. 建筑场地园林景观设计深度及图样:06SJ805[S]. 北京:中国计划出版社,2006.
[25] 中国科学院中国植物志编辑委员会. 中国植物志——第一至八十卷[M]. 北京:科学出版社,2004.
[26] 中国科学院武汉植物研究所. 湖北植物志[M]. 武汉:湖北科学技术出版社,2002.
[27] 中国科学院植物研究所. 中国高等植物图鉴——第一至五册及补编[M]. 北京:科学出版社,1995.
[28] 北京市市政工程设计研究总院有限公司. 给水排水设计手册[M]. 3 版. 北京:中国建筑工业出版社,2017.
[29] 北京照明学会照明设计专业委员会. 照明设计手册[M]. 2 版. 北京:中国电力出版社,2006.
[30] 田建林,张柏. 园林景观供电照明设计施工手册[M]. 北京:中国林业出版社,2012.
[31] 冯婷婷,吕东蓬. 园林工程识图与施工[M]. 成都:西南交通大学出版社,2016.
[32] 朱红华,陈绍宽. 园林工程技术[M]. 北京:中国电力出版社,2010.
[33] 朱敏,张媛媛. 园林工程[M]. 上海:上海交通大学出版社,2012.
[34] 刘志然,黄晖. 园林施工图设计与绘制[M]. 重庆:重庆大学出版社,2015.
[35] 李玉萍,武文婷. 园林工程[M]. 2 版. 重庆:重庆大学出版社,2012.
[36] 李本鑫,史春凤,沈珍. 园林工程施工技术[M]. 重庆:重庆大学出版社,2014.
[37] 李梅芳,李庆武,王宏玉. 建筑供电与照明工程[M]. 北京:电子工业出版社,2010.
[38] 杨秋侠. 总图设计与优化[M]. 西安:陕西科学技术出版社,2018.
[39] 杨莉莉. 园林工程施工图设计[M]. 长春:吉林大学出版社,2015.
[40] 住房城乡建设部工程质量安全监管司. 市政公用工程设计文件编制深度规定(2013 年版)[M]. 北京:中国建筑工业出版社,2013.
[41] 周代红. 景观工程施工详图绘制与实例精选[M]. 北京:中国建筑工业出版社,2009.
[42] 孟兆祯. 风景园林工程[M]. 北京:中国林业出版社,2012.
[43] 赵兵. 园林工程[M]. 南京:东南大学出版社,2011.
[44] 徐德秀. 园林建筑材料与构造[M]. 重庆:重庆大学出版社,2014.
[45] 黄鹂. 建筑施工图设计[M]. 武汉:华中科技大学出版社,2009.
[46] 深圳市北林苑景观及建筑规划设计院. 图解园林施工图系列总图设计[M]. 北京:中国建筑工业出版社,2010.
[47] 高颖. 景观材料与构造[M]. 天津:天津大学出版社,2011.
[48] 戴瑜兴,黄铁兵,梁志超. 民用建筑电气设计手册[M]. 2 版. 北京:中国建筑工业出版社,2007.
[49] 魏永. 给水排水工程[M]. 武汉:华中科技大学出版社,2011.